最短距離でしっかり身に付く！

Webアプリケーション開発の教科書

Ruby on Railsで作る本格Webアプリ

飯尾 淳 著

技術評論社

ご注意

・本書に記載された内容は、情報の提供のみを目的としています。したがって、本書を用いた運用は、必ずご自身の責任と判断によって行ってください。ソフトウェアの操作や掲載されているプログラム等の実行結果および運用結果について、技術評論社および著者はいかなる責任も負いません。

・本書記載の情報は、2021年1月現在のものを掲載しており、ご利用時には変更されている場合があります。ソフトウェア等はバージョンアップされる場合があり、本書での説明とは機能内容や画面図などが異なってしまうこともあり得ます。本書ご購入の前に、必ずバージョン番号をご確認ください。

・本書の内容は、以下の環境で動作を検証しています。また本文中では、とくに断りのない場合は、macOS Catalinaでの実行結果を掲載しています。
    ・Windows 10 Home（バージョン1909、OSビルド18363.900）
    ・Ubuntu 18.04 LTS（WSL用ディストリビューション）
    ・macOS Catalina
    ・Ruby 2.7.1
    ・Node.js 14.0.0
    ・Ruby on Rails 6.0.2.2

・本書記載の情報の修正・訂正・補足については、下記の本書サポートWebページで行います。
    ・https://gihyo.jp/book/2021/978-4-297-11987-4

以上の注意事項をご承諾いただいたうえで、本書をご利用願います。これらの注意事項をお読みいただかずにお問い合わせいただいても、技術評論社および著者は対処しかねます。あらかじめ、ご承知おきください。

はじめに

クラウドコンピューティングの時代において、アプリケーションの多くはサーバで実行されるという形が当たり前になってきました。手元で動くソフトウェアであるWebブラウザをユーザとの接点として、あらゆるアプリケーションがサーバで稼働する時代になりました。

ローカルで動作するアプリケーションはWebアプリとで動作環境が異なります。情報処理の本質はサーバ側で行われます。一方で、ユーザとはクライアントを介して情報のやり取りを行います。本書ではまず、そもそもWebアプリケーション（以降「Webアプリ」と呼びます）の本質とは、という話から解説します。一見、遠回りのようにみえるかもしれませんが、Webアプリとは何か？ 3層アプリケーションやMVCモデルとはなんぞや？ という基本的な概念を理解しておけば、実際のアプリ開発における試行錯誤も最小限の手間で済むことでしょう。

本書で紹介するRuby on Railsも、今ではバージョン6にまで成長し、様々なWebアプリのプラットフォームとして活用されるようになりました。一方で、関連する書籍を書店で探してみると、本当に入門レベルの参考書か、あるいは極度に専門的なハイレベルの専門書はいくつか出版されているものの、初心者ではないけれどもそれほど高度なところまで求めているわけではないというゾーンを狙った解説書がなかなか見当たらないと、読者の皆さんも感じたことがあるのではないでしょうか。そこで、本書はそのようなところを目標として、**ある程度Rubyでプログラムは書いたことがあるけれどもRuby on Railsで「実践的な」アプリを構築してみたい**という読者を想定して執筆しました。したがって、具体的なアプリケーション構築例を2例、なるべく手取り足取り丁寧な記述を心がけて、作業のひとつひとつを紹介するように務めました。

ところで、著者である私が担当している中央大学国際情報学部の飯尾ゼミでは、人間とシステムのインタラクションをテーマに研究を続けています。そこでは、人間にとって使いやすい情報システムとは何かという人間側からシステムを見定める研究と、システムによって人間の活動に関するデータを収集し、人間社会を分析する研究という、双方向の研究が進められています。

とくに、後者に関しては、最近は様々なWebアプリケーションを作成し、そのアプリを用いて取得したデータを分析するという手法が多く採用されています。これまで実施した研究例には、文字入力手法と効率に関する研究や、新たなコミュニケーション手法に関する研究、Twitterの分析に関する研究などがあります。

文字入力の研究では、タイピング練習ソフトをWebアプリとして作成し、それを利用して文字入力の効率について分析しました。新しいコミュニケーションの研究では、位置情報を利用して「その場に行かないと参加できない電子掲示板」をWebアプリとして作成し、その意義を問いました。Twitterの分析では、Twitter開発者APIを利用してデータを取得、可視化して示すことで、Twitterのトレンドを分析できるようにするWebアプリを開発しました。このように、いずれもユニークなWebアプリが学生たちによって作成され、有意義な研究成果が示されています。

本書で紹介する2つのWebアプリケーション、「DiaLogBook」と「OLiVES」のいずれも研究現場でニーズがあり、その要求に基づいて作成されたものです。そして実際に運用され、研究業務の一翼を担っているアプリです。Ruby on Railsを活用してWebアプリをどう作っていくかについて解説していきますが、Ruby on Railsはあくまで手段にすぎません。本書をより深く味わうには、現場の課題をどうやって吸い上げて、どのように解決していくかといった観点で読んでいくことです。そのため、ひとつひとつ、要求項目を満たすべく、アプリの開発を進めていく様子を、できるだけリアルに再現しました。Ruby on Railsを用いた開発にある程度馴染みのある人でも、そのような読み方をすると楽しめるのではないかと期待しています。

今回の執筆に関しては、実はもうひとつ目的がありました。それは、飯尾ゼミでの研究遂行にあたり、学生に自力でWebアプリを作れるようになってもらいたい、そのための教科書として本書を活用してほしいというものです。できるだけ丁寧な解説を試みたという背景には、そのような台所事情もあります。しかし、それは全ての読者の皆さんにとって有意義なことであるはずです。

なお、DiaLogBookやOLiVESの開発を題材としてほぼマンツーマンのゼミナールを実施した院生の中村絵理子さんが、本書の説明は分かりやすく記述されているかどうか、コードには間違いがないかどうかを逐一検証してくれました。したがって、解説で躓いてシステム構築の作業が止まるような不具合は全て潰せたと考えています。彼女の努力によって、読者の皆さんが途中で迷うことは、ほとんどなくなったでしょう。ここに御礼を申し上げます。

それでは、皆さん、手元に作業環境を用意して、ページを進めていきましょう。Webアプリ開発の世界へようこそ！

2021年春

飯尾 淳

図中のマークについて

■コマンド実行図

以下の図は、コマンドラインでの実行内容とその結果を示しています。図中の ↵ は [Enter] キーの入力を表します。行の末尾に ⇦ があった場合は、実際には次の行とつながっていることを表します。

```
$ curl -sS https://dl.yarnpkg.com/debian/pubkey.gpg | sudo apt-key add - ↵
$ echo "deb https://dl.yarnpkg.com/debian/ stable main" | sudo tee /etc/⇦
apt/sources.list.d/yarn.list ↵
$ sudo apt update && sudo apt install yarn ↵
```

■リスト(ソースコードや設定ファイルの内容)

以下の図は、ソースコードや設定ファイルの内容を示しています。行の末尾に ⇦ があった場合は、実際には次の行とつながっていることを表します。

```
get '/' do
  "Hello World"
end
```

■実行図やソースコードが複数ページにわたる場合

実行図やソースコードがページ内に収まらず、複数ページにわたって掲載する場合は、図の右下に下記のようなマークを記載しています。

```
$ bundle install ↵
Fetching gem metadata from https://rubygems.org/............
Fetching gem metadata from https://rubygems.org/.
Resolving dependencies...
Fetching rake 13.0.1
```

》次ページへ続く

第1章

開発環境の導入

第1章では、そもそもWebアプリとはどのような構成で実現されているのだろうかという解説から始め、開発フレームワークとは何か、さらに、Ruby on Rails[注1.1]の特徴などについて説明します。

本書の特徴は、実際に手を動かしながらWebアプリ開発を学んでいくところにあります。そのため、演習の準備も必要です。本章の最後の部分で、皆さんがお持ちのコンピュータに、Railsの開発環境を導入する手順を説明します。Windows、macOS、Linuxなど様々なOSがありますが、多くのOSでRuby on Railsの開発を進めることが可能[注1.2]です。

本章のゴールは、Webアプリの概念について理解を深めたうえで、Rails開発環境を手元に用意し、Rails開発に着手できるようになることです。開発を効果的に進めていくためには、Webアプリの構造がどうなっているかの理解も不可欠です。効率的に開発をする、あるいは新たなアイデアをWebアプリとして効果的に実装するためにも、まずはその基礎から、理解を固めていくことにしましょう。

注1.1　略してRoR、あるいはRailsと呼ぶこともあります。本書では、Railsと呼ぶことにしましょう。

注1.2　Unix系のOSであれば、Linux向けあるいはmacOS向けの説明に準じて、パッケージ管理システムの操作などをお使いのOSに読み替えて考えれば、導入することができるでしょう。

1.1 Webアプリの構造

「Webアプリケーション」という言葉は、縮めて「Webアプリ」とも呼ばれます。このWebアプリは、一般的なアプリケーションやソフトウェアとどう違うのでしょう？

まずは、Webアプリと一般的なアプリとの違い、Webアプリの全体像、Webアプリの構成方式を表す代表的なモデルであるMVCモデルについて説明します。さらに、Webアプリ特有の制約について考え、開発者は何を考えなければならないか、陥りやすい落とし穴は何か、そしてその対策をどうすべきかということについて考えていきましょう。

1.1.1 Webアプリケーションとは

コンピュータを利用し、皆さんは日々、様々な情報処理を行っていることでしょう。たとえば、ワードプロセッサ（ワープロ）を使い文書を作成する、表計算ソフト（スプレッドシート）を使い経理のデータを整理する、プレゼンテーションソフトを使い発表の資料を作成する、といった具合です。

それらのソフトウェアは、どこで動作していますか？ 多くのソフトウェアは、自分のコンピュータにソフトウェアをダウンロード[注1.3]して、HDD（ハードディスクドライブ、Hard-Disk Drive、二次記憶装置）やSSD（ソリッドステートドライブ、Solid State Drive、同）などにインストールする手続きを経て、使えるようになります。そして、実際に動作させるのは自分のコンピュータ上であり、計算[注1.4]は手元のCPU（Central Processing Unit：中央演算装置）で行われます。多くの一般的なアプリケーションは、手元のコンピュータで完結[注1.5]しています。

一方、Webアプリの中心的な処理は、ネットワークの向こう側に存在しているサーバ上で行われます。その特徴は、次の通りです。また、**図1.1**に、Webアプリと一般的なアプリの違いを示します。

注1.3　現在は、インターネットからダウンロードしてインストールする方式が主流ですね。ひと昔前は、CD-ROMやDVD-ROMといったメディアに格納されたものが配布され、そこからインストールする方法がとられていました。さらに遡ると、フロッピーディスク何枚組とか、もっと昔には、磁気テープでの回覧とか……。

注1.4　コンピュータによる情報処理のことを、計算機科学に携わる人びとは「計算」と呼び、コンピュータのことを「計算機」と呼びます。

注1.5　とはいえ、最近は、ネットワーク経由で外部と通信する処理が組み込まれているものも多く、完全にローカルで処理できるアプリも少なくなってきているという傾向はあるでしょう。

・中心的な処理はサーバ上で動作する
・ユーザインタフェースにWebブラウザを使う
・インストール不要
・様々なクライアント環境に対応可能

図1.1　Webアプリと一般的なアプリの違い

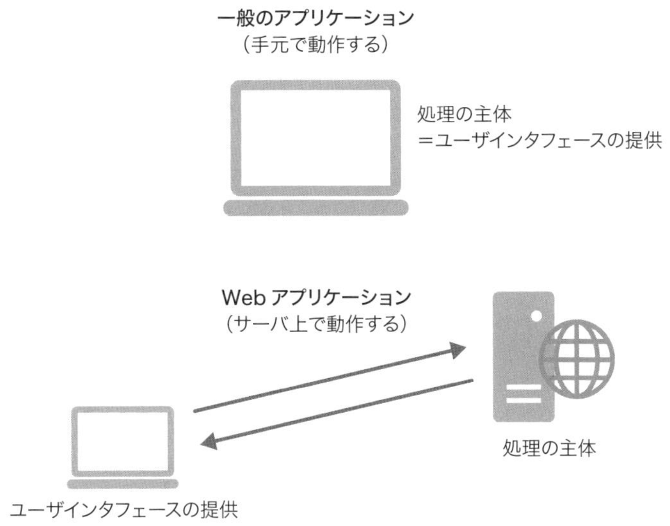

◇ CGIからWebアプリへ

もともと、1990年にティム・バーナーズ＝リー（Timothy "Tim" John Berners-Lee）博士によって提唱されたWWW（World Wide Web）には、CGI（Common Gateway Interface）と呼ばれるWebサーバ側で外部プログラムにデータを渡し、その結果を受けてHTMLを動的に生成、そしてリクエストしてきたクライアントのWebブラウザにその結果を返す、という仕組みが組み込まれていました。CGI自体は単純なものでしたが、その後、インターネットの商用利用が開始され、ネット上に多くのサービスが展開されるようになりました。これは、様々なアプリケーションがWWWという仕組みに乗って提供されるようになったということを意味します。

WWWは、Webブラウザがクライアントとなり、Webサーバがサービスを提供する、一種のクライアント・サーバ・システム（Client-Server System：C/Sシステム）です（**図1.2**）。したがって、ユーザが直接操作するソフトウェアはWebブラウザ[注1.6]であり、ユーザインタフェースはそれらのWebブラウザが提供します。

ユーザの操作は、逐一、あるいは適切なタイミングでサーバに送信され、サーバ側に実装されているアプリケーションが処理をします。処理の結果をレスポンスとして返す点は、現在のWebアプリでも、当初のCGIと同様です。

図1.2　クライアント・サーバ・システム

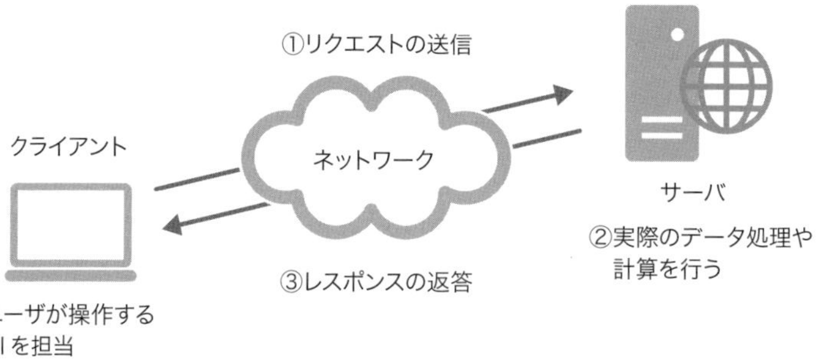

◇なぜWebアプリが普及したのか

近年Webアプリが全盛になっている理由のひとつとして、非同期で通信できるAJAX《エイジャックス》（Asynchronous JavaScript And Xml）技術や、表現力が大幅に向上したHTML5（Hyper Text Markup Language version 5）の普及などにより、通常のアプリケーションと遜色のないユーザ体験（User Experience、UX）を提供できるようになったからというものが考えられるでしょう。これらの普及により、当初、CGIとして提供されていた「アクション」が、シームレス（途切れなく）に拡大することによって「プロセス」になり、さらにクライアントサイドでの様々な技術開発と相まって、Webアプリとして結実した、と解釈することができそうです。

また、本書で紹介するような開発フレームワークが普及し、誰もが比較的容易にWebアプリを構築できるようになったこと、さらにはクラウドコンピューティング環境が一般的になり、PaaS《パース》（Platform as a Service）やIaaS《イアース》（Infrastructure as a Service）[注1.7]と呼ばれるサービス

注1.6　Chrome、Safari、Edgeなどのソフトウェアです。

注1.7　PaaSはアプリの稼働環境をネットワーク越しに提供するサービス、IaaSは仮想的なコンピュータそのものを提供するサービスです。本書で紹介するHerokuは前者に相当し、Amazonが提供するAWS（Amazon Web Services）は後者の代表的なものといえます。

を提供する事業者が増え、開発したWebアプリを簡単に公開、運用できるようになったことも、Webアプリの攻勢に拍車をかけたと考えられます。

さらに、その原理から考えれば当たり前なのですが、ユーザにアプリをインストールさせる手間が不要、という点も大きなポイントです。ということは、何か不具合、バグ、セキュリティホールなどが発覚したとしても、サーバ側でこっそり直してしまえばよいという（システム提供者にとっての）利便性があります。わざわざ「新しいものを用意したのでアップデートしてくださいね」とお願いする必要がないわけですからね。それどころか、新たな機能の追加やユーザインタフェースの変更なども、好きなようにできます。もっとも、それをやり過ぎるとユーザから反感を買ってしまうので注意が必要ですが。

最後に、見逃せない利点として、マルチプラットフォーム対応のアプリをすぐに提供できる、ということも指摘しておきましょう。もともと、WWWの仕組みとして通信プロトコル（HTTP：HyperText Transfer Protocol）と表現方式であるHTMLが定められていました。そのため、Webブラウザがその仕様を守って適切に作成されてさえいれば、プラットフォームの違いを吸収できるというメリットがありました[注1.8]。

その結果、WebブラウザとWebサーバが単なるクライアント・サーバ形式による情報提供システムからアプリケーション・プラットフォームに移行した現在では、OSの垣根を越えたマルチプラットフォーム環境として使えるようになったのです。これは大きなメリットです。現在は、スマートフォンの普及でモバイルデバイスも高機能化し、さらにその垣根は低くなっている[注1.9]といえるでしょう。

1.1.2 3層アプリケーション

それでは、Webアプリの中身に踏み込んでいくことにしましょう。「3層アプリケーション」という言葉があります。現在の一般的なWebアプリの多くは、この3層アプリケーションと呼ばれる構成になっています。ただし、どうも3層アプリというこの言葉は、使う文脈によって微妙に異なる使われ方がなされている点には注意が必要です。ここではいずれの立場も尊重することとし、両者を解説することを試みます。3層アプリという言葉が出てきたら、どちらの概念で語られているのか？ ということに注意して考えるようにしましょう。

注1.8　その長い歴史の中には、「ブラウザ戦争」やモバイル機器向けHTMLの提供など、どちらかというと互換性を破る方向での技術開発もありましたが、現在ではそれらの反省を踏まえて、互換性を重視する方向に進んでいるようです。

注1.9　最後の砦として、画面の大きさ問題が残っています。この問題については、レスポンシブデザイン（注1.16参照）などの技術で対応が進んでいます。

◇抽象化された3層モデル

まずは、抽象化された3層アプリケーションのモデルです。**図1.3**を見てください。左端に、システムを操作するユーザが置かれています。他方、右端には各種のデータが格納されているデータベースがあります。ユーザからデータベースまでの間には、「プレゼンテーション層」「アプリケーション層」「データ層」の、3つの層が置かれています。これが、3層アプリケーションの3層たるゆえんです。

図1.3　3層アプリケーション

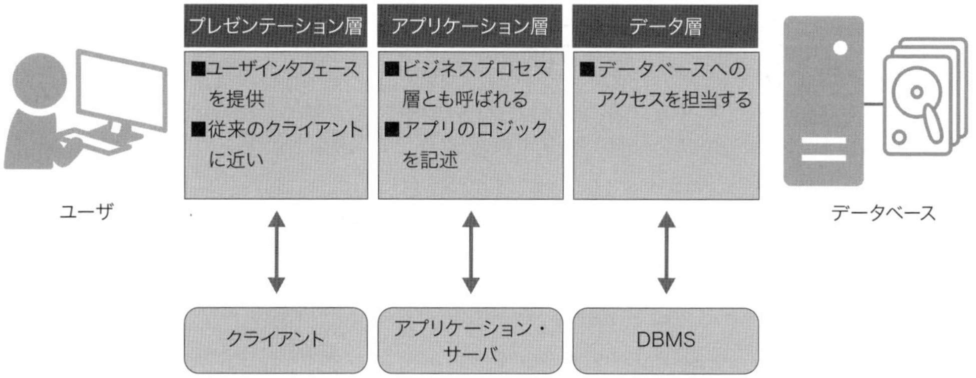

プレゼンテーション層はユーザに面している層であり、ユーザインタフェースを提供します。クライアント・サーバの概念で考えると、クライアントに相当する部分です。

アプリケーション層は、システムの中核を担う部分です。ビジネスプロセス層とも呼ばれ、アプリケーションの中心的な処理を担当する部分です。アプリケーション・サーバと呼ばれるソフトウェアが処理を担当します。

データ層は、データベースへのアクセスを担当する部分です。アプリケーション層として実装されるアプリは、直接、データベースの中身を触ることはありません。多くはSQLなどの問合せ言語を使い、データへアクセスします。Webアプリの開発フレームワークでは「O/Rマッパー」[注1.10]というもう少し高度な仕組みを利用することが一般的です。データ層は、DBMS（DataBase Management System：データベース管理システム）と呼ばれるソフトウェアが担当します。DBMSは、データベースにおけるデータの効率的な管理やデータベースへのデータの出し入れを管理するソフトウェアで、SQLを用いてアプリケーションとデータベース間のデータを融通します。

注1.10「1.2.3 データの取扱い」で詳しく説明します。

◇具体化された3層モデル

先の例は、なんとなくソフトウェアの対応関係が曖昧でした。概念の抽象化に重きを置いているため、具体的な対応関係には曖昧さが残るモデルです。それぞれの層は独立して実装されるので、各層の間はネットワーク通信によりデータがやり取りされてもOKです。しかし、このモデルでインターネットはどこに配置されるのでしょうか？

プレゼンテーション層とアプリケーション層の間でしょうか？ それはありそうです。なぜならプレゼンテーション層にはWebブラウザが含まれるからです。では、Webサーバはどこに含めればよいでしょう？ プレゼンテーション層でしょうか、アプリケーション層でしょうか。このような点で、少々、曖昧さが残っています。

エンジニアが3層モデルを語る場合は、サーバ側での3層を考えることが多いかもしれません。すなわち、プレゼンテーション層として、Webサーバを対応させる考え方です。このモデルであれば、具体的なソフトウェアとの対応関係は明らかです。以下のような対応が考えられます。

- プレゼンテーション層：Webサーバ
- アプリケーション層：アプリケーションサーバ
- データ層：DBMS（データベース管理システム）

重要なことは、これらのソフトウェアは独立して存在し、それぞれを入れ替えて動かすことができるという点です。また、ネットワークを介して通信することもできるので、物理的に異なるコンピュータ上で動作させることもできる点に注意してください。

◇なぜ3層アプリなのか

3層アプリの利点を簡単に説明しておきましょう。先に述べたように、各層が独立している点が重要なポイントです。

たとえば、本書で説明するWebアプリ開発ではデータベースとしてPostgreSQLを使いますが、Railsの標準ではSQLite3を使う設定になっています。これは、Railsの設定を少し変えるだけで、商用のデータベースを利用したり、MySQL（MariaDB）を利用したりと、簡単に変更することができるからです。データ層を何にするかは、ちょっとした設定変更で簡単に設定できるのです。

プレゼンテーション層としてのWebサーバも同様です。サーバの環境によっては、ApacheやNginx《エンジンエックス》など、既存のWebサーバが既に用意されていることもあるでしょう。ApacheからRailsアプリを起動するには、phusion passengerなどの仕組みを導入すれば、比較的簡単に実現することができます[注1.11]。本書で説明するような開発過程では、Railsが提供するWebサーバをそのまま使っても問題ありません。

図1.4に、3層アプリのメリットを発揮できる例を2つ挙げています。

図1.4　3層アプリケーションの利点

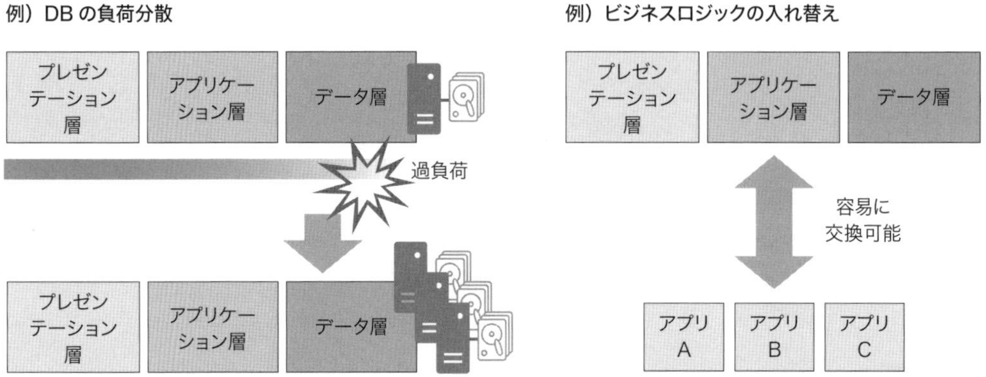

左側の例は、負荷分散を比較的容易に実現できるということを示しています。アクセスが増えてきてシステムの反応がなんとなく悪くなってきた、そんなときに、どこがボトルネックになっているのかを調査して対処するのはシステム運用上の常套手段です。このケースでは、どうもデータへのアクセスがボトルネックになっているようだということが分かった状況ですね。過負荷になっているデータ層を、何らかの手段によって増強[注1.12]します。この処置により、システム全体が過負荷になっている状況を解消することができます。このとき、プレゼンテーション層やアプリケーション層の改修はほぼ不要です。

右の例は、アプリケーションでの処理を変更するケースです。既に「アップデートを簡単にできる点がWebアプリのメリット」と説明しました。3層アプリであれば、システムを止めることなく、あるいはごく僅かなシステムの停止期間の間に、ロジックを入れ替えることが可能です。

注1.11　本書での説明は割愛します。
注1.12　本書の範囲を超えるので、具体的な説明は割愛します。

1.1.3 MVCモデル

続いて、MVCモデルについて説明します。MVCモデルとは、システムを以下の3つに分けて設計する手法です。

・モデル（Model）
・ビュー（View）
・コントローラ（Controller）

システム設計指針としてのこのモデルは、3つの概念それぞれの頭文字をとり「MVCモデル（MVC model)」と呼びます（**図1.5**）。Railsは、ガッツリとMVCモデルに準じて設計されているので、MVCモデルがどういうものかを理解していることが、Railsを理解する早道といえるでしょう。

図1.5 MVCモデル

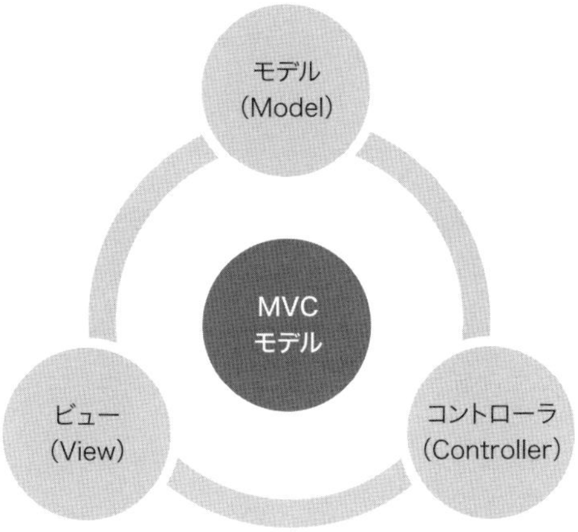

MVCモデルは、古くは1970年代にゼロックスのパロアルト研究所（Xerox PARC）でアラン・カーティス・ケイ（Alan Curtis Kay）氏によって開発されたプログラミング言語Smalltalkに端を発します。アプリケーションの根幹をなす「モデル」と、ユーザインタフェースを定義する「ビュー」、全体の動作を制御する「コントローラ」という3つの概念をうまく組合せてシステム全体を構築しようという発想です。

◇ MVCモデルを利用するメリット

MVCモデルでシステムを設計するメリットは多数考えられます。分かりやすい利点としては、「システムデザイン・表示のインタフェース・アプリケーションロジック」に担当を分離することができるという点が挙げられるでしょう。

システムデザインの根幹をなす部分はデータのモデルです。データ中心でシステムを設計する考え方も世の中には存在します[注1.13]。データ構造がしっかりしているとシステムは強いという点も、多くのエンジニアが経験から理解していることです。状況の変化に伴いアルゴリズムや処理手順が変わることは頻繁に起こりえますが、しっかりしたデータ設計が行われていればデータ構造はあまり変化しません。たとえば、ECサイトには様々なテーブルが用意されていますが、顧客情報に関するデータ構造が頻繁に変わるということは考えにくいでしょう。したがって、データをしっかり設計することは、システムを安定的に保つために必須なのです。そして、データ中心でシステムをデザインするためには、MVCの「モデル」を上手に設計することが不可欠です。

表示のインタフェースはビューの担当者に任せましょう。ビューを上手に設計できるかどうかでユーザインタフェースの善し悪しが決まります。モデルをどう見せていくか、ユーザからの入力をどう効率化するのかは、ユーザインタフェースデザイナーの腕の見せどころです。

システム全体をコントロールする部分は、開発フレームワークを利用した開発ではあまりいじるところがありません。もちろん、一部、アプリケーションロジックでアプリ専用の部分はここで作り込む必要があります。Railsでもコントローラの部分[注1.14]を専用のファイルで記述していきますが、その部分は多くの場合、たくさんのコーディングをする必要はありません。

このように担当を分離して並行に開発を進めることができるだけでなく、機能を切り分けて作業できるので開発効率も向上するでしょう。さらに、MVCそれぞれの独立性が高く、仕様変更に対して柔軟に対応することも可能です。たとえば、ユーザインタフェースの変更が求められたとしても、ビューの一部を変更すればよいだけの場合も多く、容易に対応することができます。

◇ MVCモデルの実装例

図1.6に、MVCモデルを用いたシステムの実装例を示します。Javaで構築された典型的なシステムの例です。

注1.13 データ中心アプローチ（DOA、Data Oriented Approach）と呼ばれる考え方です。

注1.14 ルーティング設定を含みます。

図1.6　MVCモデルで作られたシステムの動作手順

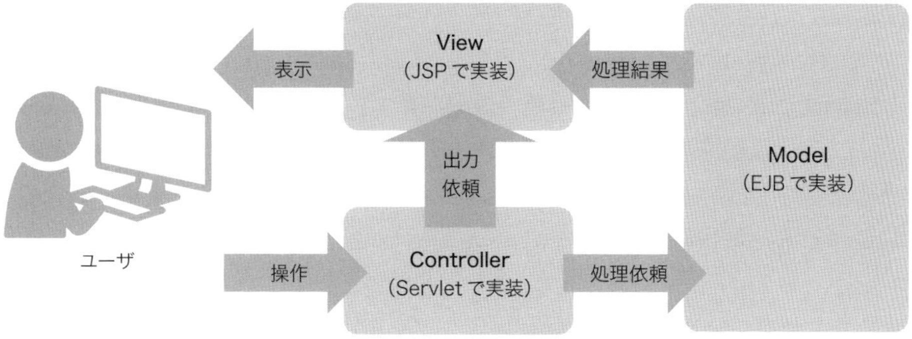

出典：独立行政法人情報処理推進機構のOSSモデルカリキュラム

モデル、ビュー、コントローラの実装は、それぞれEJB、JSP、Servletといった Javaの技術が適用されています。

モデル

アプリケーションの根幹をなすモデル部分は、EJB (Enterprise JavaBeans) で実装します。特定環境に依存せず、EJBによるロジックの実装が適切であるからです。

ビュー

アプリケーションのユーザインタフェースを定義する部分であるビューは、HTMLを生成しクライアントに送信する部分です。JSP (JavaServer Pages) で実装することが適切と考えられます。

コントローラ

Viewのフォームから入力された値をModelに送信する部分です。若干のロジックが必要であり、Servletによる設計が適切と考えられます。

なお、EJBはEnterprise Java Beansと呼ばれる技術で、アプリケーションサーバで実行すべき様々なロジックをソフトウェア部品の組合せで実現できるようにしたものです。JSPはJava Server Pagesと呼ばれる技術で、HTMLページの中にJavaのプログラムを埋め込むことで動的なHTML作成を容易にするものです。ServletはWebサーバ上で動かすJavaのプログラムで、サーブレットコンテナ (Servlet Container) と呼ばれる仕組みで様々なJavaプログラムを動作させる技術です。

1.1.4 Webアプリ特有の制約

本節の最後に、Webアプリ特有の制約事項について、簡単に紹介しておきましょう。本章の冒頭で説明したように、Webアプリは一般的なアプリケーションとは異なり、WWWの仕組みに立脚している点が大きな特徴となっています。そのため、ネットワーク経由で世界中からアクセスできるというような利点がある反面、いくつかの考慮しなければならない制約条件も存在します。

もちろん、ネットワークにつながっていないと利用できない、というような根本的な条件もあるでしょう。Webブラウザの利用が前提となっている点も制約のひとつです。最近では、オフラインでもある程度は利用できるような仕組みを備え、一般的なアプリと同じような方法でユーザインタフェースを提供するような、プログレッシブWebアプリ（PWA：Progressive Web Apps）と呼ばれるような仕組みも利用されるようになってきています。場合によっては、そのような先端的な技術を取り入れてシステムを構築していくことも必要になるでしょう。

◇セッション管理

Webの仕組みを利用してアプリケーションを構築しようというときに、真っ先に問題になるのが、下記のようなセッション管理の問題です。というのも、そもそもWebの仕組みは、リクエスト・レスポンスを基本とする、クライアント・サーバ・システムにおける典型的な通信モデルを前提にしているからです。

図1.2を思い出してください。Webの通信ではそもそも「1.WebブラウザからWebサーバにリクエストを送信」「2.該当するリソースを特定し、レスポンスとして返答する」という単純な通信モデルを想定していました。CGIを利用したWebアプリの原型を考えるとすれば、2の「該当するリソースを特定し」の部分が「該当するリソースを何らかのアプリにより生成し」と置き換えられる程度でしょうか。とにかく、1回のリクエスト・レスポンスで（オリジナルな）Webの世界は完結します。

一方で、多くのアプリケーションでは、一連の処理をたった1回のやり取りで終えることはほぼありません。システムとユーザが、何度も何度も多くのやり取りを行うのが通例でしょう。たとえば、eコマースのシステムを考えたとすると、「商品を検索し、商品の詳細を吟味し、希望に適うものがあればカートに入れて、決済を行う」という一連の手続きが行われるはずです。このとき、毎回クライアントとサーバで一連のリクエスト・レスポンスといった通信が行われるはずですが、それらが「1つのセッションの中で行われたものである」という管理を、なにがしかの方法で実現しなければなりません。

◇永続的データの取扱い

データの保管をどうするかも、厄介な課題です。アプリケーション自体がサーバ側で動作しているので、基本的にはネットワークの向こう側にあるデータベースでデータを保管することが求められるでしょう。これはきちんとデータを管理する仕組み[注1.15]さえ構築できていれば、かえって信頼性を高めることにもつながります。

しかし、データの操作をするのは人間なので、クライアント側に毎回ダウンロードしたり、クライアント側で生成したデータをアップロードしたりといった通信がどうしても必要になります。最近では、写真や動画といった大きなデータを取り扱うことも増えています。ネットワーク自体もどんどん速度が上がっているとはいえ、いたちごっこの様相を呈しているといえるでしょう。

最近ではAJAXなどの技術を使い、サーバ側とクライアント側で連携しつつ、非同期で効率的に処理を進めるようなWebアプリも増えています。大きなデータの通信が必要になったとしたら、理想的には、クライアント側で人間が何か悩んでいるような作業中に、裏で通信処理をこっそりやってしまうというような工夫も必要になるでしょう。

◇ユーザインタフェース

Webアプリにおいては、ユーザインタフェースはWebブラウザに依存します。したがって、これまでは一般のアプリケーションと比較すると、あまり凝ったインタフェースを実現することは難しいという状況でした。ユーザインタフェースのデザイン能力に限界がある、そんな印象を与えかねない点で、大きな制約になっていました。

しかし、HTML5の登場に伴い、状況は大きく変わりました。HTML自体の表現力も向上し、Canvasなど自由度の高い表現もできるようになりました。CSS（Cascading Style Sheets）も能力が向上し、Bootstrapなど豊かなデザインを実現するためのライブラリも充実しています。

以前は、OSごとにユーザインタフェースのデザイン指針があり、そのガイドラインとWebの表現力がマッチしないという問題もありました。しかし、フラットデザインの流行など、ソフトウェアのデザインそれ自体に流行り廃りが認められるようになり、OSの垣根を越えたユーザインタフェースデザインの価値が周知されてきたことも影響しているかもしれません。さらには、レスポンシブデザイン[注1.16]などの技術開発により、いまではモバイルとデスクトップアプリの垣根さえなくなりそうな気配です。

このような、Webアプリに関する様々な制約を取り払ったアプリを簡単に開発できるように

注1.15 定期的なバックアップ作業などを含みます。

注1.16 スマートフォンやタブレットなどモバイルデバイスとパソコンでは、それぞれ画面の大きさが違います。画面サイズの差異に反応（responsive）し、画面の構成を自動的に変化させ、サイズに合わせた最適な画面にするデザイン技術のことをレスポンシブデザインといいます。

なったのも、本書で紹介するRailsを含む、開発フレームワークと呼ばれる技術が進化したからなのです。

1.2 開発フレームワークとは?

Ruby on Railsは、「開発フレームワーク」と呼ばれる類のWebアプリ開発ツールです。ではそもそも、開発フレームワークとはなんでしょうか。本節では、開発フレームワークとは何かについて説明します。その特徴について理解を深めましょう。

1.2.1 アプリのテンプレート

開発フレームワークとは、アプリケーションを開発する際に、頻繁に必要とされる機能や汎用的な機能をまとめて提供するものです。いわば、アプリケーション開発の土台となるべきもの、アプリケーションのテンプレートとなるもの、もしくは共通の部品をセットで利用できるようにするものと考えてもよいでしょう。

また、Webアプリの普及や開発に対する迅速性、生産性がこれまで以上に要求されるようになったこと、Webシステムのセキュリティ問題は社会的責任を伴うほど普遍的になったこと、先に説明した3層アプリやMVCの概念が開発者に浸透したことなどによって、開発フレームワークの重要性が広く認められるようになりました。鶏が先か卵が先かかもしれませんが、開発フレームワークの普及と並行して、開発フレームワークそれ自体に様々な実装が提案され、よいものは発展、イマイチなものは淘汰されながら、Webアプリ開発の技術革新が進んできました。

◇ CMSや他のツールとの違い

本書で解説するRailsや、他の言語で同様に実装されているDjango《ジャンゴ》などは、Webアプリを開発するためのプラットフォームとして位置づけられている開発フレームワークです。一方、WordPressやDrupal《ドゥルーパル》などのWebサイトを一元的に管理できるツールやコンテンツ管理システム（CMS：Contents Management System）などもあります。これらと開発フレームワークの違いは何でしょうか？

WordPressやDrupalなどのCMSは、Webサイトのコンテンツ、WebページやBlogの記事などを一元的に管理し、デザインの統一感なども提供するツールです。また、テーマといった機能で、ボタンひとつで全体のデザインをガラッと変えるなどということもできます。

他方、Railsや他の開発フレームワークは、Webアプリを開発するためのツールなので、なにがしかの開発を伴わなければ何もできません。そもそもWebアプリ開発のベースとなる機能を提供するものが開発ツールであって、CMSとは別の種類のものです。

もちろん、CMSに手を加えてWebアプリを開発することもできます。アドオンなどの機能拡張を積極的に利用するとか、CMSのソースコードそのものに手を加えてWebアプリを実現するといったアプローチも考えることができるでしょう。CMSはどちらかといえば、静的なコンテンツを統一的に提供する目的に合致しています。一方の開発フレームワークは、動的なシステムをスクラッチに近いところから開発する手段として適しています。実際の開発に際しては、どちらかを選んで使い分けるべきでしょう。

◇代表的な開発フレームワーク

ひとくちに開発フレームワークといっても、いくつかの種類が提案されています。Railsは代表的なWeb MVCフレームワークだといえますが、Active RecordなどのO/R (Object Relational) マッピングフレームワークの性質も持っています。ここでは、代表的な開発フレームワークについて、説明を加えておきましょう。

Web MVCフレームワークは、Webアプリを開発するための基本的な開発フレームワークです。Webアプリの開発に必要な基本的なコードが提供されており、アプリ開発者はMVCモデルにしたがって必要な部分のみを記述すればよいようにできています。Web MVCフレームワークに関しては、ホットスポットとフローズンスポット (次項で説明) という考え方があります。開発者はホットスポットのみを記述すればよいという原則に従うために、簡単な工程でWebアプリを開発できるようになっています。

O/Rマッピングフレームワークは、オブジェクトとデータベースのインピーダンスミスマッチを解消するためのフレームワークです。ではインピーダンスミスマッチとは何でしょう? 詳しくは、「1.2.3 データの取扱い」で説明します。その他にも、DI (Dependency Injection：依存性注入) コンテナと呼ばれるオブジェクト間の依存関係をフレームワークに一任できるようにするための開発フレームワークなど、様々なフレームワークが考案され、提供されています。

1.2.2 Web MVCフレームワークの活用

Web MVCフレームワークは前述した通り、MVCモデルを適用したWebアプリ開発用のフレームワークです。基本的なアイデアは、Controller部をフローズンスポットとして提供、Model（ロジック）とView（見せ方）をホットスポットとして開発すればよいというものです（図1.7）。

図1.7　Web MVCフレームワークの活用方法

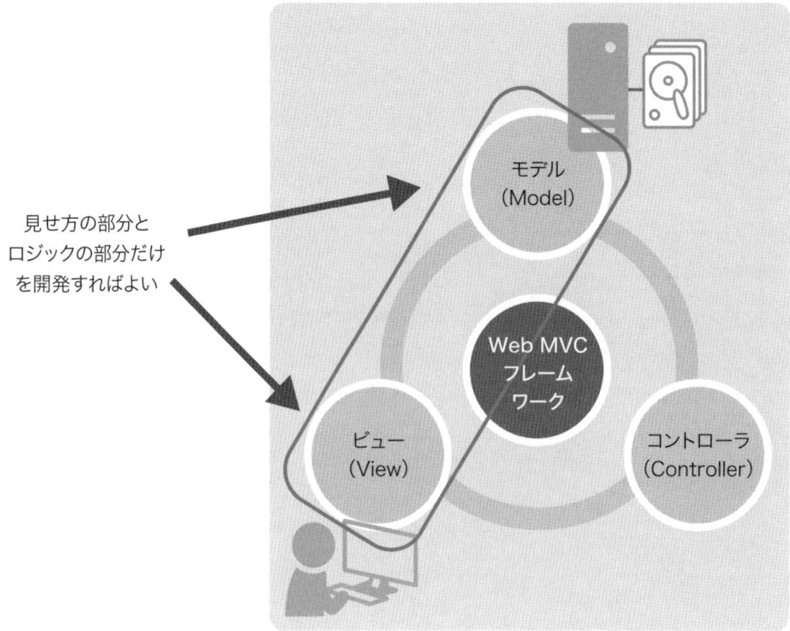

代表的なWeb MVCフレームワークとしては、Javaで開発するWebアプリ向けのStrutsや、PHPで開発されたZend Framework、そして本書で説明するRuby on Railsなどがあります。

◇ホットスポットとフローズンスポット

開発フレームワークでは、ホットスポットとフローズンスポットという考え方が適用されます。ホットスポットとはWebアプリ開発者が個別に開発しなければならない部分のことであり、フローズンスポットとは、その開発フレームワークを利用するWebアプリ開発者が手を加えない部分のことです。

ホットスポットは、開発すべきWebアプリの内容に応じて個別に開発される部分です。開発フレームワークからは、「実装上の制約を踏まえたうえで、自由にコードを記述してください」という形式で提供されます。したがって、フレームワークが課す制約に従う範囲において、個別の要求事項を満たすようなコードを実装するプログラミングが求められます。

一方のフローズンスポットは、アプリケーションの種類にかかわらず、常に必要となる機能を集約して実装した部分です。固有のアプリによらず提供され、開発フレームワークによって個別アプリの要求に依存しない形で提供されます。

たとえば3層アプリケーションを実装するのであれば、プレゼンテーション層のWebサーバとアプリケーション層のロジックを記述する部分をつなぐ機構、あるいはアプリケーション層とDBMSをつないでアプリからデータベースへアクセスする手法などは、固有のアプリに依存せず、いかなるアプリでも必要になるはずです。したがって、そのあたりの機構についてはフローズンスポットとして提供することができ、それによって開発者はそのような基本的な事項まで気を使う必要はなくなるのです。

フローズンスポットとホットスポットを明確に分離し、Webアプリ開発者はホットスポットの開発だけに注力すればよいとなれば、全体として、開発効率は格段に上がるといえるでしょう。

◇ Web MVCモデルの実装

再び図1.7を見てください。理想的なWeb MVCモデルであれば、コントローラをフローズンスポットとして提供し、モデルとビューを作り込めばよい、ということになるでしょう。ただし、残念ながらそれほど明確に分離することも現実には難しく、完全に図1.7のような状況を提供することは困難です。Railsでは、コントローラの開発もある程度は開発者に委ねられています。Webアプリの種類によっては処理のコントロールも全く同じとはいかないだろうということに考えをめぐらせれば、それもあながち間違った選択とはいえません。

Railsでは、前述したような根幹に関わる主要な部分のコントロールは、フローズンスポットとして開発者からは見えないようにしてくれています。しかし、開発したいWebアプリに関するモデル、ビュー、コントローラの3者を適切に記述しながら、アプリ開発を進めていくことになっています。

1.2.3 データの取扱い

3層アプリでは、アプリケーション層とデータ層が切り離されています。データ層はDBMSが担当し、永続的なデータの格納を処理します。一方のアプリケーション層では、メモリ上にデータを展開し、各種の論理的操作を行います。

データベースは、現在、表形式のデータを扱う関係データベース（リレーショナル・データベース：Relational Database：RDB）と呼ばれるものが主流です。一方、メモリ上のデータを扱うプログラムは、現在はオブジェクト指向と呼ばれるパラダイムで記述されることが主流です。Railsを動かす言語処理系であるRubyもご多分に漏れず、オブジェクト指向のプログラミング言語です。

オブジェクト指向言語のプログラムでは、データは「オブジェクト」と呼ばれる形式で扱われます。とすると、ここにギャップが生じます。一時記憶であるメモリ上のデータはオブジェクト形式、二次記憶であるデータベースでは表形式と、それぞれで表現方法が異なっています。その差をなんとかして吸収してあげなければなりません。そこで、開発フレームワークがその支援をすることになるのです。

◇ ORマッパー

メモリ上のオブジェクト「O（Object：オブジェクト）」とデータベース上のデータ「R（Relational Database：関係データベース）」の整合性を保つ機能を提供するソフトウェアのことを、ORマッパー、あるいはO/Rマッパー、O/Rマッピングフレームワークなどと呼びます。

オブジェクトとデータベースの表現形式が違うことで、データの整合性をうまくとることができないような状況のことをインピーダンスミスマッチといいます（図1.8）。これは、メモリ上のデータ（オブジェクト）とデータベース上のデータ（レコード）設計の相違から生じるもので、ある面では致し方ないところともいえます。

図1.8　インピーダンスミスマッチの解消

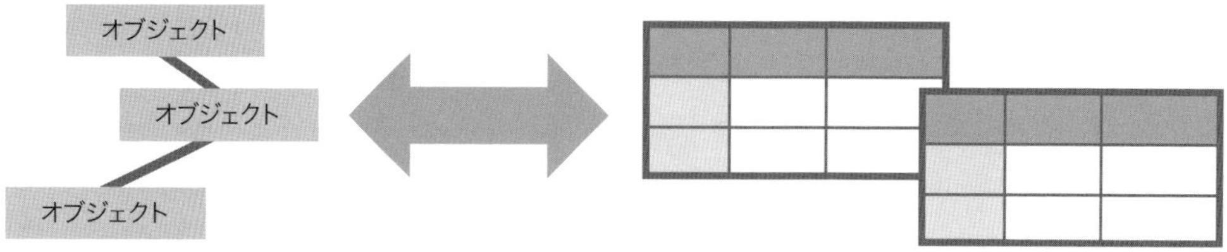

しかし、致し方ないとはいえ何らかの方法でミスマッチを解決しないと、システム全体として整合性をとることができません。そこで、そのような不整合を解消し、プログラムの開発者からシームレスに永続的データを操作することができるような枠組みが期待されてきました。その問題を解決するフレームワークがORマッパーです。

◇ Active Record

マッピングの定形処理をフローズンスポットとして提供するものが、ORマッパーです。Railsでは、Active Recordという実装が用いられています。

Active Recordを利用することにより、プログラマはデータベースを（あまり）意識する必要がなくなります。通常のプログラムでデータベースを利用する際には、SQL文を発行するなどの処理を行うことで、データベース（もしくはデータベース管理システム：DBMS）とデータをやり取りします。その際、従来は、データベースから取り出したデータに基づいてメモリ上のオブジェクトを再構築したり、あるいはメモリ上のオブジェクトを保存するためにSQL文を記述したりという処理は、アプリ開発者やアプリのコードを書くプログラマの責任において実装しなければなりませんでした。

しかし、Active Recordを利用すれば、そのような処理は全てライブラリに任せてしまえます。ライブラリが適切に処理してくれるので、プログラミングのミスを減らすことができます。Active Recordのおかげで、データの永続化処理に関して不具合の少ないプログラムを簡単に作れるようになっています。

1.3 Ruby on Railsと開発ツール

Webアプリの概念と、その理解に必要なMVCモデルや開発フレームワークなど、抽象的な話が続きました。いよいよ、Railsを用いたWebアプリ開発の準備を進めていきましょう……といきたいところですが、そもそもRailsとは何か、その処理を行うプログラム言語処理系としてのRubyについて、簡単に紹介しておきます。

RubyもRailsも、基本的なところはもうだいたい知ってるよ！ という読者は、本節を飛ばして先に進んでも構いません。ただし、本節の後半では、Rails環境の構築に必要な様々な開発ツールについて説明し、さらに、開発の進め方についても注釈を加えています。必要に応じて、本節後半の説明には目を通すようにしてください。

1.3.1 プログラミング言語Ruby

Rubyは、日本人のまつもとゆきひろ氏が開発したプログラミング言語です。日本から世界に広まった数少ないオープンソース・ソフトウェア[注1.17]として有名です。実際、使い勝手がよく、ちょっとしたデータ処理から本書で説明するようなRailsによる大規模開発まで、幅広い利用目的で使うことができます。

私自身は、1990年代の後半にまつもと氏が某メーリングリストでRubyの宣伝をしたときからその存在は知っており[注1.18]、それから折に触れて使用してきました。また、縁あって本人とお仕事でご一緒したこともありますが、いちユーザでしかない私がRubyの良さを本書で喧伝するのもおこがましいでしょう。RubyのWebサイト（https://www.ruby-lang.org/）に掲げられている「Rubyとは」の冒頭部分を引用します。Rubyの魅力が語られています。

> **Rubyとは**
>
> なぜRubyはこんなに人気なのでしょうか？ Rubyのファンは、Rubyを美しく芸術的な言語だと言います。なおかつ、便利で実用的だとも言います。一体どういうことでしょうか？
>
> **Rubyの作者の理念**
>
> Rubyは絶妙にバランスのとれた言語です。Rubyの作者である、Matzことまつもとゆきひろ氏は、好みの言語（Perl、Smalltalk、Eiffel、Ada、Lisp）の一部をブレンドし、関数型プログラミングと命令型プログラミングが絶妙に調和された新しい言語を作りました。

なお、Rubyの最新版はバージョン3.0.0ですが（2021年1月時点）、本書では2.7系の2.7.1を使用しています。とくに断り書きがない限りはmacOS上で動作するバージョン2.7.1で動作確認を行っています。

お手元のパソコンにRubyの処理系が既にインストールされている人は、Rubyのバージョンを確認してみましょう[注1.19]。コマンドシェルやターミナルを開いて次のようにコマンドを投入してみましょう。利用できるRubyのバージョンを確認することができます。

```
$ ruby --version
ruby 2.7.1p83 (2020-03-31 revision a0c7c23c9c) [x86_64-darwin19]
$
```

注1.17 その昔「日本発のオープンソース・ソフトウェアは42件しかない」と発言した経産官僚がいらっしゃって、物議を醸した事件がありました。

注1.18 Java関連のメーリングリストで「私の開発したRubyのほうがすごい」というような宣伝をされていたのを憶えています。当時は、大胆な人だなあ、という感想を持ちました。

注1.19 Rubyがインストールされていない場合は、「1.4 Rails環境の導入」を参照し、インストール作業を行ってから、確認してみてください。

なお、本書の解説において「$」から始まるコードは、WSL (Windows Subsystem for Linux) やLinuxのシェル（コマンドシェル）から、あるいはmacOSであれば「ターミナル」からコマンドを投入していることを表します。上記の例では、rubyコマンドに「--version」という引数を付けてコマンドを入れています。ところで、$はプロンプトと呼ばれるものであり、システムが提示するものですので入力しないようにしてください。システムの設定によっては、$の左側あるいは右側に、付加的な情報が表示されているかもしれません。

◇インタプリタ型言語

Rubyの特徴のひとつは、インタプリタ型言語（すぐに実行できるプログラミング言語）であることです。そのため、ソースコードをコンパイルして実行形式に変換する必要はありません。

Rubyの言語処理系をインストールすると、インタラクティブシェルが使えるようになります。IRB (Interactive Ruby) を起動[注1.20]すると、Rubyをそのまま実行できるインタプリタが起動し、コードを確認することができます。

以下は、RubyのWebサイトで提供しているチュートリアル「20分ではじめるRuby」の冒頭部分で紹介している操作を、実際にIRBで実行してみた様子[注1.21]です。irbというコマンドを投入してIRBのインタラクティブシェルに操作が移っています。

IRBのプロンプト[注1.22]に対して、式、あるいはコマンドを投入すると、処理が行われて結果が返されている状況を確認することができます。「=>」に続いて表示されている内容は、処理の結果として返される「返り値」です。文字列を表示するputsコマンドの返り値は「nil」[注1.23]であることが分かりますね。

```
$ irb ⏎
irb(main):001:0> "Hello, World"
=> "Hello, World"
irb(main):002:0> puts "Hello, World" ⏎
Hello, World
=> nil
irb(main):003:0> 3+2 ⏎
=> 5
irb(main):004:0> exit ⏎
$
```

注1.20 ターミナルやコマンドシェルからirbというコマンドを投入するなど、OSによって起動方法は異なります。
注1.21 途中までです。途中でやめて、exitコマンドでIRBを終了させています。
注1.22 "irb(main):001:0>"などがIRBにより表示されています。これらを本書ではIRBのプロンプトとして扱います。
注1.23「無」を意味するコードです。他の言語ではNULLやnullなどとも表現されるものに相当します。

なお、最後の行が$となっているのは、最後のexitコマンドをIRBに投入することで、再びターミナルあるいはコマンドシェルのプロンプトに戻っていることを意味しています。

◇オブジェクト指向言語

Rubyのもうひとつの大きな特徴は、オブジェクト指向言語であることです。もっとも、現代的なプログラミング言語はほとんどオブジェクト指向で記述できる[注1.24]側面を持っているので、とくだん取り上げるべき特徴でもないかもしれません。しかし、Railsではこのオブジェクト指向設計をうまく使い、開発効率を向上させています。

たとえば、コントローラの雛形を生成する処理は、次のようなコマンドで実施されます（詳しくは次章で説明します）。

```
$ bin/rails generate controller home index ⏎
```

この操作によって生成されるファイルapp/controllers/home_controller.rb（ホームコントローラの雛形）は、次のようになっています。

リスト1.1　app/controllers/home_controller.rb

```
class HomeController < ApplicationController
  def index
  end
end
```

これは、コントローラとしてHomeControllerという名前のクラスが定義され、そのメソッドとしてindexが用意されていることを示しています。

HomeControllerはApplicationControllerクラスを継承しているので、コントローラとしての基本的な機能は既に備えています[注1.25]。アプリ開発者は、indexメソッドの中身を定義して、アプリ特有のコントローラを書いていけばよいという仕組みになっています。

◇便利な機能

その他にも、Rubyには特有の便利な機能が多数用意されています。次のコードは、やはりRubyのWebサイトにサンプルとして掲げられていたものです。この例では、配列が簡単に使えるということが示されています。配列を格納した変数から別の配列を格納した変数を引き算

注1.24　人工知能開発向けに作られたという関数型言語のLISPですら、CLOSというオブジェクト指向拡張が存在します！

注1.25　つまり、フローズンスポットとしてコントローラの基本機能は「この時点で提供されている」ということです。

すると、集合の差分演算としての集合操作が実現できるというサンプルコードです。直感的で分かりやすいコードになっていますね。

なお、ひとつ説明を加えるとすれば、%w[...]という表記方法でしょうか。これは、Ruby独特の「%記法」と呼ばれる表記方法です。なかに表記された単語をそれぞれ文字列として扱い、全体を文字列の配列にします。%記法には他にもいくつかの種類があり、データの表現を簡潔にすることができます。

リスト1.2　Rubyのサンプルコード

```
# Ruby knows what you mean, even if you
# want to do math on an entire Array
cities  = %w[ London Oslo Paris Amsterdam Berlin ]
visited = %w[Berlin Oslo]
puts "I still need " + "to visit the "
       + "following cities:", cities - visited
```

配列も通常のものだけではなく、数値以外を添字にできる「連想配列[注1.26]」が使えます。この連想配列はたいへん便利なので、しばしば利用されます。本書で説明するWebアプリ開発でも、何度も登場します。

連想配列もモダンなスクリプト言語であれば、ほぼどのような言語でも利用できるでしょう。しかし、Rubyはインデントでスコープを表すような奇天烈な制限もなく、自由にコードを書くことができ、使い勝手のよい言語であることは間違いありません。

◇ gemとBundler

登場してから何年もたち、世界中でユーザが増えているRubyは、プログラム資産としてのコード・ライブラリもたいへん充実しています。そもそも、Rails自体、様々なライブラリの集大成です。

Rubyのコード・ライブラリは、gemという形式でまとめられています。また、RubyGemsというパッケージ管理システムが運用されており、ありとあらゆる目的で作られているgemを利用することができます。Rubyを使って問題を解決しようとするときに、スクラッチから自力でコードを書くよりは、まずRubyGemsを探してみることから始めるべきかもしれません。

図1.9はRubyGems.orgのスクリーンショットです。ものすごい数のダウンロード実績が誇らしげに掲げられていますね（2021年1月現在）。

注1.26 他の言語では、ハッシュテーブルといったり、辞書といったりするものです。

図1.9 RubyGems.orgのWebサイト

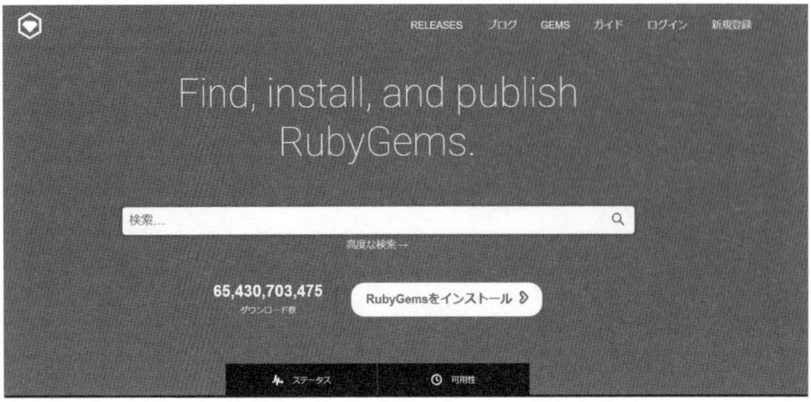

通常、gemの管理はBundlerと呼ばれるシステムを利用します。Bundlerを利用すると、gem同士の依存関係をうまく解決してくれたり、バージョンの食い違いによる問題を回避してくれたりと、gem利用で生じる様々な問題を解消することができます。

Bundlerでは利用したいgemをGemfileというファイルに記載して管理します。以降では、この仕組みを使ってRailsアプリの環境を構築していくことにします。

なお、本書では、Rubyの言語仕様についての解説は行いません。Rubyの文法や典型的な記述方法、文字列とシンボルの違いや、Rubyに組み込まれているオブジェクト指向の様々な技術などについては、とくだんの必要がない限りは言及しません。Rubyのプログラミングについては、ある程度の基礎知識があることを前提とします。したがって、Rubyプログラミングに初めて取り組むという人は、別途、Rubyのプログラミングに関する参考書と併せて読み進めることをお勧めします。

1.3.2 Ruby on Rails

Ruby on Rails（RoR、またはRails）は、Rubyにより構築されたWebアプリ開発フレームワークです。デンマーク出身のデイヴィッド・ハイネマイヤー・ハンソン（David Heinemeier Hansson）氏によって作られました。Ruby人気に火が付いたのは、Railsが世界的に注目されたからだという人もいます。もともとRubyが優れていたからデイヴィッドもRubyで開発しようとしたのでしょう。

既に説明しているように、MVCフレームワークや3層アプリケーションのアーキテクチャが取り入れられており、Railsを使えば効果的かつ迅速にWebアプリを開発することができます。本書で説明するアプリケーション開発事例を振り返ってみると、アイデアの検討にかけた時間は別としても、ひとたび要求事項が固まってからは数時間程度で構築でき、実用上問題ない品質のWebアプリとしてプロトタイプを提示することができました。

なお、アプリやシステムを新しく開発する際には、アイデアの検討に十分に時間をかけるべきです。その際に、使う人の立場で考えて検討する人間中心設計の考え方を取り入れることも重要でしょう。アイデアが定まったら、あるいは全体の方向性が見えてきたら、それらを言葉で表現してアプリやシステムに要求する事項（要求事項）を固めましょう。その作業を進めるなかで言葉にできないアイデアがあったとしたら、「それはまだ検討が不十分である」ということが分かります。

◇パッケージとしての開発フレームワーク

Railsの利点のひとつに、全てが1つのパッケージとして提供されていることが指摘できるでしょう。図1.6を振り返ってみてください。Javaで作られたWebアプリは、EJBやJSP、Servletといった要素技術を組合せて作られていました。これらは独立して作られているものなので、それぞれのパーツを協働させて適切に動かすようにするには、Webアプリの開発者の工夫が必要です。

一方、Railsはどうでしょう。Railsでは、作業ディレクトリに自動で必要なファイルを展開してくれます。MVCの全てが、アプリを構築するファイル群の中に含まれた状態で作業を始めることができます。しかも、ホットスポット（「1.2.2 Web MVCフレームワークの活用」の「ホットスポットとフローズンスポット」参照）として書き換えをしなければならない箇所はごくわずかです。

MVCモデルの主要部分だけでなく、テスト用のファイル群やその他のリソースなど、最新版のRailsでは様々な機能が盛り込まれているので非常に複雑なパッケージになっています。しかし、最小限、理解しなければならない根本的なところはごくわずかなので、学習コストも抑えられたものとなっている点はありがたいところです。

簡単に拡張できるのもRailsの特徴です。Railsはgemの集合体でもあります。したがって、その機能を拡張したいとき、拡張したい機能を実現するgemがもし既に作られているのであれば、そのgemを組み込むだけで簡単に機能拡張が可能です。

gemの導入による機能拡張がいかに簡単かは、本書の第3章以降で実際にアプリ開発を進めていくなかで、いやというほど実感することができるでしょう。多くは、「1.Gemfileに使いたいgemの名称を記載」「2. Bundlerでインストール」「3.最小限の設定を付け加える」といった手順で機能拡張が可能です。ときとして、3の手順すら不要なこともあります。

◇類似の言語と開発フレームワーク

Railsによる Webアプリ開発を学ぶとよいことを、最後に補足しておきましょう。

簡単に高機能のWebアプリを構築できるRailsですが、先に述べたように、最新版はかなり複雑化している点も否めません。システムの全体像を掴む、あるいは初学者がWebアプリ開発を始めようというときに、いきなりRailsに手を付けるのはあまりオススメできません注1.27。

世間には軽量フレームワークと呼ばれるWebアプリ開発フレームワークが存在します。Rubyで書かれたもので代表的な軽量フレームワークに、Sinatraと呼ばれるフレームワークがあります。本書でも、次章でいきなりRailsから始めず、Sinatraで足慣らししてからRailsに親しみながら学んでいきます。

同様に、Pythonで書かれた軽量フレームワークには、Flaskと呼ばれるものがあります。こちらもいたってシンプルで、Webアプリとして最小限の機能を提供するため、自らを「マイクロフレームワーク」と名乗っているそうです。Pythonに親しんでいる読者はFlaskから始めてみるのもよいでしょう。

Pythonで書かれたWebアプリ開発フレームワークは、Djangoというものが人気です。DjangoはRails同様、豊富な機能と拡張性を有しています。本書ではFlaskもDjangoも説明はしませんが、SinatraやRubyで一通りのWebアプリ開発を学んでおけば、それらを用いて別のアプリを開発することは難しくないでしょう。なぜならば、言語が変わろうとも基本的な考え方は全てにおいて同じであるからです。あとは皆さんの応用力が試されているというところです注1.28。

1.3.3 必要な開発ツール

本節の最後に、開発を進めるにあたって必要な、その他のツールについて説明します。

Unixシステムでの開発に慣れている人や、基本的なツール群に既に馴染んでいる人は、本節を飛ばして次節の「1.4 Rails環境の導入」に進んで構いません。なお、Rails環境の導入は、Windows向けとmacOS向けの説明を用意しましたので、どちらか自分の環境に合ったほうを参照してください。Windows向けは、Windows上にLinux環境を構築し、その環境上でRails開発環境を導入するという手順を踏んでいます。したがって、Linuxあるいはその他のUnix系オペレーティング・システム上にRails環境を導入したい場合は、そちらを参照するとよいでしょう。

注1.27 登山初心者がいきなりアルプスにチャレンジするようなものです。まずは高尾山あたりから始めるべきでしょう。高尾山は東京の郊外にある標高およそ600mの低い山で、ハイキングには最適です。

注1.28 他にもPHPで書かれているCakePHPやLaravelなど、人気のあるWebアプリ開発フレームワークは多数あります。

◇コンパイラと基本的な開発ツール

開発環境を構築するのにコンパイラや基本的な開発ツールが必要です。昔のUnix系OSであれば、基本的なプログラム開発を行うためのツール群は初期インストールで用意されていたものですが、昨今ではそのようなツールが標準ではインストールされないことも当たり前になってきました。開発者としてではなく、いちユーザとしてコンピュータを利用するといった使い方が一般的になったことの証左といえるでしょう。

しかし、本書は、RailsによるWebアプリ開発を手を動かして学んでいくための本です。開発者たらんとする皆さん[注1.29]であるならば、開発ツールを用意しておかねばなりません。Cコンパイラとしてはgccを利用します。さらに、makeやその他の基本的な開発ツールは、いろいろなシーンで必要になります。これらのツールは、gemをインストールしたり、言語処理系をインストールしたりというようなシーンで使います。次節で開発環境の構築方法を説明している[注1.30]ので、その記述を参考に、きちんと準備しておきましょう。

◇言語処理系と〇〇env

言語処理系は、当然ながらRubyを使います[注1.31]。さらに、フロントエンド関係も関連するためJavaScriptを処理する必要があるかもしれません。そのため、最近のRailsでは、Node.jsの環境構築も求められます。

これらの環境を整備するときに、問題になるのが「どのバージョンを使用すべきなのか？」です。不具合の対応が進んでいる、セキュリティホールが塞がれている、あるいは新しい言語仕様にも対応していてほしいといった理由などにより、最新バージョンを利用することが望ましいところです。しかし、システムの一部で特定のバージョンに依存したアプリケーションが動作しているとか、何らかの制約によって新しいバージョンを入れることができないなど、いつでも最新バージョンを利用できるとは限りません。そもそも、システム管理者の権限を持っていなければ、システムの提供する言語処理系をバージョンアップするなどできようもありません。

そこで最近では潤沢な二次記憶装置を用意できることを利用し、自らのユーザ領域に自前の言語処理系やそれに関連するライブラリなどを用意してしまえ！ という考え方が一般的になってきました[注1.32]。しかも、複数のバージョンを自前で用意しておけば、プロジェクトごとにバージョンを切り替えて使うことさえできるという、まさに富豪的プログラミングのような発想

注1.29 本業でガッツリ開発している読者や、学生としてじっくり開発を学んでいる読者の皆さんもいるでしょう。そのような皆さんは既に立派な開発者ですね。

注1.30 次節ではWindows向けの環境構築とmacOS向けの環境構築を、順番に説明しています。

注1.31 何をいまさら、ですね。

注1.32 さらにはDockerなど、まるごと個別の環境を揃えてしまえというコンテナ技術につながります。

です。

そのためのツールとして、rbenvやnodenvなどが提供されています。本書の解説でも、この2つは利用しています。前者はRuby用のツール、後者はNode.js用のツールです。この他にも、Python用のpyenvやR言語用のrenvなど、多数のツールが世の中には存在します。

それらをまとめて管理するためのツールがanyenvです。本書でもanyenvを利用します。anyenvの上にrbenvとnodenvを構築し、それらを利用する手順を紹介します。

図1.10は、anyenvで利用できる○○envの一覧を表示させてみたものです。いろいろな○○envがありますね。

図1.10　anyenvで利用できる○○envの一覧

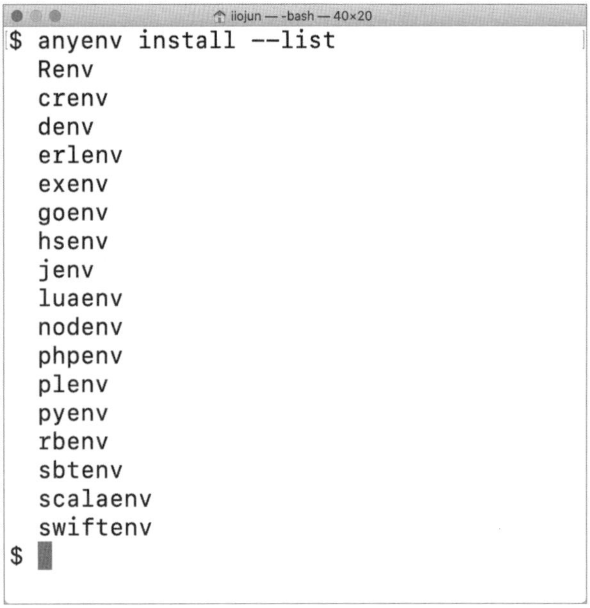

◇データベース

3層アプリケーションの説明で、データ層はDBMSを使うと述べました。Railsでも、様々なDBMSを使うことができます。

Railsをデフォルト設定で構築すると、SQLite3の利用を想定した環境がインストールされます。SQLite3は1個のファイルでデータベースを特定することができ、お手軽に利用できます。しかし、大規模な運用を考えると、MySQLやPostgreSQLなどのしっかりしたデータベースを利用するほうがよいでしょう。

本書ではPostgreSQLを利用します。その具体的な導入と設定の方法は、次節あるいは次々節で詳細に解説する環境構築の説明において紹介します。

◇エディタと開発の進め方

必要な開発ツールを紹介する最後に、重要な話を述べておきます。それは、エディタです。

Visual Studioのような統合開発環境（IDE：Integrated Development Environment）の利用に慣れている人は、少し、発想を転換していただく必要があるかもしれません。本書では、Unixなどでの開発における古典的なスタイルを採用します。すなわち、プログラムはエディタ（テキストエディタ）で編集し、ターミナルからコマンドを投入することで様々な処理を行う、というスタイルです。

ターミナルとは、端末エミュレータとも呼ばれるソフトウェアで、その利用方法は本文中でこそ説明しませんでしたが、既に図1.10でさり気なく紹介しました。Windowsであれば、次節で説明するWSLが提供するbashのコンソールを活用してください。macOSを利用している読者は、まさに「ターミナル」というアプリを立ち上げて利用すればOKです。

エディタは皆さんがお好みのものを利用してください。古典的なvi（vim）をターミナル内部で利用するもよし、AtomやSublime Textといった新しめのエディタを使うもよし。いずれにしても、テキストエディタでプログラムや設定ファイルを適切に編集できれば、何でも構いません。

1.4 Rails環境の導入

それでは、皆さんのお手元のコンピュータにRails環境を構築する手順を説明しましょう。説明は、Windows（もしくはLinux）とMac（macOS）に分けて行います。お使いの環境に応じて、当該部分を読んでください。

macOSにRails環境を導入するのは難しくありません。brewを用いて必要なツールを順次インストールすればよいだけです。macOSへのRails環境導入は、本節の最後に示します。

Windows 10であれば、WSLを入れて、そこでRailsを動かす環境を構築することが早道です。以前までは、Windows上にRailsの開発環境を構築することは可能ではあったものの、いろいろとトラブルも多く、難しい状況に陥ることもしばしばありました。今でもWSLを使わない方法で開発することはできるかもしれませんが、本書では、WSLの導入を前提として説明します。

以降の説明ではWSLを導入し、WSL上にRails環境を構築する手順を示します。なお、そもそもオペレーティング・システムとしてLinuxを使っているという人は、WSL導入後の手順をLinux上の操作と読み替えればそのまま使えます。ディストリビューションとしてはUbuntu《ウブントゥ》を選択しています。それ以外のディストリビューションを使っている人は、パッケージ管理システムなど、環境固有のものと読み替えて作業を進めてください。

1.4.1 WSLの導入

まず、WSLの導入から始めましょう[注1.33]。なお、パソコンの設定によっては、管理者権限が制限されているかもしれません。事前に管理者権限の有無を確認しておきましょう。管理者権限のないパソコンにおいては、以下の手順でWSLを導入することはできません。管理者権限を有効にした状態で、以下の操作を進めてください。

まず、スタートメニューから「設定」を開きます。**図1.11**の右下のほう[注1.34]にある「アプリ」をクリックすると、アプリの設定画面に移ります。

◇アプリの設定

では、さっそく「アプリ」を選択しましょう。アプリの設定画面は、**図1.12**に示すようなものです。この画面の右側をずっと下にスクロールしていくと、関連設定として「プログラムと機能」というリンクがあります（**図1.13**）。ここをクリックしましょう。

注1.33 本項での説明は、Windows 10 Home（バージョン1909、OSビルド18363.900）を用いて確認しました。

注1.34 皆さんの環境によっては、場所は違うところにあるかもしれません。

図1.11 Windowsの設定

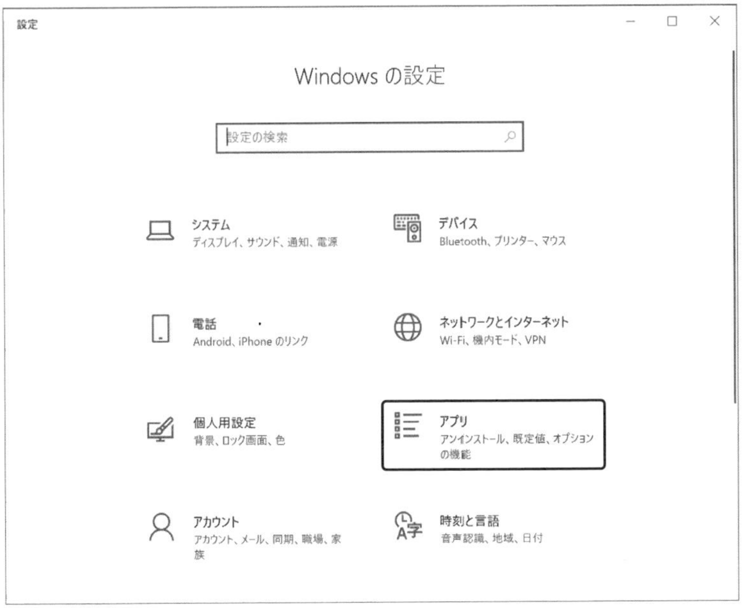

図1.12 アプリと機能(1)

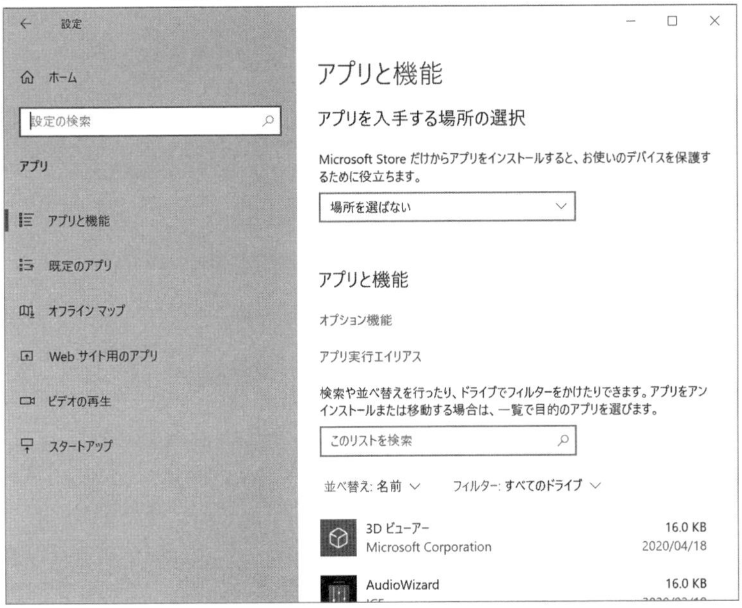

図1.13　アプリと機能(2)

アプリと機能の画面で「プログラムと機能」をクリックすると、「プログラムと機能」ダイアログ[注1.35]が開きます（図1.14）。ここに「Windowsの機能の有効化または無効化」というリンクがあることに注目してください。ここをクリックして、「Windowsの機能の有効化または無効化」ダイアログを開きます。

◇ WSLの有効化

いよいよ、核心に迫ってきました。

「Windowsの機能の有効化または無効化」の画面を下にスクロールさせていくと、Windows Subsystem for Linuxの項目があります（図1.15）。この項目はふつうチェックされていないはずです。そこで、ここの項目にチェックを入れ、OKボタンを押して閉じましょう。これでWSLを導入する準備ができました（ちょっと待った！ 慌てないで。まだWSLの導入は終わっていません）。

注1.35　タスクバーの検索ボックスに"appwiz.cpl"というキーワードを入れて検索すると、「プログラムと機能」ダイアログを一発で開くことができます。

図1.14　プログラムと機能

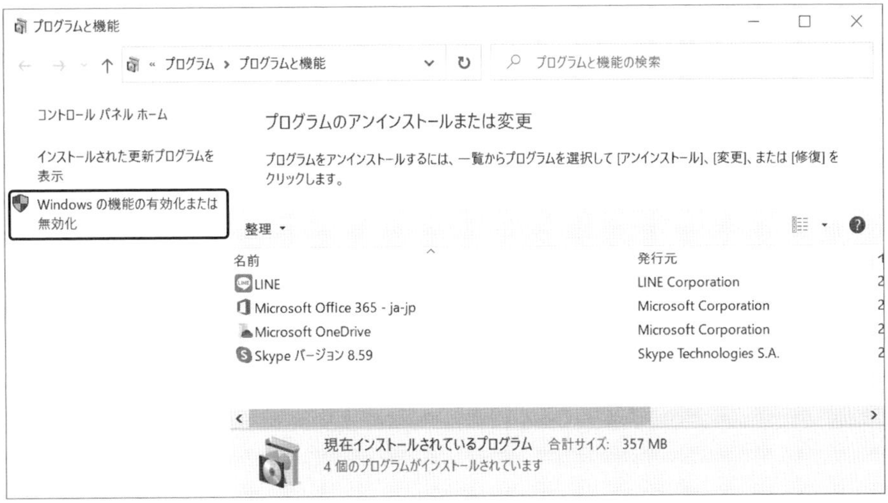

図1.15　Windowsの機能の有効化または無効化

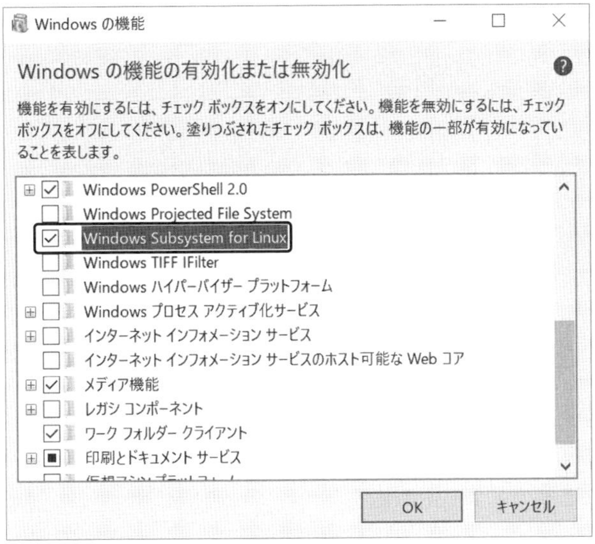

1.4.2　ディストリビューションの用意

準備ができたので、次はディストリビューションをインストールします。Microsoft Storeを開き、検索窓に「WSL」というキーワードを入れて検索してみましょう。すると、無料のディストリビューションから有料のものまで、いろいろな選択肢が出てきます（図1.16）。ここでは、Ubuntuを選んでみます[注1.36]。

図1.16　WSLで利用できるディストリビューション

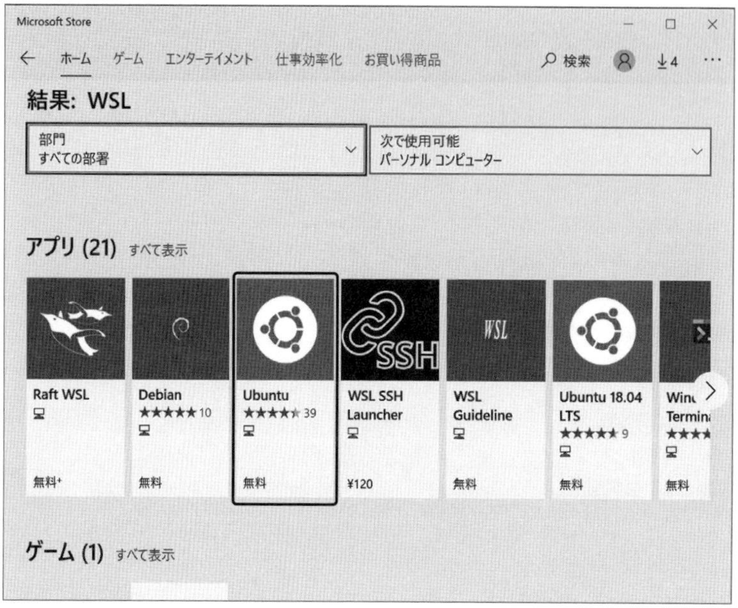

Ubuntuを選択すると、画面には**図1.17**のような表示が現れます。

これでOKです。これを選んでインストールすれば、スタートメニューからLinuxのシェルを起動できるようになります。

◇初回起動時の注意

なお、WSLでインストールしたUbuntu Linuxは、初回の起動時だけ、注意が必要です。なぜかというと、ユーザ名（アカウント名）とパスワードが求められるからです。これは、好きなユーザ名とパスワードを入れればよいでしょう。Windowsのアカウントと同じ組合せにしておくのが無難でしょう。

注1.36　図1.17では素のUbuntuになっていますが、実際にはUbuntu 18.04LTSを入れています。

図1.17　WSL用Ubuntuディストリビューション

1.4.3 開発環境の用意

それでは、導入したUbuntuに、各種の開発環境を準備していく手順を説明しましょう。開発基盤とライブラリ、言語処理系、データベースおよびその他の順に、手順を示します。

◇開発基盤とライブラリの準備

Cコンパイラ（gcc）や、Ruby、Node.js などを用意します。せっかくなので、anyenvからrbenvとnodenvを入れてみることにしましょう。

まずは、Cコンパイラの用意です。素のUbuntu 18.04LTSにはコンパイラが入っていません。したがって、コード開発環境[注1.37]を入れる必要があります。apt-getをアップデートしておかないと途中でトラブルが発生する状況があるようです。最初にアップデートしておきましょう。

sudoは、管理者権限でコマンドを実行するためのコマンドです。そのコマンドの実行時だけ一時的に管理者権限で動作させるというもので、セキュリティに配慮した操作です。aptあるいはapt-getコマンドは、Ubuntuのパッケージ管理用のコマンドです。

注1.37　最低限必要なものとしてbuild-essentialというパッケージを入れます。

```
$ sudo apt-get update ⏎
$ sudo apt install build-essential ⏎
```

なお、本章以降の説明においては、紙面の都合上、コマンドを投入した後のシステム側からのフィードバックを全て省略しています。皆さんの環境に応じて何らかの出力が画面に表示されることもあるはずですが、エラーメッセージが出なければ注1.38、そのまま作業を続けてください。

続いて、Ruby自体のコンパイル注1.39やgemのnative extensions注1.40のコンパイルなどで必要になるライブラリをあらかじめ入れておきましょう。

```
$ sudo apt install -y libssl-dev libreadline-dev zlib1g-dev libpq-dev ⏎
```

注意すべき点を補足しておきます。この段階では、libXXX-devという開発用パッケージが必要になり、ライブラリのヘッダなどが入っています。これらがないと、コンパイル時にコンパイラが参照できないというエラーになってしまいます。

◇言語環境の準備

では、anyenvを入れましょう。gitコマンドはUbuntuの標準インストールに含まれているので、あらためてインストールする必要はありません。

```
$ git clone https://github.com/riywo/anyenv ~/.anyenv ⏎
$ vi ~/.bashrc ⏎
```

vi（エディタ）で追加する部分を示します。なお、ここではviで編集していますが、もちろん他のテキストエディタで編集してもOKです。ホームディレクトリに隠しファイル注1.41として存在する.bashrc注1.42には、以下を追加します。

注1.38 「便りのないのはよい知らせ」というわけでもありませんが、Unix系のコマンドでは、何らかのエラーにならず、問題なくコマンドが終了した場合には、そっけなく次のプロンプトが返ってくるだけ、となることが多いです。出力が何もないからといって不安になる必要はありません。

注1.39 rbenvでRubyの様々なバージョンをインストールする際にコンパイル処理が行われます。

注1.40 いくつかのgemでは、インストールする際に、そのgemが依存する他言語で記述されたライブラリのコンパイルが行われる場合があります。

注1.41 「.」（ドット、ピリオド）で始まるファイルは隠しファイルで、オプションを付けない素のlsコマンドでは表示されません。

注1.42 環境によっては.bash_profileというファイルの場合もあります。適宜、読み替えてください。

リスト1.3 $HOME/.bashrc

```
if [ -d $HOME/.anyenv ]
then
    export PATH="$HOME/.anyenv/bin:$PATH"
    eval "$(anyenv init -)"
fi
```

シェルを再起動すると、anyenvを初期化せよ、というようなメッセージが出てきます。次の操作を行いましょう。

```
$ anyenv install --init
```

anyenvがきちんと動くかどうかは、次で確認できます。

```
$ anyenv --version
```

anyenvをインストール、設定することができたら、rbenv（Rubyのバージョン管理環境）とnodenv（Node.jsのバージョン管理環境）を入れておきましょう。nodenvを最初に使用したときにエラーが出るので、やや対症療法ではありますが、自分の環境下にdefault-packagesというディレクトリを掘っておくことで対処しておきましょう。

```
$ anyenv install rbenv
$ rbenv install 2.7.1
$ anyenv install nodenv
$ touch $(nodenv root)/default-packages
$ nodenv install 14.0.0
```

RubyとNode.jsのバージョンは、それぞれ2.7.1と14.0.0を入れました。皆さんの状況に合わせて、最新版を入れてもよいでしょう。

◇データベース、その他の準備

データベースはPostgreSQLを使います。PostgreSQLは、以下の手順で簡単に導入できます。なお、以下の手順において、createuserで指定するユーザ名は、WSL導入時に決めたユーザ名とすることに注意してください。

```
$ sudo apt install postgresql
$ sudo service postgresql start
$ sudo -u postgres createuser -s ユーザ名
```

最近のRailsは、環境の構築にyarnというツールを要求します。したがって、そのツールも導入しておく必要があります。素のapt-getだと、問題なく使えるyarnをインストールすることができず、Railsの導入時にエラーになってしまいます[注1.43]。そこで、次の手順で最新のyarnを入れておかねばなりません。

```
$ curl -sS https://dl.yarnpkg.com/debian/pubkey.gpg | sudo apt-key add -
$ echo "deb https://dl.yarnpkg.com/debian/ stable main" | sudo tee /etc/
apt/sources.list.d/yarn.list
$ sudo apt update && sudo apt install yarn
```

無事に最新のyarnがインストールできたかどうか、次の手順で確認しておきましょう。

```
$ yarn --version
```

1.4.4 Railsの用意

ここまでできれば、あとは、定められたRails構築環境でRailsのテンプレートを導入するだけです。ここではTESTというプロジェクトを作ってみることにします。

```
$ mkdir TEST
$ cd TEST
$ rbenv local 2.7.1
$ nodenv local 14.0.0
$ bundle init
$ vi Gemfile  ← gem Railsのコメントアウトを外す
$ bundle config set path vendor/bundle
$ bundle install
$ bundle exec rails new . -d postgresql -f
```

なお、この導入手順について、詳しくは次章で説明します。ここでは、新たな作業ディレクトリ（TEST）を作成し、そこで作業、RubyとNode.jsのバージョンを2.7.1および14.0.0とし、bundleコマンドでRails環境の設定を行っている、という程度の理解でOKです。

注1.43 同名の、違うコマンドがインストールされてしまうようです。名前の衝突問題、困ったものですね。

◇動作テスト

以下の手順を経て、データベースを構築し、サーバを起動してみましょう。bin/railsというコマンドの指定は、binディレクトリ以下に格納されているrailsコマンドを呼び出していることを示します。一般的にはbin/を付けないとうまく動かない[注1.44]ので気をつけましょう。

bin/rails db:createはデータベースを構築するコマンドです。そして、次のbin/rails serverは、サーバを起動するためのコマンドです。serverというサブコマンドは頻繁に使うので、「s」だけで代用することもできるようになっています[注1.45]。

```
$ bin/rails db:create
$ bin/rails server
```

問題なくサーバを起動することができたら、ブラウザからhttp://localhost:3000/にアクセスしてみましょう。ブラウザのアドレスバーに上記のテキストを間違いなく入力し、そこに移動するという操作[注1.46]をすればOKです。なお、入力したテキストは、URL（Uniform Resource Locator）と呼ばれる一種のアドレスです[注1.47]。以上の操作をして、**図1.18**に示す画面が表示されたらOKです。

図1.18　Railsアプリ起動の確認（WSL版）

注1.44　コマンドサーチパスの設定によります。

注1.45　bin/rails sだけでよい、ということです。

注1.46　ブラウザの種類によって異なります。たいがいはアドレスバーに飛び先を入力後、エンターキー（リターンキー）を押せば飛ぶはずです。

注1.47　このURLは「localhost（自分自身）というサーバのポート番号3000番に、HTTPというプロトコルでアクセスし、リクエストするリソースは'/'である」ということを意味しています。

1.4.5 Rails環境の導入（macOS編）

Windowsに比べると、macOSへの導入は比較的簡単です。macOSがUnixベースのOSだからでしょう。本節では、macOS上にRailsの開発環境を導入する手順を説明します。

◇ brewの導入

まずはbrewをインストールします。brew (Homebrew) は、macOS向けのパッケージ管理ツールです。

なお、シェルはbashを使っている点に注意してください。最新のmacOSでは、シェルのデフォルトがzshになりました。zshのまま使っている人は、zsh用の設定に読み替える必要があります。bashへは、chshコマンドを管理者権限で実行することで変更することができます。

HomebrewのWebサイトにある案内に従い、下記のコマンドを打ちましょう。

```
$ /bin/bash -c "$(curl -fsSL https://raw.githubusercontent.com/Homebrew/⇦
install/master/install.sh)" ⏎
```

Xcodeのコマンドラインツールを入れろと言われるので、指示に従って作業します（図1.19～図1.21）。

図1.19　Xcodeコマンドラインツールの導入(1)

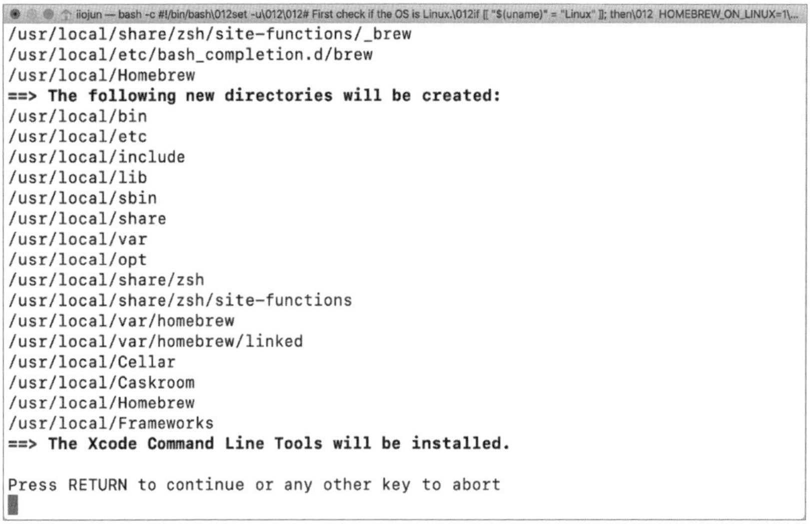

図1.20 Xcodeコマンドラインツールの導入(2)

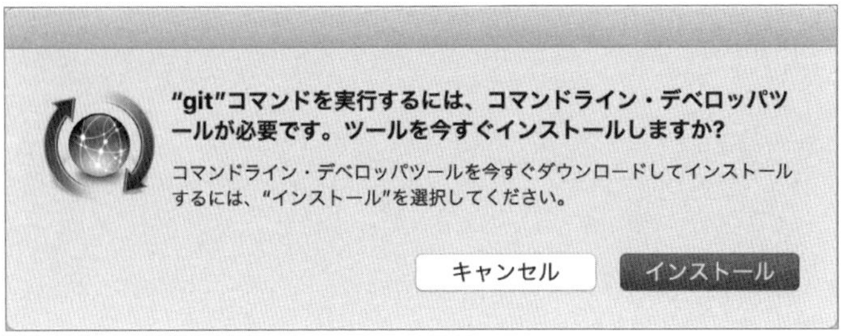

図1.21 Xcodeコマンドラインツールの導入(3)

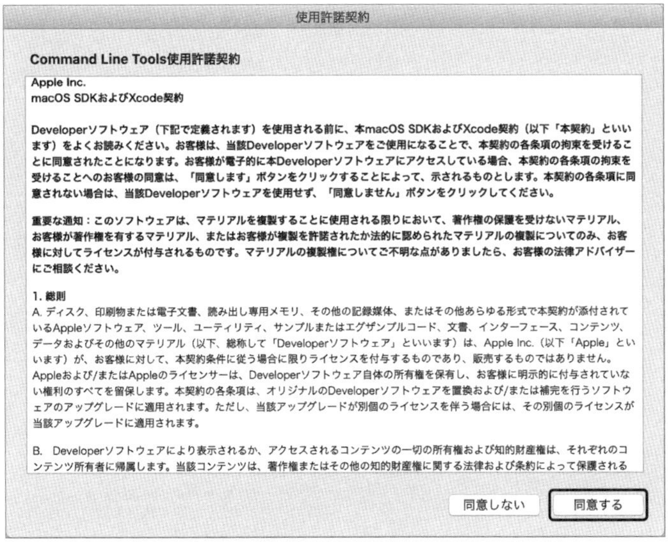

◇ anyenv、rbenv、nodenvの導入

これはWSLのときとほぼ同じです。違うのは、anyenvをbrewで入れられるくらいでしょうか。以下の手順でOKです[注1.48]。ここでは、RubyとNode.jsのバージョンとしてそれぞれ2.7.1および14.0.0を指定し、インストールしています。

注1.48 エディタで編集している部分はviではなく、他のエディタを使って編集しても構いません。

```
$ brew install anyenv
$ vi ~/.bashrc  ← anyenvの設定を書き込む
$ source ~/.bashrc
$ anyenv install --init
$ anyenv install rbenv
$ rbenv install 2.7.1
$ anyenv install nodenv
$ touch $(nodenv root)/default-packages
$ nodenv install 14.0.0
```

.bashrcに書き込むanyenvの設定は、「1.4.3 開発環境の用意」における「言語環境の準備」で述べたものと同じです。ホームディレクトリに隠しファイルとして存在する.bashrc（または.bash_profile）に、以下を追加します。

リスト1.4　$HOME/.bashrc

```
if [ -d $HOME/.anyenv ]
then
    export PATH="$HOME/.anyenv/bin:$PATH"
    eval "$(anyenv init -)"
fi
```

◇ PostgreSQLとyarnの導入、Rails環境の構築

PostgreSQLとyarnをbrewでインストールします。次の手順でOKです。簡単ですね！

```
$ brew install postgresql
$ brew services start postgresql
$ brew install yarn
```

あとは、先ほど説明した手順と同様に、Railsを導入すればOKです。念のため、再掲しておきましょう。TESTという作業ディレクトリを作成してそこにRails環境を構築する手順です。

```
$ mkdir TEST⏎
$ cd TEST⏎
$ rbenv local 2.7.1⏎
$ nodenv local 14.0.0⏎
$ bundle init⏎
$ vi Gemfile⏎ •―― gem Railsのコメントアウトを外す
$ bundle config set path vendor/bundle⏎
$ bundle install⏎
$ bundle exec rails new . -d postgresql -f⏎
```

サーバを起動するコマンド、bin/rails serverの前に、bin/rails db:createでデータベースを構築しておくのを忘れないようにしましょう。手順はページで説明したものと同じです。Rails環境を構築してからは、Windowsでの処理と同じ手順で実施できます。

```
$ bin/rails db:create⏎
$ bin/rails s⏎
```

サーバを起動し、Webブラウザからlocalhost:3000にアクセスして、Railsの初期画面[注1.49]が表示されることを確認できれば完了です（図1.22）。

図1.22　Railsアプリ起動の確認（macOS版）

注1.49　図1.18と比べてみましょう。WindowsとmacOSというウィンドウの様子以外に、どこが違うか、分かりますか？

1.5 第1章のまとめ

本章の前半は、Webアプリとは何か、開発フレームワークを利用してWebアプリを効率的に開発する方法、代表的なWebアプリ開発フレームワークであるRuby on Railsの概要について理解を深めました。

現代的なWebアプリは、3層アプリケーションと呼ばれる構成で実現されています。また、システムを設計するモデルとして、「モデル」-「ビュー」-「コントローラ」の3つからなるMVCモデルが使われていることを学びました。Railsは典型的なMVCフレームワークです。Railsでアプリを開発する際には、MVCモデルを十分に理解していることが必要です。

後半では、Railsアプリを開発するための環境整備について説明しました。WindowsでもmacOSでも（あるいはLinuxでも）、Railsアプリを開発することができます。皆さんの準備は整いましたか？

本章で学んだこと

- ▶Webアプリケーションとは何か、その構造
- ▶Webアプリは開発フレームワークを利用すると（比較的）簡単に作成可能
- ▶Ruby on Rails は代表的な開発フレームワーク
- ▶WindowsもしくはmacOS上で、開発環境を整備する方法

第2章

匿名電子掲示板を作ってみよう

第1章では、Webアプリの基本的な考え方について学びました。3層アプリやMVCモデルといった重要な概念を忘れないようにしましょう。

さて、いよいよWebアプリの開発に進みます。Railsの環境構築もできたし、さっそくRailsでWebアプリを作成していきたいところですが、急がば回れともいいます。もう少し、基本的な知識を固めておくことにしましょう。Railsに着手する前に、Rubyで記述できる軽量フレームワークのSinatraを動かして、Rubyで書くWebアプリの基本について理解を深めます。

本章の後半では、Railsのサンプルとして有効なscaffoldによるシンプルなアプリを作ってみます。そのアプリがどう構成されているかを探索することで、Railsの骨格について学びましょう。ただし、いきなりscaffoldから開発を進めていくのはあまりお勧めできる方法ではありません。ブラックボックスのままでは、いずれ理解に限界がくるからです。本書では、次章以降で実用的なアプリ開発を進める前に、まずはスクラッチから開発を積み上げていく方法を学びます。

本章で開発するサンプルアプリは、簡単な匿名電子掲示板です。シンプルなアプリケーションの作成から始めて、徐々に理解を深めていくことにします。

2.1 Railsを学ぶ前に

Rails開発を始める前にRubyでWebアプリをどう作っていくのか、その考え方をシンプルなやり方で学ぶことにしましょう。使うツールは、軽量フレームワークと呼ばれるSinatraです。Sinatraは導入もいたってシンプルで、gemでsinatraをインストールするだけです[注2.1]。その仕組みも端的で分かりやすいので、まずは、Webアプリがどのように作られているかを学ぶのに最適な素材です。

2.1.1 軽量フレームワークSinatra

それでは、Sinatraを利用してWebアプリ（のようなもの）を作っていきます。作業ディレクトリとして、Work1というディレクトリを用意してください。そのディレクトリを作ったら、Work1に移動し、そこで使用するRubyとしてバージョン2.7.1[注2.2]を指定します。

```
$ mkdir Work1
$ cd Work1
$ rbenv local 2.7.1
```

◇ Sinatraの準備

準備ができたら、Sinatraのgemを用意します。次のコマンドで、gemであるsinatraと、関連する一連のgemたちをインストールしましょう。--no-documentは、ドキュメントのインストールを省略するというオプション指定です。

```
$ gem install sinatra --no-document
Fetching sinatra-2.0.8.1.gem
Fetching rack-protection-2.0.8.1.gem
Fetching tilt-2.0.10.gem
Fetching rack-2.2.2.gem
Fetching mustermann-1.1.1.gem
Fetching ruby2_keywords-0.0.2.gem
```

》次ページへ続く

注2.1　依存関係のあるsinatraに必要なgemは自動的に導入されます。
注2.2　第1章で準備したものです。それほど古くないものであれば、他のバージョンでも問題ないはずです。

```
Successfully installed rack-2.2.2
Successfully installed tilt-2.0.10
Successfully installed rack-protection-2.0.8.1
Successfully installed ruby2_keywords-0.0.2
Successfully installed mustermann-1.1.1
Successfully installed sinatra-2.0.8.1
6 gems installed
$
```

これで、準備は終わりです。簡単すぎますね。あとはアプリケーションのロジックを書いたRubyファイルを用意していけばWebアプリができてしまいます。

◇ SinatraでHello World

Rubyコードを書いたファイルを用意します。ファイル名は何でも構いませんが、ここではmain.rbとしました。様々なプログラミングを学ぶときの「はじめの一歩」に準じて、我々もHello Worldから始めましょう。内容は次のようなコードを記述してください。

リスト2.1 main.rb

```
#!/usr/bin/env ruby
require 'sinatra'

get '/' do
  "Hello World"
end
```

どうですか？ わずか6行、実質3行のWebアプリです。もっとも、「Hello World」を表示するだけのアプリケーションなので、そんなものかもしれませんが。

このファイルにchmodコマンドで実行属性を付けます。実行できるようにしたファイルは、「カレントディレクトリ直下のコマンドを実行するよ」ということを意味する「./（ドットスラッシュ）」を付けて実行します。メインのファイルを実行するだけで、自動的にWebサーバが起動します。

```
$ chmod +x main.rb ⏎
$ ./main.rb ⏎
[2020-12-09 10:20:51] INFO  WEBrick 1.6.0
[2020-12-09 10:20:51] INFO  ruby 2.7.1 (2020-03-31) [x86_64-darwin19]
== Sinatra (v2.0.8.1) has taken the stage on 4567 for development with backup from WEBrick
[2020-12-09 10:20:51] INFO  WEBrick::HTTPServer#start: pid=14166 port=4567
```

実行すると、WEBrickと呼ばれるWebサーバが起動しました。プロセスIDは14166、クライアントからのリクエストを監視しているポート番号は4567番です。

このように、サーバを起動すると、起動した端末にログが出力されます。何かエラーが発生した場合にも、このログを参照すれば、解決の糸口を掴めるかもしれません。

サーバを起動したら、Webブラウザからhttp://localhost:4567にアクセス[注2.3]してみましょう。**図2.1**のように、ブラウザの画面上にHello Worldが表示されればOKです[注2.4]。

図2.1　Sinatraによる「Hello World」

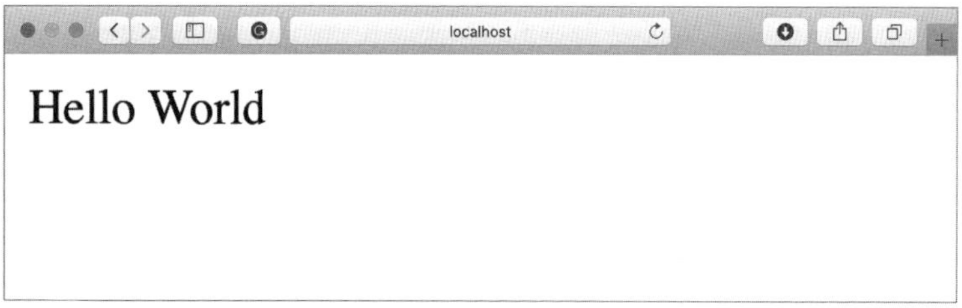

◇アプリケーションへのリクエストとレスポンス

サーバのログを確認してみましょう。以下のように、HTTPのコマンドで「GET / HTTP/1.1」というリクエストが届いていることが分かります。

```
::1 - - [09/Dec/2020:10:32:35 +0900] "GET / HTTP/1.1" 200 11 0.0071
::1 - - [09/DeC/2020:10:32:35 JST] "GET / HTTP/1.1" 200 11
- -> /
```

用意したコードのうち、以下の部分は「/」のGETリクエストに対する反応を記述している部分です。「GET /」がリクエストされたら下記のコードが動作する、という仕組みになっています。

リスト2.2　main.rb

```
get '/' do
  "Hello World"
end
```

このコードはいたってシンプルで、「GET /」というリクエストに対して"Hello World"を返

注2.3　セキュリティ設定の関係で、外部からアクセスしようとするときには、そのための設定が必要です。本書ではその説明は割愛します。

注2.4　図2.1は、表示倍率をかなり拡大しています。実際にはわりと小さく表示されることに注意してください。

すだけです。返した文字が、ブラウザに表示されていることがわかるでしょう。もちろん、do ... endブロックの中に、もっと複雑なロジックを記載することもできます。

HTTPコマンドとの対応や、URLのファイルパス部分への対応については、次項でルーティングの概念について紹介するので、そこで詳しく説明します。

◇継続的な開発

起動中のサーバは、サーバを起動したターミナルで「Ctrl」+「C」(コントロールキーとCキーを同時に押す)を入力すれば停止できます。しかし、プログラムを書き換えるたびにサーバの停止と再起動を繰り返すのも面倒です。そのための対処をしますが、まずは、「Ctrl」+「C」を同時に打鍵して、いったんサーバを停止してください。

sinatra-contribのgemを入れ、プログラムに require 'sinatra/reloader'の1行を入れれば、この煩わしさは解消されます。まず、次の手順でsinatra-contribを入れましょう。

```
$ gem install sinatra-contrib --no-document ⏎
Fetching multi_json-1.14.1.gem
Fetching sinatra-contrib-2.0.8.1.gem
Fetching backports-3.17.2.gem
Successfully installed backports-3.17.2
Successfully installed multi_json-1.14.1
Successfully installed sinatra-contrib-2.0.8.1
3 gems installed
$
```

main.rbに、require 'sinatra/reloader'の1行を追記します。次のように、main.rbに書き加えます。

リスト2.3　main.rb

```
#!/usr/bin/env ruby

require 'sinatra'
require 'sinatra/reloader'

get '/' do
  "Hello World"
end
```

再びサーバを起動して、ブラウザでhttp://localhost:4567にアクセスし、"Hello World"を表示させましょう。その後、「サーバの再起動をせずに」"Hello World"を"Good-bye World"

に修正してみます。その状態で、ブラウザをリロードすると、どうなるでしょう？

リスト2.4　main.rb

```
#!/usr/bin/env ruby

require 'sinatra'
require 'sinatra/reloader'

get '/' do
  "Good-bye World"
end
```

作業の様子を**図2.2**に示します。右側のターミナルでサーバを起動しつつ、左上のターミナルでソースコードを編集、左下のブラウザからアクセスして確認、という作業を行っています。自動リロードの環境を用意すれば、アプリの開発作業を継続的に進めることができるようになります。

図2.2　サーバを動作させながらの編集作業

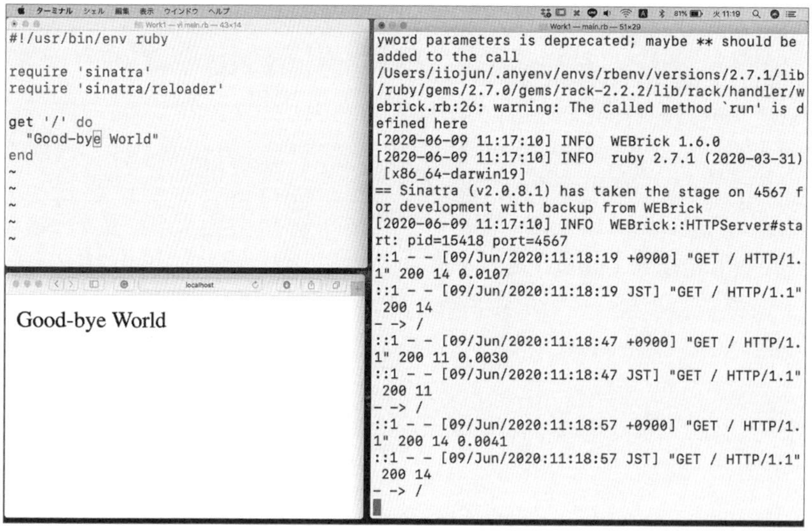

2.1.2　ルーティング

Hello Worldを表示させることができるようになったので、あとは無限の可能性が広がります。そのバリエーションを学んでいきましょう。

前章で解説した、Webの基本を思い出してください。Webのコミュニケーションは、基本的にはクライアントであるWebブラウザからリクエストを発行し、サーバはそれを受けて何らかの処理を実行、その結果をレスポンスとして返すというモデルが基本です（図1.2）。したがって、今から作るWebアプリも、いろいろなリクエストを受け取れるようにする必要がありそうです。

◇HTTPリクエストの概要

Webアプリにおける「ルーティング」という概念をざっくり示すと、「ブラウザから要求された様々なHTTPリクエストの違いを、アプリ側で実装した適切な処理に振り分けること」という表現で説明できます。まずは、HTTPリクエストがどう定義されているのかを理解しておきましょう。

HTTPのリクエストは、次に示す例のように「メソッド（Method）」「リクエストURI（Request-URI）」「HTTPのバージョン（HTTP-Version）」をスペースで区切って表現されます。詳しくは、RFCの「Hypertext Transfer Protocol -- HTTP/1.1」[注2.5]に定義されているものです。

```
GET /hello/world HTTP/1.1
```

GETがメソッド、/hello/worldがリクエストURI、最後のHTTP/1.1がHTTPのバージョンに相当します。リクエストURIは、Webブラウザのアドレスバーに入力するURLの前半部分、すなわち、プロトコルやサーバの情報を削除した残りの後半部分です。たとえば、次のようなURLをアドレスバーに入力したとします。

```
http://localhost:4567/hoge/fuga
```

このとき、リクエストが送られるサーバはlocalhostで、そのポート番号は4567、HTTPでメッセージが送られ、その内容は次のようになります。

```
GET /hoge/fuga HTTP/1.1
```

◇ルーティングとは

HTTPのプロトコルをきちんと理解できれば[注2.6]、メソッドとリクエストURIの組合せで、サ

注2.5 最新版はRFC7231でしょうか。インターネットの仕様を公開する公式な文書として取り扱われているRFC（Request For Comments）と呼ばれる文書は、ときどきアップデートされるので注意してください。

注2.6 単純な仕組みなので、簡単ですよね？

ーバ側の処理、つまり、アプリの挙動を変えることができそうだということは容易に想像がつくでしょう。リクエストと処理の定義を紐付ける機構、それこそがルーティングなのです。なお、ネットワークの技術やインターネットの仕組みを勉強したことがある読者の皆さんは、「ルーティング」という用語に多少の違和感を抱くかもしれません。そのような皆さんにとってルーティングといえば、インターネット（IP：Internet Protocol）の経路制御のことですからね。これは言葉のコンフリクト（衝突）なので致し方ありません。慣れるようにして、文脈で使い分けるようにしましょう。

表2.1にSinatraにおけるルーティングの例を示します。Sinatraでは、メソッドとリクエストURIをそのままファイルに記述すればよいようになっています。それらのリクエストを処理したい内容を、対応する部分のdo ... end節に記述すればよいのです。とても直感的な仕様だと思いませんか？

表2.1　ルーティングの例

メソッド	リクエストURI	処理
GET	/hello	get '/hello' do ... end
GET	/goodbye	get '/goodbye' do ... end
POST	/upload	post '/upload' do ... end
DELETE	/item	delete '/item' do ... end

◇ Hello WorldとGood-bye World

ルーティングの概念を理解したところで、実際に確認してみます。プログラムは以下の通りです。リスト2.4のmain.rbを修正してください。

リスト2.5　main.rb

```
#!/usr/bin/env ruby

require 'sinatra'
require 'sinatra/reloader'

get '/hello' do
  "Hello World"
end

get '/goodbye' do
  "Good-bye World"
end
```

get '/' の処理がなくなり、get '/hello' とget '/goodbye' の2つの処理が用意されました。サーバが起動している状態で、Webブラウザからhttp://localhost:4567/helloとhttp://localhost:4567/goodbyeにそれぞれアクセスしてみましょう。表示するメッセージを切り替えることができましたか？

ところで、get '/' の処理はなくなってしまいました。

この状態でhttp://localhost:4567/にアクセスすると、何が起こるのでしょうか？ 問題は起きないでしょうか？

図2.3　ルーティングのエラー

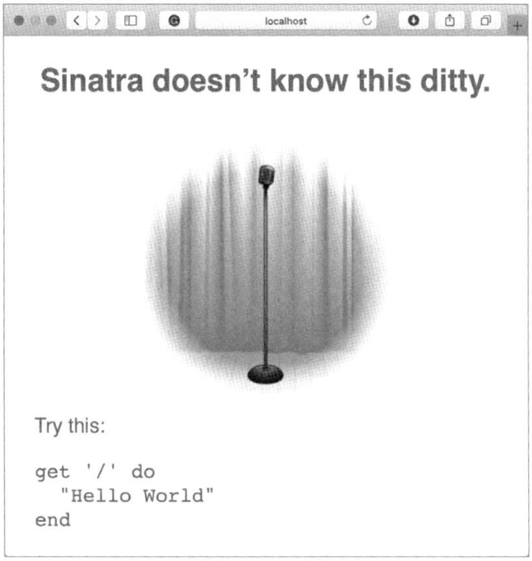

予想通り、結果はエラーになります。Sinatraのエラー画面が表示されたはずです。**図2.3**はエラー画面です。なんだかオシャレなエラー画面ですね。

2.1.3 パラメータの取扱い

続いて、クライアントからパラメータを受け取ることを考えましょう。例題は計算機です。数式を処理して答えを返すようなWebアプリを考えてみます。

◇パラメータの受け取り

クライアントのWebブラウザからWebサーバにパラメータを渡す方法はいくつかあります。写真をアップロードするなど、大きなデータを渡す必要があるときにはPOSTメソッドを使います。しかし、ちょっとした文字列を渡したい、数値を何個か渡したい、というようなときには、GETでリクエストURIに埋め込んでしまう方法で十分です。

GETでパラメータを渡す方法には、キーと値のペアを埋め込む標準的な方法がありますが、ここではまず、URI文字列中に直接埋め込んでしまう方法を紹介します。

以下のプログラムを動かしてみましょう。ブラウザで、localhost:4567/calc/1+2[注2.7]などと入れて、アプリにリクエストを送ってみてください。**図2.4**に示すような結果が表示されたでしょうか。

リスト2.6　main.rb

```
#!/usr/bin/env ruby

require 'sinatra'
require 'sinatra/reloader'

get '/calc/:formula' do
  f = params[:formula]
  "#{f} = " + (eval f).to_s
end
```

注2.7　本来は、＋記号はURLエンコーディングすべきでしょうが、そこはブラウザがなんとかうまく処理してくれることを期待して、ここでは本文中に示すような表現で入力しています。

図2.4　四則演算の結果

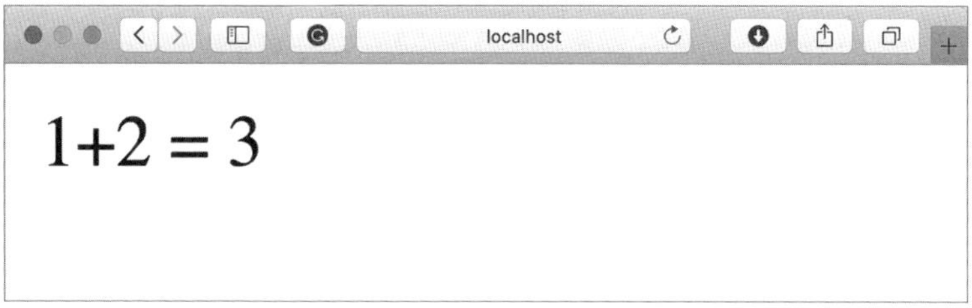

動作するコードはget '/calc/:formula' do ... endの部分です。calc/の後の部分に記述された内容が、連想配列paramsに格納されています。シンボル:formulaを引数にしてアクセスすることができ、その内容が変数fに割り当てられています。

なお、この部分はブロックパラメータを使って次のように書くこともできます。前述の説明と同じように、連想配列params[:formula]の内容が変数fにアサインされます。

リスト2.7　main.rb

```
get '/calc/:formula' do |f|
  "#{f} = " + (eval f).to_s
end
```

文字列中の"... #{f} ..."という書き方はRubyの便利な表記方法のひとつで、文字列中に変数fの内容を埋め込むためのものです。これにより、"(fの中身) = "という文字列が作り出されます。その文字列に続けて、eval fの結果がto_sメソッドで文字列に変換されて追加され、結果として全体が出力されます。

eval fは、変数fに格納されたデータを評価する、すなわち、今回の場合はその中に足し算「1+2」が記述されているので、それを評価（計算）した結果の3が得られるということになります。他にもいろいろと数式を入れて、うまく動作するかを確かめてみてください。

◇セキュリティに関する注意

ところで、この実装は少し、というよりも、かなり問題がある実装です。それはセキュリティの問題があるからです。かなり問題があるどころか、ヤバい実装といえるかもしれません。

図2.5を見てください。この図は、アプリに与えたパラメータとして「Math.sqrt(5.0)」という文字列を与えました。数値演算パッケージから平方根を計算するsqrt関数を呼び出し、5の平方根（$\sqrt{5}$ = 2.23606797749979）を計算させたものです。

図2.5　何でもできてしまう？

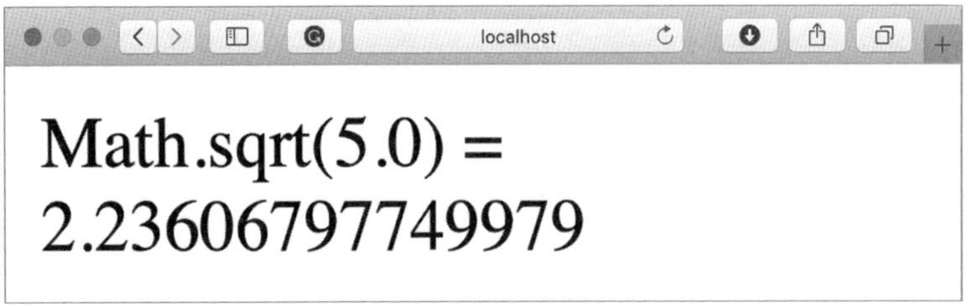

1+2などという可愛いものであれば問題ありません。しかし、もっとややこしい処理をさせてしまうと、いったい何が起こるでしょうか。

Rubyのリファレンスマニュアルを見て、eval関数でできることを調べてみましょう。下記に、マニュアルに記載されているeval関数の説明の冒頭部分を示します。

```
eval(expr) -> object
eval(expr, bind, fname = "(eval)", lineno = 1) -> object

文字列 expr を Ruby プログラムとして評価してその結果を返します
```

ここで、文字列exprとして「1+2」や「Math.sqrt(5.0)」といった文字列を渡していたわけです。それをevalで処理した結果が3や2.23606797749979といった数値オブジェクトとして返され、さらに、文字列に変換されて連結されたものが、最終的にレスポンスとしてクライアントに戻されていたというわけですね。

◇コマンドインジェクション問題

では、このプログラムに渡す文字列として「system "echo hoge"」というものを与えたらどうなるでしょう？ Rubyのsystemという関数は、システムのコマンドを呼び出して実行するものです。つまり、図2.6に示すように、echoコマンドが実行されてしまいます。無事にechoコマンドが実行された結果はtrueを返すので、返り値としてtrueが表示されている点にも留意してください。

図2.6　何でもできてしまう？（システムコマンドの実行）

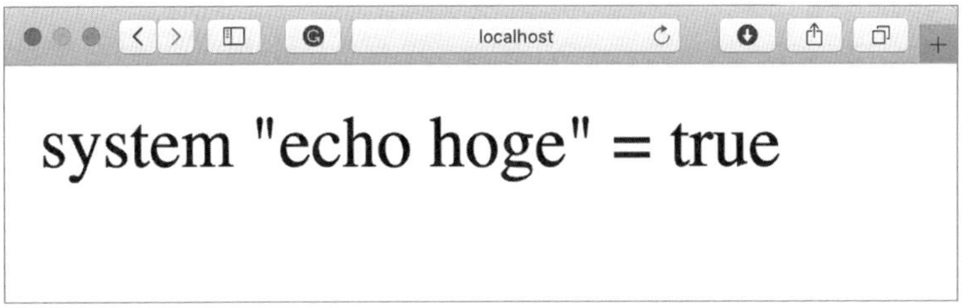

ログをみると、たしかにクライアントから送られたコマンドが実行されています。分かりやすいようにサーバを再起動した直後にアクセスしてみた状況を、以下に示します。サーバ起動を示すログの直後に「hoge」というメッセージが出力されていることを確認できます。

```
[2020-12-10 14:13:08] INFO  WEBrick 1.6.0
[2020-12-10 14:13:08] INFO  ruby 2.7.1 (2020-03-31) [x86_64-darwin19]
== Sinatra (v2.0.8.1) has taken the stage on 4567 for development with
backup from WEBrick
[2020-12-10 14:13:08] INFO  WEBrick::HTTPServer#start: pid=51367 port=4567
hoge
::1 - - [10/Dec/2020:14:13:12 +0900] "GET /calc/system%20%22echo%20hoge%22
HTTP/1.1" 200 25 0.0171
::1 - - [10/Dec/2020:14:13:12 JST] "GET /calc/system%20%22echo%20hoge%22
HTTP/1.1" 200 25
- -> /calc/system%20%22echo%20hoge%22
```

さて、いま試したのは「echo hoge」という他愛もないコマンドだったからよかったものの、これが「rm -rf /」などというとんでもないもの注2.8だったとしたらどうでしょうか？ あるいは、悪意のあるサーバに逆にアクセスさせて、システムのどこかにウイルスを仕掛けるようなコマンドだったら？注2.9

そのようなことが起こらないように、十分に対策を練っておく必要があります。クロスサイトスクリプティング（XSS：Cross Site Scripting）やコマンド注入攻撃（Command Injection）など注2.10、Webアプリは様々な攻撃を受ける可能性があるので、気をつけなければなりません。とはいえ、多くの攻撃には対応策が考えられているので、開発フレームワークを適切に使うようにすれば問題ありません。今回は、取得した文字列をいきなりevalに渡してしまう点が問題でした。そのような乱暴な実装にしなければ大丈夫です。

なお、このようにセキュリティ対策として、入力された文字列をチェックして問題ない形に修正することを「サニタイジング」といいます。ほとんどのWebアプリ開発フレームワークではサニタイジング用の手段が用意されているので、それらをきちんと使いこなすことが重要です。Railsには「ストロングパラメータ」と呼ばれるチェック機構を使うというお作法があります（後述します）。

注2.8　ファイルシステムの根底から全て消す、というコマンドです。
注2.9　主として考えられるのは、サイバー犯罪者がリモコン操作できる橋頭堡を埋め込むことを意図した攻撃です。
注2.10 他にも典型的なパターンがたくさんあります。

2.1.4 ビューの分離

Sinatraはシンプルな開発フレームワークながら、そのコードの記述に関してMVCモデルに準じて考えることをできなくもありません。まだデータベースを利用していないので、とくにモデルを考えるところまで進んでいませんが、ここで、ビューを分離して、(M) VCの実装を考えます。

◇テンプレートの利用

テンプレートエンジンという考え方があります。コントローラとビューを分離するための仕組みです。テンプレートエンジンを利用するプログラムでは、テンプレートをプログラムが書き換えてレスポンスを作成します（図2.7)。

図2.7 テンプレートの利用

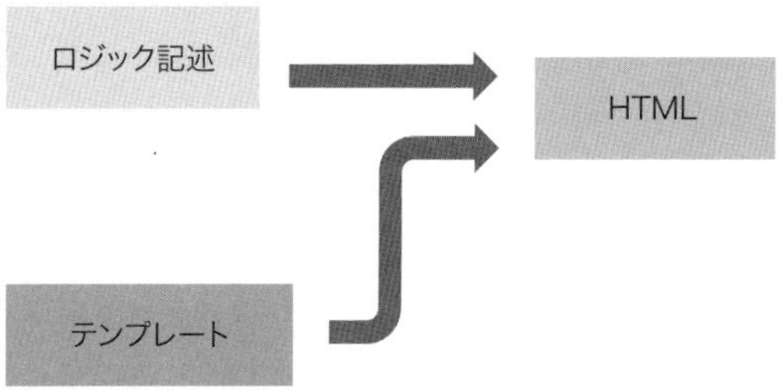

テンプレートエンジンにはいくつかの種類があります。Haml、Erb、Builder、Nokogiriなど、非常に多くのテンプレート言語を使用することができるようになっています。Hamlはとてもシンプルに書けるので、人気も高いようですね。本書では、デフォルトで使用できるErbを使うことにします。もっとも、どれを選んでもテンプレートの発想自体は共通なので、ひとつ憶えてしまえば他に乗り換えることはそれほど難しくはないでしょう。

main.rbを次のように修正しましょう。変数@nameに名前を入れるようにしています。http://localhost:4567/hello/Jackなどのリクエストを送れば、見出しとして「Hello, Jack」と大きく表示されます。

リスト2.8　main.rb

```
#!/usr/bin/env ruby

require 'sinatra'
require 'sinatra/reloader'

get '/hello/:name' do
  @name = params[:name]
  "<h1>Hello, #{@name}</h1>"
end
```

これを、テンプレートを使う方式に書き換えます。最後から2行目を修正してください。erbの呼び出しに変更します。

リスト2.9　main.rb

```
#!/usr/bin/env ruby

require 'sinatra'
require 'sinatra/reloader'

get '/hello/:name' do
  @name = params[:name]
  erb :hello
end
```

◇テンプレートの用意

テンプレートはviewsというディレクトリの下に置きます。この場所に置かないと認識されないので気をつけてください。まず、viewsディレクトリを用意しましょう。

```
$ mkdir views ⏎
```

そのディレクトリの中に、hello.erbというファイルを用意します。ファイル名や拡張子に注意しましょう[注2.11]。ファイル名を間違えていると認識してもらえません。

テンプレートとなるviews/hello.erbを、次のような内容で用意します。

注2.11　後述するRailsでは、ビューのファイル名はhello.html.erbなどの命名規則になっており、若干、異なるので注意してください。

リスト2.10　views/hello.erb

```
<!DOCTYPE html>
<html>
  <head>
    <title>Hello, Sinatra</title>
  </head>
  <body>
    <h1>Hello, <%= @name %></h1>
  </body>
</html>
```

下記の部分がミソです。

リスト2.11　views/hello.erb

```
<h1>Hello, <%= @name %></h1>
```

main.rbの中で#{@name}となっていた箇所は、<%= @name %>と置き換えられました。この<%= ... %>という表現は、囲まれた部分をRubyのコードとして「評価した結果を置き換える」というものです。

コントローラからビューに渡したいデータは、@nameのように「@（アットマーク）」で始まる変数に格納します。以上の手続で、Erbを使ったテンプレートを利用することができます(図2.8)。

図2.8　Erbの利用

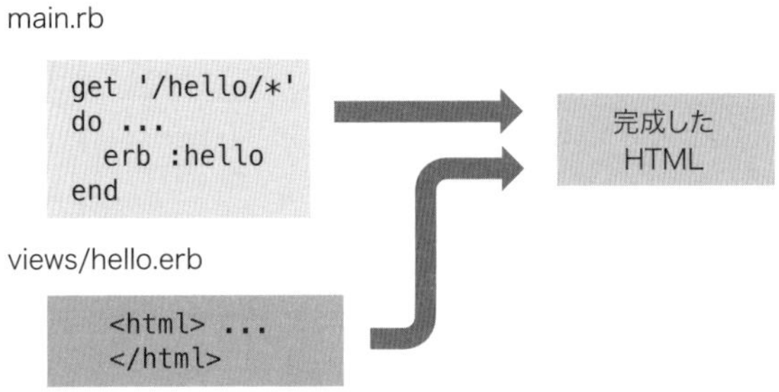

図2.9は、ビューを分離したバージョンで動作させ、http://localhost:4567/hello/Jackにアクセスしたときの状況です。ビューとコントローラが連携して動作している状況を確かめることができました。

図2.9　Erbの利用によるアプリの実行例

テンプレートの共用化

カンのよい人は、このアイデアはコントローラとビューを分離するだけでなく、アプリ全体の統一性を保つための仕組みとしても使えるということに気付くでしょう。つまり、テンプレートを共用化すれば、アプリ全体で統一的なHTMLを提供することができるという仕掛けです（図2.10）。

図2.10　共通テンプレートの利用

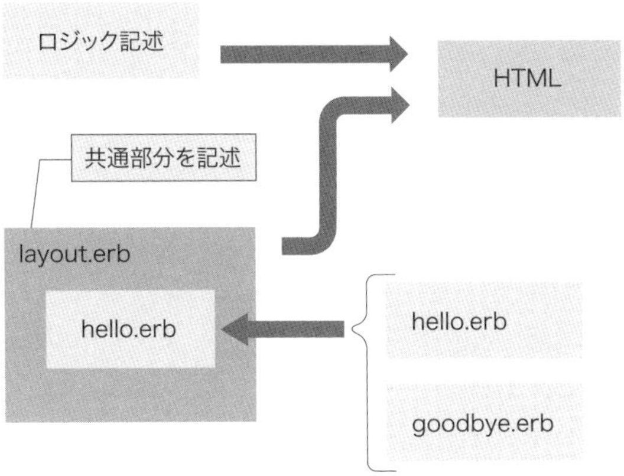

次のコードを考えましょう。ルーティングの概念を紹介したときに考えたプログラムの改良版です。helloとgoodbye、それぞれに引数を与えるように修正されています。

リスト2.12　main.rb

```
#!/usr/bin/env ruby

require 'sinatra'
require 'sinatra/reloader'
```

》次ページへ続く

```
get '/hello/:name' do
  @name = params[:name]
  erb :hello
end

get '/goodbye/:name' do
  @name = params[:name]
  erb :goodbye
end
```

viewsディレクトリには、layout.erb、hello.erb、goodbye.erbの3つのファイルを配置します。

まず、layout.erbです。これが共通テンプレートとして取り扱われます注2.12。helloが呼び出されても、goodbyeが呼び出されても、全体はこのテンプレートが利用されます。

リスト2.13 views/layout.erb

```
<!DOCTYPE html>
<html>
  <head>
    <title>Hello, Sinatra</title>
  </head>
  <body>
    <h1>Message from Sinatra</h1>
    <h2><%= yield %></h2>
  </body>
</html>
```

注目すべきは下のほうにあるyieldです。ここが変化します。hello.erbは次の1行のみからなるファイルに作り変えてください注2.13。

リスト2.14 views/hello.erb

```
Hello, <%= @name %>
```

goodbye.erbは、同じようなファイルですが、次の通りとします。

リスト2.15 views/goodbye.erb

```
Good-bye, <%= @name %>
```

注2.12 erbメソッドの第2引数で、テンプレートを指定することもできます。
注2.13 一度削除して、新しく作成するとよいでしょう。

準備ができたら、http://localhost:4567/hello/Joeなどとしてアクセスしてみましょう（図2.11）。helloの部分をgoodbyeに変えるとどうなりますか？ 名前の部分も変えるとどうなるでしょう。試してみてください。

図2.11　共通テンプレート利用によるアプリの実行例

◇ <%= ... %>と<% ... %>

Erbにおいて、<%= ... %>という表現は、囲まれた部分をRubyのコードとして「評価した結果を置き換える」ものと説明しました。一方で、<% ... %>という表記も用意されています。これは、囲まれた部分をRubyのコードとして実行する、ただしその結果を置き換えることはないものです。

後者の表記を使うと、次のようなコードを書くことができます。

リスト2.16　イテレーションのサンプルコード

```
<ul>
  <% @ary.each{|item| %>
    <li><%= item %></li>
  <% } %>
</ul>
```

@aryは配列変数でイテレーションで内容を扱うことができるとすると、それをこのコードで箇条書きに変換することができるのです。

◇そしてMVC、3層アプリケーションへ

さて、これでコントローラとビューの分離ができました。あとはモデルを考えればMVCモデルとしてアプリを実装できることになります。また、既にプレゼンテーション層としてのWebサーバ、アプリケーション層としてのロジック記述部分が用意されているので、データベ

ースを導入すれば3層アプリとしての体裁も整います。

ここまでは、データを永続化することは考えてきませんでした。入力された情報は全て使い捨てです。しかし、一般的なアプリケーションはデータベースを使って永続的なデータを保持します。そこで登場するのがActive Recordです。Active Recordを使えば、MVCの3層アプリケーションを実現できるようになります。Sinatraの標準データベースはSQLite3です。簡単に使えるデータベースなので、導入も容易です。

ところで、本書はSinatraを用いたアプリ開発の解説書ではありません。Sinatraでのアプリ開発はそろそろこのへんで切り上げて、Railsを利用した開発に切り替えましょう。Sinatraを用いて説明したルーティングの考え方や、ビューの分離、共通テンプレートの利用などは、Railsでもほぼそのまま適用することができます[注2.14]。

2.2 Railsの第一歩

ではRailsに戻ります。Sinatraで学んだことは、Railsを用いたWebアプリ開発でも、十分、参考になります。これまでSinatra用としていじっていたファイルはもう不要です。いったん、ひとつ上のディレクトリに移り、新しく作業用ディレクトリを作成しましょう。

本節では、はじめてのRails[注2.15]ということで、scaffoldと呼ばれるインスタント方式から始めます。scaffoldを利用すると、ほぼなにもプログラミングすることなく、サンプルのWebアプリが出来上がります。まさにインスタントラーメンのような感覚です。そこで、scaffoldで作られるサンプルを題材に、まず、Railsアプリがどのような構造になっているのかを確認してみます。

ただし、scaffoldから改造していくのは、簡単そうにみえてそうでもありません。遠回りになりそうな印象があるかもしれませんが、ひとつひとつ、動作を理解しながら構築していくほうが早道です。まさに「急がば回れ」というところでしょうか。ということで、次節ではscaffoldを使わず、まずはスクラッチからアプリを作っていきます。

注2.14 実装方法はかなり違いますが、基本的な概念は同じです。
注2.15 既にインストール体験は第1章で済ませているはずですが……。

2.2.1 Rails開発の準備

第1章で既に皆さんはRails開発環境を用意できているはずなので、それをそのまま使っても構いません。しかし、しばらくは「作っては捨て、作っては捨て」を繰り返すので、捨ててもいい環境を作って確認作業を進めていきましょう。

新しい作業ディレクトリとして、Work2という作業環境を用意します。

```
$ mkdir Work2
$ cd Work2
$ rbenv local 2.7.1
$ nodenv local 14.0.0
$ bundle init
```

エディタを使いGemfileを編集しましょう。コメントアウトされている「# gem "rails"」の行を探してください。「#」はコメントアウトの記号です。その記号を削除し、gem "rails"を有効化します。

その後、bundle config set pathコマンドで、作業ディレクトリ直下にvendor/bundleというディレクトリを用意し、そこにgemをインストールするように指示します[注2.16]。

```
$ bundle config set path vendor/bundle
Your application has set path to "vendor/bundle". This will override the
global value you are currently setting
```

◇ gemのインストールとRailsの準備

準備ができたら、bundle installコマンドを投入してください。以下のように、必要なgemのインストールが始まります。なお、大量にログが発生しているので、途中経過は省略しています。

```
$ bundle install
Fetching gem metadata from https://rubygems.org/.............
Fetching gem metadata from https://rubygems.org/.
Resolving dependencies...
Fetching rake 13.0.1
```

》次ページへ続く

注2.16 bundle install --path vendor/bundleというように、インストール時にコマンドラインオプションで指定する作法が常套句でしたが、将来そのオプションは無くなるというメッセージが出ており、指示に従いbundle config set pathを利用するようにします。

```
Installing rake 13.0.1
Fetching concurrent-ruby 1.1.6
Installing concurrent-ruby 1.1.6
Fetching i18n 1.8.3
Installing i18n 1.8.3

    …(略)…

Fetching sprockets-rails 3.2.1
Installing sprockets-rails 3.2.1
Fetching rails 6.0.3.1
Installing rails 6.0.3.1
Bundle complete! 1 Gemfile dependency, 43 gems now installed.
Bundled gems are installed into `./vendor/bundle`
Post-install message from i18n:

HEADS UP! i18n 1.1 changed fallbacks to exclude default locale.
But that may break your application.

If you are upgrading your Rails application from an older version of Rails:

Please check your Rails app for 'config.i18n.fallbacks = true'.
If you're using I18n (>= 1.1.0) and Rails (< 5.2.2), this should be
'config.i18n.fallbacks = [I18n.default_locale]'.
If not, fallbacks will be broken in your app by I18n 1.1.x.

If you are starting a NEW Rails application, you can ignore this notice.

For more info see:
https://github.com/svenfuchs/i18n/releases/tag/v1.1.0

$
```

いよいよRails環境の用意です。rails newで、新しいアプリの土台を作成します。newに続く「.(ドット、ピリオド)」は、カレントディレクトリに構築することを指定しています。-d postgresqlオプションでPostgreSQLの利用を指定し、-fオプションで強制的操作を指定しています。具体的には、Gemfileが既に存在するので、そこは上書きするという指定です。

そしてこのコマンドも、長い長いログを出力するはずです。なお、これより先では、コマンドの出力を（とくに断らない限りは）省略することとします。

```
$ bundle exec rails new . -d postgresql -f ⏎
       exist
      create  README.md
      create  Rakefile
   identical  .ruby-version
```

›› 次ページへ続く

```
      create  config.ru
      create  .gitignore
       force  Gemfile

    …(略)…

├── webpack-dev-server@3.11.0
└── ws@6.2.1
Done in 6.55s.
Webpacker successfully installed
$
```

2.2.2 scaffoldの利用

さて、いよいよscaffoldです。rails generateコマンドで作成します。binディレクトリ以下に格納されているrailsコマンドを使うため、bin/railsと指定します。また、頻繁に使うgenerateコマンドは、gと省略することができます。

scaffoldでmemo[注2.17]というモデルを作成します。2つのカラム、string型のtitleと、text型のcontentを備えます。

scaffoldが作成してくれるのはモデルだけではありません。出力は省略すると断ったばかりですが、これだけのものを作ってくれるということを示すために、あえて、出力されるログを全部記載してみます。MVCの主要パーツだけでなく、テストやらヘルパーコードやら、いろいろと作成してくれています。いたれりつくせりです。

```
$ bin/rails g scaffold memo title:string content:text ⏎
Running via Spring preloader in process 91365
      invoke  active_record
      create    db/migrate/20200610134943_create_memos.rb
      create    app/models/memo.rb
      invoke    test_unit
      create      test/models/memo_test.rb
      create      test/fixtures/memos.yml
      invoke  resource_route
       route    resources :memos
      invoke  scaffold_controller
      create    app/controllers/memos_controller.rb
      invoke    erb
      create      app/views/memos
```

》次ページへ続く

注2.17 Memoと書くべしとしている文献も多いのですが、generateコマンドはスネークケースとキャメルケース(P.111を参照)、いずれでも受け付けてくれるので、小文字で始めても構いません。

```
      create      app/views/memos/index.html.erb
      create      app/views/memos/edit.html.erb
      create      app/views/memos/show.html.erb
      create      app/views/memos/new.html.erb
      create      app/views/memos/_form.html.erb
      invoke    test_unit
      create      test/controllers/memos_controller_test.rb
      create      test/system/memos_test.rb
      invoke    helper
      create      app/helpers/memos_helper.rb
      invoke      test_unit
      invoke    jbuilder
      create      app/views/memos/index.json.jbuilder
      create      app/views/memos/show.json.jbuilder
      create      app/views/memos/_memo.json.jbuilder
      invoke  assets
      invoke    scss
      create      app/assets/stylesheets/memos.scss
      invoke  scss
      create    app/assets/stylesheets/scaffolds.scss
$
```

scaffoldで作成される主要なものを、**表2.2**にまとめました。モデル・ビュー・コントローラの主要なファイルが生成されていることが分かります。

表2.2 scaffoldで作成される主なもの

ファイル	説明
db/migrate/XXX...X_create_memos.rb	マイグレーションファイル
app/models/memo.rb	モデルを記述するファイル
app/controllers/memos_controller.rb	コントローラを記述するファイル
app/views/memos/index.html.erbなど	ビューを記述するファイル

◇ scaffoldで簡単アプリ作成

用意ができたので「さっそくサーバを起動して」、といきたいところですが、焦らないでください。データベースを作成して定義したデータモデルをデータベースに反映させなければなりません。今回はmemosというテーブルを作成するだけですが、それ用のマイグレーションファイルが既に定義されています。

手順は次の通りです。rails db:createでデータベースを作成し、rails db:migrateでマイグレーションを実行します。コマンドの出力からデータベースが作成され、無事にテーブルが作られたことが分かります。

```
$ bin/rails db:create ⏎
Created database 'Work2_development'
Created database 'Work2_test'
$ bin/rails db:migrate ⏎
== 20200610134943 CreateMemos: migrating ==============================
-- create_table(:memos)
   -> 0.0188s
== 20200610134943 CreateMemos: migrated (0.0188s) =====================
$
```

データベースの用意ができたら、rails serverコマンドでサーバを起動しましょう。serverコマンドはよく利用するので、rails sとするだけでも構わないのでした。以下の通り、サーバを起動します。

```
$ bin/rails s ⏎
=> Booting Puma
=> Rails 6.0.3.1 application starting in development
=> Run `rails server --help` for more startup options
Puma starting in single mode...
* Version 4.3.5 (ruby 2.7.1-p83), codename: Mysterious Traveller
* Min threads: 5, max threads: 5
* Environment: development
* Listening on tcp://127.0.0.1:3000
* Listening on tcp://[::1]:3000
Use Ctrl-C to stop
```

PumaというWebサーバが起動しました。同時に5スレッド、対応する能力があるようです。

Environment: developmentというメッセージは何でしょうか？ 実は、Railsには**表2.3**に示す3つの環境が設定されているのです。そして、いまは開発時なので、development環境で動作しているということを示しています。

表2.3　Railsにおける3つの環境

環境	コード
開発環境	development
テスト環境	test
本番環境	productioin

ログの出力の最後のほうで、ローカルアドレスに対してポート3000番で待ち受けているというメッセージが出ています。そしてサーバを止めるには、「Ctrl」＋「C」を同時に打鍵すればOKです。

2.2.3 はじめてのscaffoldアプリ

ブラウザから、http://localhost:3000/memosにアクセスしてみましょう。図2.12のような画面[注2.18]が出てきたでしょうか。

図2.12　scaffoldで構築したアプリの実行例（初期画面）

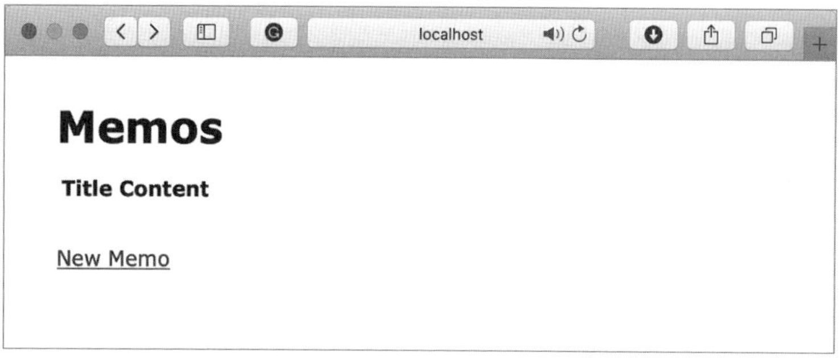

サーバを起動したターミナルには次のようなログが出力されているはずです。Sinatraのときと同様、何かエラーが発生したときには、サーバのログを見てトラブルシューティングを行えます。

```
Started GET "/memos" for ::1 at 2020-12-11 00:42:05 +0900
   (0.7ms)  SELECT "schema_migrations"."version" FROM "schema_migrations"
ORDER BY "schema_migrations"."version" ASC
Processing by MemosController#index as HTML
  Rendering memos/index.html.erb within layouts/application
  Memo Load (4.2ms)  SELECT "memos".* FROM "memos"
  \UTF{21B3} app/views/memos/index.html.erb:15
  Rendered memos/index.html.erb within layouts/application (Duration:
42.3ms | Allocations: 4414)
```

「New Memo」をクリックして、新しいメモを作成してみましょう（図2.13、図2.14）。

いくつかメモを入れてみた後で、再びトップ画面にアクセスした様子が図2.15です。日本語も問題なく使えていることが分かります。

注2.18　初回はコンパイル作業が発生することがあるため、使っている機器の性能にもよるものの、若干、待たされるかもしれません。

図2.13　scaffoldで構築したアプリの実行例（新規メモの編集）

図2.14　scaffoldで構築したアプリの実行例（新規メモ）

図2.15　scaffoldで構築したアプリの実行例（メモ一覧）

◇ルーティングの確認

scaffoldで構築されたアプリのルーティングはどうなっているでしょう？ ルーティングを確認するためには、次のコマンドを投入します。

```
$ bin/rails routes ⏎
```

Railsが個別に用意するルーティングが大量に出てきてしまい、若干、見にくいですね。しかし、見るべきところは、先頭の数行です。以下に抜粋します。確認してみましょう。

```
   Prefix Verb     URI Pattern                 Controller#Action
    memos GET      /memos(.:format)            memos#index
          POST     /memos(.:format)            memos#create
 new_memo GET      /memos/new(.:format)        memos#new
edit_memo GET      /memos/:id/edit(.:format)   memos#edit
     memo GET      /memos/:id(.:format)        memos#show
          PATCH    /memos/:id(.:format)        memos#update
          PUT      /memos/:id(.:format)        memos#update
          DELETE   /memos/:id(.:format)        memos#destroy
```

出力の読み方ですが、第1行がプリフィクス、第2行がHTTPメソッド、第3行がリクエストURIのパターン、第4行が対応するコントローラとアクションです。プリフィクスについては後述します。

HTTPメソッドとリクエストURIのパターン、それに対応するコントローラとアクションの関係については、既にルーティングの概念として説明済みなので理解できるでしょう。Sinatraの例とほぼ同じですが、コントローラが複数のファイルに分割できるという点がポイントです。この例ではmemos_controller.rbに定義されたindexやcreateなどのメソッドに対応していることしか分かりませんが、他のコントローラ、others_controller.rbがあったとして、そこへのルーティングが設定されているとしたら、others#actionという表示が追加されることになるでしょう。

リクエストURIパターンに表示されている「.:format」や「:id」は、そこに「指定すべき対象のID」や「対象のデータ・フォーマット」などが入るということです。IDが3のメモを編集したいときは、/memos/3/editがリクエストURIフォーマットということになるわけですね。また、.:formatはカッコ書きなので、オプション扱いです。たとえば.jsonを追加することで、JSON形式で処理すべきということを指示できます。

アプリケーションの基本要素、CRUD（Create、Read、Update、Delete：作成、読み出し、更新、削除）というデータ操作が用意されていますね[注2.19]。

◇プリフィクスの使い方

ルーティングの表に出てくるプリフィクスは、その意味を理解していると効率的に開発を進めることができます。ここで、しっかり理解しておくことにしましょう。

Railsコンソールを使います。rails consoleというコマンドを使うと、Rails環境が準備できている状態で、対話的に各種の操作をコンソールから実行することができます。テストデータや初期データを確認しながら作成し、データベースに投入することもできます。データベースに格納されているデータを、Active Recordの仕組みを利用して、あたかもメモリ上の変数やオブジェクトを操作するような手順で操作することもできます。また、Railsコンソールを起動するrails consoleコマンドはたいへんよく利用するため、rails cと省略形で用いることが可能となっています。

さて、Railsコンソールを使って、以下の操作をしてみましょう。Railsコンソールは、exitコマンドを入力するか、「Ctrl」＋「D」を同時に打鍵すれば終了できます。

```
$ bin/rails console
Running via Spring preloader in process 99114
Loading development environment (Rails 6.0.3.1)
irb(main):001:0> include Rails.application.routes.url_helpers
=> Object
irb(main):002:0> memos_path
=> "/memos"
irb(main):003:0> new_memo_path
=> "/memos/new"
irb(main):004:0> edit_memo_path 1
=> "/memos/1/edit"
irb(main):005:0> edit_memo_path 2
=> "/memos/2/edit"
irb(main):006:0> exit
$
```

プリフィクスの使い方を試してみるために、Rails.application.routes.url_helpersというヘルパーメソッドの定義をインクルードしておきます（1回目の入力）。これは、○○○_pathというメソッドを生成するためです。

この、特定の文字列に「_path」を付けた表現はたいへん便利に使えます。たとえば、ビューの中で別のページにリンクさせたいときなど、link_toメソッドと組合せて次のように記述する

注2.19 それぞれどの処理がCRUDのどれに対応しているか、考えてみましょう。

と、簡単に適切なハイパーリンクを用意することができるのです。この例では、あるメモオブジェクト（@memo）へのリンクを作成しています。

リスト2.17　ハイパーリンクを貼るサンプルコード

```
<%= link_to 'Edit', (edit_memo_path @memo) %>
```

link_toメソッドの利用方法を確認するために、再びRailsコンソールで挙動を確かめてみましょう。link_toはActionView::Helpers::UrlHelperで定義されているため、そのインクルードも必要です（2回目に入力している「include ActionView::Helpers::UrlHelper」の部分）。

```
$ bin/rails c ⏎
Running via Spring preloader in process 99934
Loading development environment (Rails 6.0.3.1)
irb(main):001:0> include Rails.application.routes.url_helpers ⏎
=> Object
irb(main):002:0> include ActionView::Helpers::UrlHelper ⏎
=> Object
irb(main):003:0> link_to 'Edit', (edit_memo_path Memo.first) ⏎
  Memo Load (0.4ms)  SELECT "memos".* FROM "memos" ORDER BY "memos"."id"
ASC LIMIT $1  [["LIMIT", 1]]
=> "<a href=\"/memos/1/edit\">Edit</a>"
```

最後の出力に注目してください。link_toメソッドによって、HTMLのハイパーリンク、<a>タグが生成されていることがわかるでしょう。

◇ Railsの命名規則など

少し回り道をしてしまいましたが、要するに、この「特定の文字列に_pathを付けた表現」を考えたときの「特定の文字列」に相当するものが、プリフィクスなのです。ビューの開発を行っているときに、動的に生成されるリンクをここに張りたいんだけどな？ という必要が生じたときは、ルーティングの表を参考にして適切なプリフィクスを探せばよいということですね。

ところで、いま扱っているアプリでは、プリフィクスがmemos、new_memo、edit_memo、memoと4つ示されています。先頭のものだけ複数形になっているのはなぜでしょう？

ルーティングの結果、いかなる処理が行われるかを考えてみれば、その意味は分かるはずです。memosとなっているページでは、登録されたメモの一覧が表示されます。new_memoは新しいメモを1つ作成する処理です。同様に、edit_memoも特定の1つのメモを編集します。そしてmemoは1つのメモを表示する処理ですね。

このように、Railsでは単数形と複数形を厳密に使い分けます。日本人は単数と複数の使い分けに慣れていないので[注2.20]、気を付けるようにしましょう。

Railsのポリシーとして語られる基本理念には、有名な、「同じことを繰り返さない」(DRY：Don't Repeat Yourself) や、「設定より規約」(CoC：Convention over Configuration) など、たいへん効果的なものがあります。ここで説明した単数形・複数形の取扱いも、その一環として考えることができます。本書ではこれらについては説明しませんが、興味がある皆さんは調べてみると参考になるでしょう。

最後に、ルーティングの設定ファイルを覗いておきます。ルーティングは、config/routes.rbというファイルで設定します。今回は、scaffoldによって自動的に生成されました。rails g scaffold ......を実行したときに、resouce_routeという処理が呼び出され、ルーティング設定がなされたというログが出ているのに気付いたでしょうか（探してみてください）。

config/routes.rbの中身は次のようになっていました。

リスト2.18　config/routes.rb

```
Rails.application.routes.draw do
  resources :memos
  # For details on the DSL available within this file, see https://guides.⇦
rubyonrails.org/routing.html
end
```

「# For ......」はコメント文なので、実質、「resources :memos」という行が意味を持つだけです。さて、このresourcesとは何でしょうか？ この文によって、先ほど示したCRUDに対応するルーティングを生成しています。詳細な解説は後でするので、とりあえず今は、resoucesを定義すれば、RailsによるWebアプリが持つべき一連のルーティングを一通り揃えてくれるんだなという程度の理解で十分です。

2.2.4 Railsアプリの構成要素（モデルとコントローラ）

では、scaffoldで生成されたRailsアプリの中身を調べていくことにしましょう。作業ディレクトリでlsすると、たくさんのファイルとディレクトリが作られていることを確認できます。

```
$ ls ⏎
Gemfile          bin          node_modules        tmp
Gemfile.lock     config       package.json        vendor
README.md        config.ru    postcss.config.js   yarn.lock
Rakefile         db           public
```

》次ページへ続く

注2.20 日本語がそのような性質を持つので、致し方ありません。

```
app               lib         storage
babel.config.js   log         test
$
```

もちろんそれぞれのファイルには重要な役割があるわけですが、押さえておきたい要素は、appディレクトリ以下の構成です。appディレクトリ以下にも、次のように多くのディレクトリが存在しますが、とりあえず重要なものは、models、views、controllersの3つです。それぞれ、MVCモデルの、モデル、ビュー、コントローラに相当します。

```
$ ls -1d app/* ⏎
app/assets
app/channels
app/controllers
app/helpers
app/javascript
app/jobs
app/mailers
app/models
app/views
$
```

以下、順番に、scaffoldで生成されたアプリにおいては、モデル、コントローラ、ビュー[注2.21]がどのように作られているのかを確かめていきましょう。

◇モデル

まず、モデルです。app/modelsディレクトリの下に、memo.rbというファイルが作られています。app/models/memo.rbの中身はどうなっているでしょうか。

リスト2.19　app/models/memo.rb

```
class Memo < ApplicationRecord
end
```

メソッドなどが何も定義されていないクラスMemoがありました。ApplicationRecordクラスを継承して作られています。もちろん、実際のアプリはこのような単純なものではないので、app/models以下にいくつものモデル定義が並びます。その中には、いろいろな関係や、モデル特有のメソッドを実装すべきものも出てきます。今回はたいへんシンプルなアプリのため、

注2.21　MVCに準じるとモデル、ビュー、コントローラの順番となるでしょう。しかし、Railsにおいては、コントローラを定義してからビューを作る、という開発方法が自然なため、このような順番で見ていくことにします。

このようなものとなっていました。

これだけだとつまらないので、関連する話題としてマイグレーションファイルについても言及しておきましょう。db/migrateディレクトリ以下に、マイグレーションファイルが作成されているはずです。

マイグレーションファイルのファイル名には、生成したときのタイムスタンプが埋め込まれています（ここではXXX...Xで示しています）。今回作成したファイルの中身は、次のようになっていました。

リスト2.20 db/migrate/XXXXXXXXXXXXXX_create_memos.rb

```
class CreateMemos < ActiveRecord::Migration[6.0]
  def change
    create_table :memos do |t|
      t.string :title
      t.text :content

      t.timestamps
    end
  end
end
```

マイグレーションの手順も、クラスとしてまとめられ記載されています。changeメソッドで、データベースへの反映方法を定義しています。テーブルを作成し、それぞれの属性に応じてカラムが作られる様子が記述されています。マイグレーションを行うときに細かな調整が必要になった場合には、このファイルに手を加えて調整していくことになります。

◇コントローラ

続いては、コントローラです。application_controller.rbというファイルもapp/controllersディレクトリには置かれていますが、中身が空のクラスが定義されているだけです。今回作ったアプリの骨格は、app/controllers/memos_controller.rbというファイルに記述されています。少し長めですが、全体を掲載してみます。

リスト2.21 app/controllers/memos_controller.rb

```
class MemosController < ApplicationController
  before_action :set_memo, only: [:show, :edit, :update, :destroy]

  # GET /memos
  # GET /memos.json
  def index
    @memos = Memo.all
```

》次ページへ続く

```
  end

  # GET /memos/1
  # GET /memos/1.json
  def show
  end

  # GET /memos/new
  def new
    @memo = Memo.new
  end

  # GET /memos/1/edit
  def edit
  end

  # POST /memos
  # POST /memos.json
  def create
    @memo = Memo.new(memo_params)

    respond_to do |format|
      if @memo.save
        format.html { redirect_to @memo, notice: 'Memo was successfully ⇦
created.' }
        format.json { render :show, status: :created, location: @memo }
      else
        format.html { render :new }
        format.json { render json: @memo.errors, status: :unprocessable_⇦
entity }
      end
    end
  end

  # PATCH/PUT /memos/1
  # PATCH/PUT /memos/1.json
  def update
    respond_to do |format|
      if @memo.update(memo_params)
        format.html { redirect_to @memo, notice: 'Memo was successfully ⇦
updated.' }
        format.json { render :show, status: :ok, location: @memo }
      else
        format.html { render :edit }
        format.json { render json: @memo.errors, status: :unprocessable_⇦
entity }
      end
    end
  end
```

》次ページへ続く

```
  # DELETE /memos/1
  # DELETE /memos/1.json
  def destroy
    @memo.destroy
    respond_to do |format|
      format.html { redirect_to memos_url, notice: 'Memo was successfully ⇦
destroyed.' }
      format.json { head :no_content }
    end
  end

  private
    # Use callbacks to share common setup or constraints between actions.
    def set_memo
      @memo = Memo.find(params[:id])
    end

    # Only allow a list of trusted parameters through.
    def memo_params
      params.require(:memo).permit(:title, :content)
    end
end
```


上から順番に読んでいきましょう。まず、MemosControllerは、ApplicationControllerを継承して作成されています。

2行目のbefore_actionという定義は、それぞれのメソッドが呼ばれる前に実施される処理を定義するものです。ここでは、set_memoが指定されています[注2.22]。ただし、only:という条件が付加されているので、show、edit、update、destroyの各メソッドのみが対象です。

ここで指定されているset_memoはどこにあるでしょうか。リストの下のほうに、プライベートメソッドとして定義されています。

リスト2.22　app/controllers/memos_controller.rb

```
    def set_memo
      @memo = Memo.find(params[:id])
    end
```

MemoクラスはApplicationRecordを継承していました。ということは、データを探してくるfindメソッドが使えます。引数に、HTTPリクエストに含まれるIDを指定しています。当該IDを持つメモのデータを、データベースから探してきて設定せよ、という処理が簡潔に記述さ

注2.22　set_memoメソッドの名前を、シンボルとして表現して指定しています。

れています。

◇コントローラの処理

引き続き、コントローラの処理を読み解いていきます。

indexメソッドは、メモの一覧を表示するため、@memos変数に全てのデータを配列として入れています。Memo.allは、データベースに格納されているメモのテーブルから、全て（all）を取得せよというものです。

showとeditは処理内容が何も定義されていません。しかし、before_actionで、対象とするメモのデータは既に取得されていたので大丈夫です。それ以外には何も行われません。

newも簡単ですね。Memo.newで新しいメモのオブジェクトをひとつ作成し、@memo変数に入れています。

create、update、destroyはちょっと複雑そうに見えますが、実はそれほど難しい内容が記述されているわけではありません。

createでは、memo_paramsで得られた内容を備えた新たなデータをMemo.newで作成し、@memo変数に入れています。先のnewと異なるのは、newは作成用の入力画面を提供する処理であるのに対し、createメソッドはPOSTから呼ばれる点であること、つまり、入力画面でフォームに入れられたデータを実際に処理して新しいデータをデータベースに格納する点です。

create、update、destroyはそれぞれrespond_toの構文で書かれているので複雑に見えますが、それぞれ、HTMLやJSONに対応してレンダリング方法を変えることができるようにしているだけです。HTMLの部分だけ注意して読み解けば、それほど難しいことをしているわけではありません。createでは@memo.saveでデータベースに記録できたかどうかで処理を分けており、updateでは同様に@memo.update(memo_params)でアップデートできたかどうかで判定しています。destroyも@memo.destroyでデータを削除しているだけですね。それぞれ、処理の成功、失敗に応じて、redirect_toメソッドで適宜、ページをリダイレクトしたり、renderメソッドでページのレンダリングをしたりというコードを切り分けているだけです。

◇ストロングパラメータ

ところで、createやupdateで出てくるmemo_paramsとは何でしょう？ クライアントからアップロードされたパラメータを、無条件に受け入れるわけにはいきません。セキュリティ上の問題が発生するからです。既に、Sinatraを用いたパラメータの取扱いのところで議論しましたね。

必要なパラメータを安全に処理する仕組みが、この「ストロングパラメータ」と呼ばれるものです。memo_paramsはその仕組みをプライベートメソッドとして定義しています。メソッド名は、慣習的に、モデル名に_paramsを付けて定義することが多いようです。

リスト2.23　app/controllers/memos_controller.rb

```
    def memo_params
      params.require(:memo).permit(:title, :content)
    end
```

paramsに格納されているパラメータを、requireメソッドで抽出します。そのときに、必要なキーを指定することで特定のパラメータだけを指定します[注2.23]。この場合はmemoですね。まずは、この仕組みにより不正なパラメータによる想定しないアクセスを排除することができます。さらに、permitメソッドで、必要なパラメータだけ許可しています。ここではtitleとcontentです。先のキー同様、シンボルとして表現して並べればOKです。

2.2.5　Railsアプリの構成要素（ビュー）

モデルとコントローラを順次、見てきました。残りはビューです。app/views/layoutsディレクトリに、application.html.erbというファイルがあります。これは、Sinatraの節（リスト2.13）で紹介した共通テンプレートであるlayout.erbに相当するものです。

リスト2.24　app/views/layouts/application.html.erb

```
<!DOCTYPE html>
<html>
  <head>
    <title>Work2</title>
    <%= csrf_meta_tags %>
    <%= csp_meta_tag %>

    <%= stylesheet_link_tag 'application', media: 'all', 'data-turbolinks-⇦
track': 'reload' %>
    <%= javascript_pack_tag 'application', 'data-turbolinks-track': 'reload' %>
  </head>

  <body>
    <%= yield %>
  </body>
</html>
```

yieldで個別のビューを表示します。とりあえず「共通テンプレートはこんなもの」というこ

注2.23　キーは、ビューに記載するフォーム側で設定します。

とにしておきましょう。

◇個別のビュー

個別のビューは、app/views/memosディレクトリに配置されています。順次、見ていきましょう。

まず、indexのビューです。app/views/memos/index.html.erbは以下のようなものとなっています。

リスト2.25　app/views/memos/index.html.erb

```
<p id="notice"><%= notice %></p>

<h1>Memos</h1>

<table>
  <thead>
    <tr>
      <th>Title</th>
      <th>Content</th>
      <th colspan="3"></th>
    </tr>
  </thead>

  <tbody>
    <% @memos.each do |memo| %>
      <tr>
        <td><%= memo.title %></td>
        <td><%= memo.content %></td>
        <td><%= link_to 'Show', memo %></td>
        <td><%= link_to 'Edit', edit_memo_path(memo) %></td>
        <td><%= link_to 'Destroy', memo, method: :delete, data: { confirm: ⇦
'Are you sure?' } %></td>
      </tr>
    <% end %>
  </tbody>
</table>

<br>

<%= link_to 'New Memo', new_memo_path %>
```

先頭にある次の記述は、通知（notice）があればそれを表示する部分です。コントローラで'Memo was successfully created.'などと通知を設定していた箇所があったことを確かめてください。このようなメッセージがあれば、この部分に表示されます。

リスト2.26 app/views/memos/index.html.erb

```
<p id="notice"><%= notice %></p>
```

本体は、5カラムの表（table）でできています。

リスト2.27 app/views/memos/index.html.erb

```
    <% @memos.each do |memo| %>
      <tr>
        <td><%= memo.title %></td>
        <td><%= memo.content %></td>
        <td><%= link_to 'Show', memo %></td>
        <td><%= link_to 'Edit', edit_memo_path(memo) %></td>
        <td><%= link_to 'Destroy', memo, method: :delete, data: { confirm: ⇦
'Are you sure?' } %></td>
      </tr>
    <% end %>
```

この部分で表の内容を表示しています。<td>要素として並べているのは、タイトル（title）、内容（content）、そして、Show（表示）、Edit（編集）、Destroy（削除）へのリンクです。ShowとDestroyはヘルパーメソッドなしでダイレクトにリンクを指定できていることや、Destroyはメソッドを指定していること、さらには確認手段の提示なども指定していることに留意しておきましょう。

app/views/show.html.erbも見てみましょう[注2.24]。変数@memoはコントローラから渡された変数です。その変数に格納された、タイトル（title）と内容（content）をそれぞれ表示しています。

リスト2.28 app/views/memos/show.html.erb

```
<p id="notice"><%= notice %></p>

<p>
  <strong>Title:</strong>
  <%= @memo.title %>
</p>

<p>
  <strong>Content:</strong>
  <%= @memo.content %>
</p>
```

》次ページへ続く

注2.24 ほぼ説明不要なほど簡単ですね。

```
<%= link_to 'Edit', edit_memo_path(@memo) %> |
<%= link_to 'Back', memos_path %>
```

◇フォームの取扱い

newとeditも覗いてみましょう。この2つは、以下に示すように極めてシンプルなものとなっています。

まず、app/views/memos/new.html.erbです。

リスト2.29　app/views/memos/new.html.erb

```
<h1>New Memo</h1>

<%= render 'form', memo: @memo %>

<%= link_to 'Back', memos_path %>
```

続いて、app/views/memos/edit.html.erbです。

リスト2.30　app/views/memos/edit.html.erb

```
<h1>Editing Memo</h1>

<%= render 'form', memo: @memo %>

<%= link_to 'Show', @memo %> |
<%= link_to 'Back', memos_path %>
```

シンプルな理由は、両者に共通して定義されている下記の1行にあります。入力フォームの描画を、_form.html.erbとして括り出してしまっているからです。

リスト2.31　new.html.erbとedit.html.erbに共通なコード

```
<%= render 'form', memo: @memo %>
```

app/views/memos/_form.html.erbは次のように定義されています。

リスト2.32　app/views/memos/_form.html.erb

```
<%= form_with(model: memo, local: true) do |form| %>
  <% if memo.errors.any? %>
    <div id="error_explanation">
      <h2><%= pluralize(memo.errors.count, "error") %> prohibited this memo⇦
 from being saved:</h2>
```

》次ページへ続く

```
      <ul>
        <% memo.errors.full_messages.each do |message| %>
          <li><%= message %></li>
        <% end %>
      </ul>
    </div>
  <% end %>

  <div class="field">
    <%= form.label :title %>
    <%= form.text_field :title %>
  </div>

  <div class="field">
    <%= form.label :content %>
    <%= form.text_area :content %>
  </div>

  <div class="actions">
    <%= form.submit %>
  </div>
<% end %>
```

form_withメソッドを利用して、入力フォームを作成しています。その引数には対象のモデルとしてmemoが指定されています[注2.25]。local: trueという指定は、デフォルトではAJAXによる非同期通信を想定しているため、それを利用せず伝統的なフォームからポストするHTMLのモデルを適用するという指定です。

コードの前半部は、エラー処理なので読み飛ばしても構いません。重要なのは、後半の実際にフォームを生成している部分です。form.labelやform.text_fieldなどのメソッドを用いて、HTMLフォームのコードを生成しています。

最後のform.submitは、送信ボタンを作成してくれるメソッドです。

◇データベースの確認

本節の最後に、データベースを直接操作する方法について説明しておきます。

rails dbコマンドを使うと、データベースが提供するコンソールを直接操作することができます。**図2.16**は、rails dbコマンドを投入してPostgreSQLの操作コンソールを直接操作[注2.26]している様子のスクリーンショットです。

注2.25　これにより、自動的に、フォームのキーとしてmemoが設定されます。

注2.26　通常は、psqlコマンドでデータベースに接続して使います。

図2.16 データベース・コンソールの操作

```
Work2 — fsevent_watch · psql Work2_development — 104×35
$ bin/rails db
psql (12.2)
Type "help" for help.

Work2_development=# \dt memos
        List of relations
 Schema | Name  | Type  | Owner
--------+-------+-------+--------
 public | memos | table | iiojun
(1 row)

Work2_development=# \d memos
                                          Table "public.memos"
   Column   |              Type              | Collation | Nullable |              Default
------------+--------------------------------+-----------+----------+-----------------------------------
 id         | bigint                         |           | not null | nextval('memos_id_seq'::regclass)
 title      | character varying              |           |          |
 content    | text                           |           |          |
 created_at | timestamp(6) without time zone |           | not null |
 updated_at | timestamp(6) without time zone |           | not null |
Indexes:
    "memos_pkey" PRIMARY KEY, btree (id)

Work2_development=# select * from memos;
 id |     title      |                               content                                |
  created_at         |         updated_at
----+----------------+----------------------------------------------------------------------+-------
---------------------+----------------------------
  1 | お買い物リスト | パン、ノート、ビール、ごま、サラダ油、猫砂、マシュマロを買ってくること   | 2020-0
6-10 14:46:24.950636 | 2020-06-10 14:46:24.950636
  2 | 健康診断       | ダイエットして健康診断までに3kg痩せること。失敗したら1ヶ月晩ごはん抜き！ | 2020-0
6-10 14:48:03.487135 | 2020-06-10 14:48:03.487135
(2 rows)

Work2_development=# \q
```

データベースの操作方法は、それぞれのデータベース操作コマンドに依存します。PostgreSQLであれば、「\d (テーブル名)」で指定したスキーマを表示させることができます。SQL文をそのまま実行することもできます。図2.16を見ると、モデルに対応した定義がなされており、投入したデータが適切に格納されていることを確認できますね。

2.3 シンプルな電子掲示板

Railsアプリの骨格を理解することができたでしょうか。scaffoldによるシンプルなアプリとはいえ、必要最小限のCRUDを備えた立派なWebアプリです。ここからは、またスクラッチから（ゼロから）アプリを作っていくことにします。

2.3.1 環境再構築と要求事項の整理

作成するアプリは、シンプルな電子掲示板（BBS：Bulletin Board System）とします。匿名で投稿できる、5ちゃんねる（旧2ちゃんねる）のような簡易版の掲示板を作りましょう。

まず、本アプリを作成する環境を再構築しましょう。ここまで作業してきたファイルは、ばっさり削除してしまって構いません。気になる人は、データベースに登録したデータも、データベースごと削除してしまいましょう。rails db:dropコマンドでデータベースは削除することができます。

```
$ mkdir SimpleBBS
$ cd SimpleBBS
$ rbenv local 2.7.1
$ nodenv local 14.0.0
$ bundle init
```

生成されたGemfileの、gem "rails"がコメントアウトされているところを生かします。Gemfileを編集し、コメントアウトの記号を削除してください。

その後、rails newまで一気に進めてしまいましょう。

```
$ bundle config set path vendor/bundle
$ bundle install
$ bundle exec rails new . -d postgresql -f
```

◇アプリへの要求事項

作業を始める前に、作成するアプリが備えるべき機能をまとめておきましょう。必要な機能は、次のようなものとします。

- ・ユーザアカウントを要求しない。匿名で投稿できる
- ・投稿したメッセージは新しい順に、最大10件表示できる。10件を超える場合は、最新の10件が新しい順で表示される
- ・新規メッセージは、一覧表示画面から投稿できる

このような、シンプルな匿名掲示板アプリを作ってみることにしましょう。

◇スクラッチから構築する理由

ところで、今回はscaffoldを使わず、スクラッチ[注2.27]から開発を進めていくことにします。それは何故でしょうか。

アプリによってはCRUD操作の全てが必要ない場合もあります。そのようなアプリはscaffoldを出発点にするのは適切ではありません。また、scaffoldで用意される環境は何も考えずとも一通り用意されてしまうので、ブラックボックスのまま利用するのは気持ち悪いという人もいるでしょう。

前節では、scaffoldで作成したアプリの構造を、最低限必要な部分は網羅して説明しました。しかし、newとcreateの関係など、ユーザの操作と処理の流れを上手く把握できていない読者がいるかもしれません。それは、天から与えられた処理を他人事として眺めたにすぎないからです。たとえば、ルーティング設定のresourcesについてはまだ説明していません。なぜそのような設定でCRUDを実現できるのか、あるいはそれぞれのルーティングが意味するところは何なのか、などといった内容についてです。

今回は、投稿したデータは更新も削除もできないようなアプリです。scaffoldで雛形を作ると、余計な機能が作成されてしまいます。余計な機能は不具合の温床になりかねません。とくにWebアプリはネットワークに公開して利用することが前提となっているシステムです。ネットワークに接続されたシステムが脆弱性を抱えていると、そこがセキュリティホールとなり社会問題に発展しかねません。scaffoldが便利かというと、必ずしもそうではないということを、肝に銘じておく必要があるでしょう。

2.3.2 骨格の作成

まず、モデルを作成し、その後、コントローラとビューを作っていきます。最初にデータを一覧で表示できるようにするところから作ります。単純な骨格を用意して、徐々に肉付けをしていくアジャイルなスタイルで開発を進めていくことにします。

◇モデル

モデルは簡単です。テキスト型のbodyを持つモデル、メッセージ（Message）を用意すればOKです。IDと、作成・更新に関する日付、created_atとupdated_atは、Railsによって自動的に付加されるので開発者が意識する必要はありません。

注2.27 スクラッチ（scratch）とは「かすり傷」とか「ひっかき傷」という意味ですが、from scratchというイディオムには「最初から」という意味があります。「スクラッチからの開発（development from scratch）」とは、まっさらな状態から開発を進めることを意味する表現です。

最初なのでログを示しましょう。rails g modelコマンドでモデルを作成します。マイグレーションファイル、モデルファイル、関連するテスト用のファイルが生成されている状況が分かります。

```
$ bin/rails g model message body:text ↵
Running via Spring preloader in process 35826
      invoke  active_record
      create    db/migrate/20200611104547_create_messages.rb
      create    app/models/message.rb
      invoke    test_unit
      create      test/models/message_test.rb
      create      test/fixtures/messages.yml
$
```

ついでに、データベースを作成してマイグレーションも済ませておきましょう。

```
$ bin/rails db:create ↵
$ bin/rails db:migrate ↵
```

DBコンソールでidとcreated_at、およびupdated_atが付加されていることも確認しておきましょう。PostgreSQLを使っているならば、先に示したように（P.85参照）rails dbに続けて、\d messaagesというコマンドを投入すれば確認できます。

◇コントローラ

コントローラを作りましょう。messaageの一覧を用意します。indexメソッドを意識して、次のコマンドを投入してください。

```
$ bin/rails g controller messages index ↵
Running via Spring preloader in process 36936
      create  app/controllers/messages_controller.rb
       route  get 'messages/index'
      invoke  erb
      create    app/views/messages
      create    app/views/messages/index.html.erb
      invoke  test_unit
      create    test/controllers/messages_controller_test.rb
      invoke  helper
      create    app/helpers/messages_helper.rb
      invoke    test_unit
      invoke  assets
```

》次ページへ続く

```
      invoke    scss
      create      app/assets/stylesheets/messages.scss
$
```

コントローラを作成すると、同時にビューの雛形も生成されます。だからコントローラを先に作成するわけですね。とりあえず、app/controllers/messages_controller.rbのindexメソッドが空なので、中身を記述しましょう。Messageから最新の10件を取ってきて、作成された順序で並べ替えています。

リスト2.33 app/controllers/messages_controller.rb

```
class MessagesController < ApplicationController
  def index
    @messages = Message.order('created_at desc').last(10)
  end
end
```

◇ビュー

いま作ろうとしているメッセージ一覧を表示させるビューは、app/views/messages/index.html.erbで定義されます。コントローラを作成したときに、その雛形は自動的に作成されました。中を見ると、次のようになっています。

リスト2.34 app/views/messages/index.html.erb

```
<h1>Messages#index</h1>
<p>Find me in app/views/messages/index.html.erb</p>
```

これをちゃんとしたビューに作り変えましょう。次のように修正してください。

リスト2.35 app/views/messages/index.html.erb

```
<h1>Messages#index</h1>
<ul>
  <% @messages&.each{|m| %>
    <li><%= m.body %></li>
  <% } %>
</ul>
```

ちゃんとしたビューといいつつも、単に@messagesの中に格納されたメッセージを順番に箇条書きで表示するだけです。デザインはともかくとして、とりあえずはこれでよしということにしましょう。

ところで「<%= ... %>」と<% ... %>」の違いに注意してください。前者はRubyコードの埋め込みで、後者はRubyコードを評価した結果の埋め込みです。この使い分けは、混乱しないように気を付けてください。

◇ぼっち演算子

リスト2.35のコードに、「&.」という見慣れない演算子が出てきました。「&」（アンパサンド）に「.」（ピリオド、ドット）を組合せたものです。これは、@messagesがnilでなければ通常の「.」と同様のメソッド呼び出しを行い、@messagesがnilだったらnilを返す、すなわち、何もしないというものです。

では「&.」ではなく、通常の「.」だったらどうなるでしょう？ @messagesがnilのとき、nilに対してメソッド呼び出しを実施しようとするので、NoMethodErrorが発生してしまいます。「&.」は、そのようなエラーを防ぐための記法です。覚えておくと便利に使えます。なお、この演算子、正式名称は「safe navigation operator」といいますが、「ぼっち演算子」という面白い名前[注2.28]が付いています。

◇ルーティング

準備ができたので、サーバを起動して確認したいところですが、ルーティングにちょっとした細工をしておきましょう。今のままでは、http://localhost:3000/にアクセスしても、第1章で準備したときに紹介した「Yay! You're on Rails!」（図1.18および図1.22）というメッセージが出るばかりです。メッセージ一覧を表示させるには、http://localhost:3000/messages/indexにアクセスしなければなりません。

そこで、config/routes.rbに「root 'messages#index'」という1行を付け加えます。このようにしておくことにより、http://localhost:3000/でインデクスページにアクセスできるようになります。http://localhost:3000/messages/indexのアクセスは禁止してしまいましょう[注2.29]。

リスト2.36　config/routes.rb

```
Rails.application.routes.draw do
  get 'messages/index'
  root 'messages#index'
end
```

注2.28 なぜこんな名前が付いているのでしょう？ それは、独りぼっちが拗ねているようにみえるから、だそうです。

注2.29 この例では、ルーティング設定をコメントアウトしています。削除してしまってもOKです。

以上の設定ができたら、サーバを起動しましょう。ブラウザでhttp://localhost:3000/にアクセスすると、**図2.17**のような画面が出てきたでしょうか。

図2.17　投稿一覧画面(初期段階)

◇テストデータの投入

図2.17にはメッセージが何も出てきていませんね。それは当たり前です。なぜならば、まだメッセージを投稿する機能を作っていないからです。

投稿機能を用意する前に、Railsコンソールからテストデータを投入してみましょう。コンソールを起動して、次のようにいくつかデータを投入してみてください。投入すべきコマンドは、Message.create(body: 'メッセージ内容')です。

```
$ bin/rails c ↵
Running via Spring preloader in process 41205
Loading development environment (Rails 6.0.3.1)
irb(main):001:0> Message.create(body: 'This is the first message.') ↵
   (5.4ms)  BEGIN
  Message Create (11.2ms)  INSERT INTO "messages" ("body", "created_at",
"updated_at") VALUES ($1, $2, $3) RETURNING "id"  [["body", "This is the
first message."], ["created_at", "2020-12-11 13:56:46.540004"], ["updated_
at", "2020-12-11 13:56:46.540004"]]
   (5.7ms)  COMMIT
=> #<Message id: 1, body: "This is the first message.", created_at: "2020-
12-11 13:56:46", updated_at: "2020-12-11 13:56:46">
irb(main):002:0> Message.create(body: '2つめのテストメッセージです.') ↵
   (0.1ms)  BEGIN
  Message Create (0.2ms)  INSERT INTO "messages" ("body", "created_at",
"updated_at") VALUES ($1, $2, $3) RETURNING "id"  [["body", "2つめのテストメッセー
ジです."], ["created_at", "2020-12-11 13:57:12.324110"], ["updated_at",
"2020-12-11 13:57:12.324110"]]
   (4.6ms)  COMMIT
=> #<Message id: 2, body: "2つめのテストメッセージです.", created_at: "2020-12-11
13:57:12", updated_at: "2020-12-11 13:57:12">
irb(main):003:0> exit ↵
$
```

いくつかのメッセージを投入したのちに、サーバを起動してアクセスした状況を、図2.18に示します。多言語でメッセージが処理できていることも確認できますね。

図2.18　投稿一覧画面（データ投入後）

2.3.3　投稿機能の追加

投稿機能がないと電子掲示板とはお世辞にも言い難いでしょう。一般のユーザがRailsコンソールから投稿するなど、あり得ません。

今回はビューから拡張していきましょう。ビューを用意し、対応するコントローラを修正し、最後にルーティングの調整という手順で、投稿機能を追加します。

◇ビューの修正

ビューはapp/views/messages/index.html.erbをそのまま拡張します。メッセージの一覧が表示されている下に、メッセージ投稿用のフォームを用意しましょう。テキストエリアと投稿ボタンだけのシンプルなものです。ちょっとだけ気を利かせているとすれば、サイズとプレースホルダ・メッセージ[注2.30]をオプション引数で指定しています。

リスト2.37　app/views/messages/index.html.erb

```
<h1>Messages#index</h1>
<ul>
  <% @messages&.each { |m| %>
    <li><%= m.body %></li>
  <% } %>
</ul>

<%= form_with(model: Message.new, local: true) do |f| %>
```

》次ページへ続く

注2.30　入力前にグレーなどの薄い色で「ここに入力してください」などと表示されているメッセージのこと。

```
  <%= f.text_area :body, size: '40x5', placeholder: 'Add your comment.' %>
  <%= f.submit 'submit' %>
<% end %>
```

追記した部分は最後の4行です。

◇コントローラの修正

コントローラは、createメソッドとmessage_paramsメソッド（プライベートメソッド）の追加です。

message_paramsの意義は既にscaffoldで作成したアプリの解説をしたとき、ストロングパラメータの解説「2.2.4 Railsアプリの構成要素（モデルとコントローラ）」において説明しました。messageのキーのみを要求し、bodyだけを許可することによって、セキュリティを高める仕組みです。

createメソッドは、エラー処理を省略していることに注意してください。本来であれば、Message.createでデータベースに保存できなかったときの対応も考えるべきです。今回はサンプルアプリということで、エラー処理は省略しました。

データベースに新しくデータを追加したら、インデクス画面にリダイレクトしています。なお、ここでmessages_pathを生成できるように、ルーティング設定に若干、手を加えています。それについては次に説明します。

リスト2.38 app/controllers/messages_controller.rb

```
class MessagesController < ApplicationController
  def index
    @messages = Message.order('created_at desc').last(10)
  end

  def create
    Message.create(message_params)
    redirect_to messages_path
  end

  private
  def message_params
    params.require(:message).permit(:body)
  end
end
```

◇ルーティングの修正

最後はルーティングの設定です。フォームからPOSTが投げられるので、POSTメソッドを処理する対応を記述してあげなければなりません。config/routes.rbを次のように修正してください。

最初の行は、POSTメソッドへの対応関係を示しています。トップ画面に設置したフォームからポストすると、「POST /」というHTTPリクエストが送信されます。その対応関係をconfig/routes.rbに記載しています。

次の行に「, as: :messages」という記述が追加されています。これは、ルートとして定義した「messages#index」に「messages」というプリフィクスでアクセスできるように明示したものです。先ほど紹介したリダイレクトで使用している他、form_withメソッドの内部でもこの参照が行われているため、この追記がないとフォームの設置でエラーが発生し、うまく動作させることができません。

リスト2.39　config/routes.rb

```
Rails.application.routes.draw do
  post '/', to: 'messages#create'
  root 'messages#index', as: :messages
end
```

◇動作確認

以上の修正ができたら、投稿機能は完成です。動作確認してみましょう。

サーバを起動して、http://localhost:3000/にアクセスしてみます。既にいくつかのテストデータを投入してきたので、**図2.19**のような画面が出てきているはずです。図2.19では、既にテキストエリアに新しいメッセージが書き込まれています。

Submitボタンを押せば、書き込んだメッセージがデータベースに記録され、メッセージの一覧に追加されるはずです。新しいもの順に並べるように指定しているので、一番上に並べられるでしょう。

図2.19 テキストエリアからメッセージを投稿

図2.20 一覧に反映された状態

図2.20は、図2.19で表示されているメッセージを投稿したものです。新たにメッセージが追記されていくことを、皆さんも確かめてみてください。

2.4 第2章のまとめ

本章ではWebアプリ開発に親しむために、まず、Sinatraという軽量フレームワークを導入し、ルーティングやテンプレートの概念を学びました。Railsのような本格的な開発フレームワークは何でもできる反面、複雑で分かりにくいところもあります。シンプルな軽量フレームワークから学び始めることは、理解の助けになるでしょう。

次に、Rails開発の初歩として、scaffoldと呼ばれる仕組みを試してみました。scaffoldを使えば、ほぼ何のプログラミングもせずにWebアプリのプロトタイプを用意することができます。本章ではscaffoldで作成したシンプルなメモアプリを題材として、その中身を探索しましたが、Railsアプリの概要を学ぶことができたでしょうか。

scaffoldは便利な反面、不要なものまで用意してしまったり、ブラックボックスで実現されてしまうために本質的な理解を妨げたりという問題もあります。そこで本書では、scaffoldを使わずにスクラッチから開発を積み重ねるという方針を採用し、手始めとして、とてもシンプルな匿名掲示板アプリを作ってみました。第3章以降では、実際のニーズに基づいた実用的なアプリを作っていくことにします。

本章で学んだこと

- ▶軽量フレームワークのSinatraによるWebアプリ開発の基本
- ▶scaffoldを使って作成したシンプルなRailsアプリの概要と構造
- ▶スクラッチからRailsアプリを開発していく方法

第3章

簡易SNSを作ってみよう（基本編）

第2章で簡単な匿名掲示板を作ってみて、Railsを使えば簡単にWebアプリが構築できることを理解できたでしょうか。Railsはたいへんよくできているので、前章でみたような単純なものだけでなく、複雑で、実用的なシステムも簡単に作れてしまいます。

本章からは、実際のニーズに基づき作成したRailsアプリの実例を紹介します。まずは、簡易的なSNSを作っていきましょう。

ここで紹介するシステムは、大学の教育現場で発生したニーズから作成され、実際に講義を支援するためのシステムとして運用されているものです。まずその骨子となる部分の開発手順を示します。ユーザがシステムにログインでき、さらに、メッセージを投稿できるようにするまでを解説します。続く第4章では、体裁を整えて実用に耐えるようなシステムにアップグレードしたり、管理機能を入れたり、ちょっとした気の利いた機能を追加したりという作業について説明します。

3.1 作成するシステムの概要

本章と次章で作成していくシステムについて説明します。規模においても機能においても、いまから作成しようとしているシステムは、簡易型のSNS（Social Networking Service）ともいえるものです。

利用者にはまずアカウント登録を求めます。登録したアカウントでシステムにログインしたら、自分専用のページ（マイページ）が表示されます。マイページには、メッセージを登録することができます。そこには自分だけでなく、他人も書き込むことができるので、そこで文字によるコミュニケーションをとることができます。

本システムは、TwitterやFacebookなど、世界中で多数のユーザが利用しているSNSにはとうてい及びません。しかし、ユーザ登録でき、各ユーザが個別にマイページを持ち、そこへ参加者がメッセージを書き込むことでコミュニケーションを図るという意味では、簡易版とはいえ立派なSNSのシステムといえます。

ところで、前章で作成したシステムは、簡単な匿名掲示板でした。それと大きく違う点は、ユーザ管理機能を持つ点です。ユーザ管理は、ユーザがログインしている間だけ、システムの挙動を変えなければならないなど、いざ作ろうと思うとなかなかやっかいな機能です。

幸いにして、Railsのエコシステムで提供されている多数のgemには、ユーザ管理機能を実現するdevise[注3.1]という有名なgemがあります。本書ではdeviseを導入して、ユーザ管理機能を実現することを試みます。

3.1.1 システムへの要求事項

システムの利用状況を整理しておきましょう。この簡易SNSは、教育現場での活用を想定して作られたものです。したがって、ユーザは学生（生徒）または教員（教師）です。

いま、学校の現場では、どこでも学習支援システム（LMS：Learning Management System）が活用されています。さらに、2020年の新型コロナウイルス騒動で自粛生活期間が重なりました。その影響でオンライン授業を強いられることになり、それまでLMSをあまり活用していなかった先生方も、やむなく使わざるを得なくなった、というような事情もあります。

注3.1　deviceではありません。スペルに要注意！

図3.1　コメントのやり取り

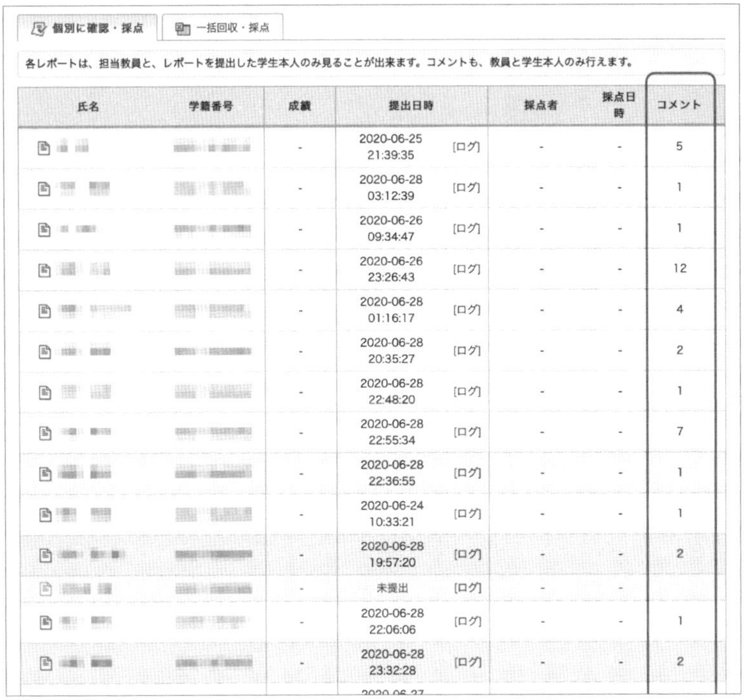

個別に確認・採点　一括回収・採点

各レポートは、担当教員と、レポートを提出した学生本人のみ見ることが出来ます。コメントも、教員と学生本人のみ行えます。

氏名	学籍番号	成績	提出日時		採点者	採点日時	コメント
[illegible]	[illegible]	-	2020-06-25 21:39:35	[ログ]	-	-	5
[illegible]	[illegible]	-	2020-06-28 03:12:39	[ログ]	-	-	1
[illegible]	[illegible]	-	2020-06-26 09:34:47	[ログ]	-	-	1
[illegible]	[illegible]	-	2020-06-26 23:26:43	[ログ]	-	-	12
[illegible]	[illegible]	-	2020-06-28 01:16:17	[ログ]	-	-	4
[illegible]	[illegible]	-	2020-06-28 20:35:27	[ログ]	-	-	2
[illegible]	[illegible]	-	2020-06-28 22:48:20	[ログ]	-	-	1
[illegible]	[illegible]	-	2020-06-28 22:55:34	[ログ]	-	-	7
[illegible]	[illegible]	-	2020-06-28 22:36:55	[ログ]	-	-	1
[illegible]	[illegible]	-	2020-06-24 10:33:21	[ログ]	-	-	1
[illegible]	[illegible]	-	2020-06-28 19:57:20	[ログ]	-	-	2
[illegible]	[illegible]	-	未提出	[ログ]	-	-	
[illegible]	[illegible]	-	2020-06-28 22:06:06	[ログ]	-	-	1
[illegible]	[illegible]	-	2020-06-28 23:32:28	[ログ]	-	-	2

図3.1は、LMSを用いて学生とコメントのやり取りで指導をしている状況の例を示しています。右端に出ている数字は、やり取りしたコメントの数です注3.2。

講義を終えると、教員は課題を出すことができます。簡単な例として、授業で学んだことの要約や感想を書かせる、いわゆる「リアクションペーパー」や「ミニッツペーパー」などと呼ばれる課題を出すことは、しばしば行われているようです。出席票や受講票といった小さな紙切れを配って回収し、その際になにがしかのメッセージを書かせるという方法は、アナログの時代から長いこと実施されてきました（図3.2注3.3）。

注3.2　特定の学生で多くのコメントのやり取りが発生していることが、図からお分かりでしょうか。全てに対して丁寧な返答を求められているので、教員もたいへんです。

注3.3　学生たちは、授業中、手を挙げて質問することは遠慮するのに、この手のリアクションペーパーには事細かにいろいろと書いてくる傾向があるようです。

図3.2　リアクションペーパーの例

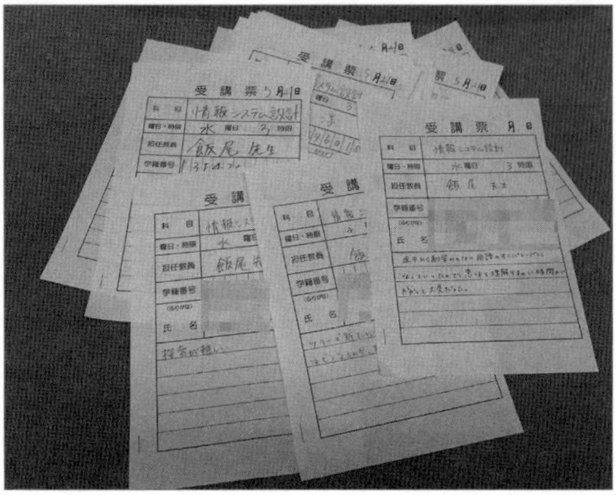

ところが、多くのLMSでは、1回の講義ごとにまとめてデータをダウンロードすることはできても、個人単位でまとめて行うという機能を提供していないことが多いようなのです。これは、学期末に成績を付けようとしたとき、個人ごとにまとめたデータを集計して一気に評価することができないので、教員としては若干具合が悪いのです注3.4。そこで、これらの機能を備えた簡易版SNS、いわば「オンライン大福帳注3.5」とでもいうようなものが教育現場で必要なのではないかと考えました。

◇要求事項の整理

以上の背景から得られる、開発するシステムへの要求事項を整理しておきましょう。

- ユーザ管理ができること
- ユーザごとに、一連のやり取りを確認できること
- 登録されたデータは何らかの方法でダウンロードできること
- システムはシンプルかつ使いやすいこと

ユーザ管理ができることや、一連のやり取りを確認できること、データをダウンロードできることなどは、シコシコと実装していけばなんとかなりそうです。

シンプルで使いやすいシステムというのは、何らかの指標をもって評価しないといけません。このような要求を「非機能要求」といいます。ここでは、とりあえず「ゴテゴテと機能を盛り込

注3.4　「普段から成績をこまめに評価しておくべきであって、学期末にまとめて作業しようという態度に問題がある」という指摘は、甘んじて受けます。

注3.5　リアクションペーパーをまとめたノートのようなものを、教育業界では「大福帳」と呼びます。

むことは避け、シンプルなままユーザに提供する」という方針で、対応することにしましょう。

このようなニーズを満たすような簡易版SNSを、Railsを用いたシステムとして、実現していくことを考えます。

3.1.2 環境設定と準備

システムの名称は「DiaLogBook」と決めました。Facebookのパクリなどと揶揄してはいけません。教員と学生が対話するという意味をこめて、Dialogue（対話）という単語を拝借し、それをBook（本）にまとめる、そんなイメージです。それほど悪くないネーミングだと思いますが、どうでしょう？

さて、それでは作業環境を用意してください。新たに作業用フォルダ（ディレクトリ）を用意します。DiaLogBookという名前の作業フォルダを作ってください。そこにRails環境を構築します。もう何度か実施した手順なのでお馴染みになっているはずですね。Rubyは2.7.1、Node.jsは14.0.0というバージョンのものを使用し、データベースにはPostgreSQLを使います。

念のため、いつもの手順を再掲しておきます。viでGemfileを編集する手順を示していますが、この作業に関しては、viではなく皆さんが使い慣れたテキストエディタを用いてGemfileを編集してもOKです。「#gem "rails"」のコメントアウトを外すというところがポイントです。

```
$ mkdir DiaLogBook ⏎
$ cd DiaLogBook ⏎
$ rbenv local 2.7.1 ⏎
$ nodeenv local 14.0.0 ⏎
$ bundle init ⏎
$ vi Gemfile ⏎ •── #gem "rails"のコメントアウトを外す
$ bundle config set path vendor/bundle ⏎
$ bundle install ⏎
$ bundle exec rails new . -d postgresql -f ⏎
```

3.2 ユーザ管理の導入

それでは、さっそく開発を進めていきましょう。ユーザ管理の機能は、deviseというgemを活用して実現することにします。

3.2.1 deviseのインストールと設定

deviseおよびdevise-i18nをインストールします。deviseはユーザ管理を実現するgemで、devise-i18n注3.6というgemは、そのメッセージを国際化するためのものです。今回、実際の運用は英語版注3.7で行っているためdevise-i18nを導入する意義はあまりないのですが、日本語で使用することを想定して、ここでは国際化のgemも同時に入れておくことにします。

作業ディレクトリにGemfileが置かれているはずですね。Gemfileの末尾に、以下を追記してください。

リスト3.1　Gemfile

```
gem 'devise'
gem 'devise-i18n'
```

追記したら、以下の手順でdeviseをインストールします。

```
$ bundle install ⏎
$ bin/rails g devise:install ⏎
```

◇手作業による設定の追加

インストール作業が終了すると、次のようなメッセージが出力されるはずです。このメッセージに従い、作業を進めます。

注3.6　「i18n」って何でしょう？ これは、internationalization（国際化）という単語において、最初の「i」と最後の「n」の間に18文字あることから想起された省略形なのです。似たような省略形に「l10n」（localization：現地語化）や「m17n」（multilingulization：多国語化）といった省略形があります。

注3.7　中央大学文学部で実施している、オンラインTV会議システムを用いた国際交流をベースとする語学教育での活用を想定して、本システムは開発されました。

```
Some setup you must do manually if you haven't yet:

  1. Ensure you have defined default url options in your environments
     files. Here is an example of default_url_options appropriate for a
     development environment in config/environments/development.rb:

       config.action_mailer.default_url_options =
                { host: 'localhost', port: 3000 }

     In production, :host should be set to the actual host of your
     application.

  2. Ensure you have defined root_url to *something* in your
     config/routes.rb.
     For example:

       root to: "home#index"

  3. Ensure you have flash messages in
     app/views/layouts/application.html.erb.
     For example:

       <p class="notice"><%= notice %></p>
       <p class="alert"><%= alert %></p>

  4. You can copy Devise views (for customization) to your app by
     running:

       rails g devise:views
```

1.の指示に従い、config/environments/development.rbに以下を追記しましょう。追加する場所は、最後のendと書いてある行の直前でOKです。

リスト3.2　config/environments/development.rb

```
config.action_mailer.default_url_options =
      { host: 'localhost', port: 3000 }
```

続いて、ルーティングの設定です（2.の指示）。config/routes.rbに以下を追記してください。

リスト3.3　config/routes.rb

```
root to: 'home#index'
```

3つめは、ビューにフラッシュメッセージ（flash message）を追加せよとの指示です。app/

views/layouts/application.html.erbに、以下を追記します。

リスト3.4　app/views/layouts/application.html.erb

```
…(略)…
<body>
  <p class="notice"><%= notice %></p>
  <p class="alert"><%= alert %></p>
  <%= yield %>
</body>
…(略)…
```

最後はdeviseのビューを追加せよという指示です。今回は、devise-i18nを利用しているので、i18nを追加して国際化されたビューを展開するようにしておきましょう。

```
$ bin/rails g devise:i18n:views ⏎
```

3.2.2　ユーザモデルとコントローラの設定

deviseの設定作業を続けていきましょう。ユーザモデルとコントローラを作成します。

◇ユーザモデルの作成

まず、ユーザモデルを作成します。

```
$ bin/rails g devise user ⏎
```

表3.1に示すように、deviseを用いるとユーザ管理に関する様々な機能を利用することができます。deviseをインストールした素の状態では、表3.1の「標準設定」に示した5つの機能を有効にするという設定になっているはずです。その上にコメントとしてオプション設定の説明が記載されています。それらの機能を使いたいときには、その中から選んでコメント以外の部分に書いておけばOKです。

表3.1 deviseの機能

標準設定	
:database_authenticatable	パスワード認証機能
:registerable	ユーザの登録処理機能
:recoverable	パスワードリセットの復元機能
:rememberable	cookieを用いたユーザ記憶機能
:validatable	バリデーション機能
オプション設定	
:confirmable	登録時のメールによる確認機能
:lockable	一定回数入力失敗時のロック機能
:timeoutable	一定期間アクセスのないアカウントのタイムアウト機能
:trackable	サインイン回数などをトラックして記録する機能
:omniauthable	OAuth認証などSNS連携による認証機能

今回は、KISS (Keep It Simple, Stupid!) の法則[注3.8]に則り、できるだけ単純なモデルを構築します。メールを使いたくないので、:recoverableの機能は使いません。そこで、該当部分を削除[注3.9]しておきましょう。

作成されたapp/models/user.rbは、次のようになっているはずです。

リスト3.5 app/models/user.rb

```
class User < ApplicationRecord
  # Include default devise modules. Others available are:
  # :confirmable, :lockable, :timeoutable, :trackable and :omniauthable
  devise :database_authenticatable, :registerable,
         :recoverable, :rememberable, :validatable
end
```

これを、次のように修正します。:recoverableの部分を削除しておきます。

リスト3.6 app/models/user.rb

```
class User < ApplicationRecord
  # Include default devise modules. Others available are:
  # :confirmable, :lockable, :timeoutable, :trackable and :omniauthable
  devise :database_authenticatable, :registerable,
         :rememberable, :validatable
end
```

注3.8 「設計はシンプルなものが好ましく、複雑にならないように気をつけよ」というような意味の格言です。言葉が悪いので、「Keep It Short and Simple」とか「Keep It Small and Simple」、あるいは「Keep It Simple and Straightforward」「Keep It Simple and Safe」などいろいろと言い換えをしようとする方がいるようですが、やはり「Keep It Simple, Stupid!」がいちばんしっくりきますね。

注3.9 コメントアウトでも構いません。

以上の準備ができたら、データベースを作成して、マイグレーションを実行しましょう。

```
$ bin/rails db:create ⏎
$ bin/rails db:migrate ⏎
```

マイグレーションを実行すると、エラーがなければ、次のようにテーブルとインデクスの作成状況が出力されます。作成したデータベースに、無事、テーブルが作成されましたか?注3.10

```
== 20200603062724 DeviseCreateUsers: migrating ========================
-- create_table(:users)
   -> 0.0217s
-- add_index(:users, :email, {:unique=>true})
   -> 0.0092s
-- add_index(:users, :reset_password_token, {:unique=>true})
   -> 0.0071s
== 20200603062724 DeviseCreateUsers: migrated (0.0382s) ===============
```

◇コントローラの作成

次は、コントローラの作成です。コントローラは、home_controllerとして、そこにindexメソッドを用意しましょう。次のコマンドを投入してください。

```
$ bin/rails g controller home index ⏎
```

ログインしていない状態でシステムにアクセスしたときに、ログイン画面にリダイレクトするような動作を定義します。

作成されたapp/controllers/home_controller.rbに、以下(before_actionで始まる行)を追記しましょう。

リスト3.7 app/controllers/home_controller.rb

```
class HomeController < ApplicationController
  before_action :authenticate_user!, only: :index

  def index
  end
end
```

注3.10 煩雑になるので、以降の説明ではマイグレーションの出力などは「必要がない限りは」示しません。

前章のscaffoldで作成された匿名電子掲示板アプリの解説で紹介したように、before_actionは、メソッドの開始前に処理されるべき手順を定義するものでした。before_actionで定義された :authenticate_user! によって、ユーザ認証されているかどうかをチェックしています。この定義によって、ログインしていないとindexにアクセスできないような動作を実現します。

◇確認

サーバを起動し、ログイン画面が出ることを確認しましょう。

```
$ bin/rails s
```

ブラウザでhttp://localhost:3000/へアクセスし、**図3.3**に示す画面が出ることを確かめてください。

図3.3　ログイン画面

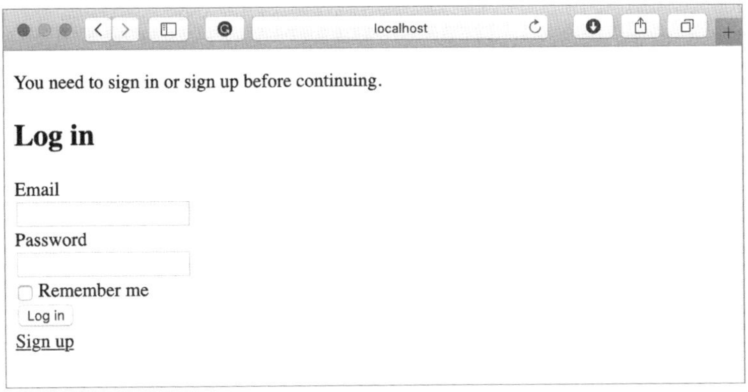

3.2.3 国際化への準備

devise-i18n をインストールしてあるので、deviseのメッセージを国際化できるようにしておきましょう。また、タイムゾーンを日本の東京[注3.11]にしておきます。

config/application.rbに以下を追記します。この設定では英語版（:en）のままですが、I18n.default_localeを「:ja」にすれば、日本語で表示させることが可能です。

注3.11 「Asia/Tokyo」です。

リスト3.8 config/application.rb

```
…(略)…
  class Application < Rails::Application
   …(略)…

    I18n.available_locales = %i(ja en)
    I18n.enforce_available_locales = true
    I18n.default_locale = :en
    config.time_zone = 'Asia/Tokyo'
  end

…(略)…
```

余力のある人は、:jaに切り替えて、図3.3のログイン画面が日本語で表示されることを確かめてみましょう。

図3.4は、日本語化されたログイン画面です。config/application.rbの設定を切り替えるだけで、英語版と日本語版を切り替えることができます。

図3.4 ログイン画面(日本語化されたもの)

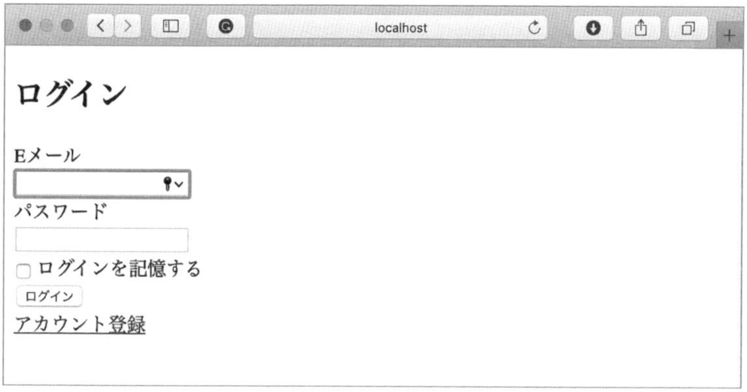

3.3 ユーザ管理のカスタマイズ

deviseは実によくできたgemなので、そのままでもとても便利に使えます。しかし、昨今、メールアドレスを登録することに抵抗のあるユーザも増えてきました。そこで、deviseに若干の改良を加えて、メールアドレスによる認証ではなく、ユーザ名での認証にするように修正しましょう。

3.3.1 認証方式の切り替え

認証方式を、ユーザ名での認証に切り替えます。そのためには、まず、ユーザ名などを追加する必要があります。ユーザ名、フルネームなどのカラムを追加してから、認証キーの切り替えを行います。

◇カラムの追加

ユーザモデルにユーザ名（username）などを追加します。なお、後々のためにフルネーム（fullname）と役割（role）も追加していることに注意してください。roleに関しては、マイグレーションファイルを修正してデフォルト値を追加しておくことにします。

まずは、usersテーブルにカラムを追加するために、username、fullname、roleをそれぞれ追加するためのマイグレーションファイルを生成します。

マイグレーションファイルは、rails generate migration ...で生成[注3.12]します。

```
$ bin/rails g migration add_username_to_users username:string:uniq
$ bin/rails g migration add_fullname_to_users fullname:string
$ bin/rails g migration add_role_to_users role:string
```

マイグレーションファイル生成のコマンドに与えるファイル名に気をつけましょう。ここでは、「add_（カラム名）_（テーブル名）」という命名規則で与えています。このような命名規則は、「_」（アンダースコア）を利用して単語を区切るもので、「スネークケース」という名前が付いています。他に「AddUsernameToUsers」という表現でも構いません。このような表現は、らくだのコブのようにみえるので、「キャメルケース」と呼びます。Railsではどちらを用いてもよいようですが、実際のプロジェクトではどちらかに統一しておくべきでしょう。

マイグレーションファイルの生成コマンドには、追加すべきカラムのデータ型も指定できます。今回は全て文字列（string）型です。ユーザ名は認証キーに使うことを想定しているために、:uniqを付加してユニーク制約（一意であること）を指定していることに気をつけてください。

roleにデフォルト値を与えたいのですが、生成コマンドで自動的に与えることができません。そこで、生成されたマイグレーションファイルを、直接、書き換えることで対応します。

注3.12 「rails g」でよいのは、モデルの生成などと同じです。

db/migrate/XXXXXXXXXXXXXX_add_role_to_users.rbというファイルが作成されていることを確認してください。XXX...Xの部分は、タイムスタンプから生成される数値となっているので、皆さんの実行するタイミングによって異なります。

そのファイルに、以下を追加してください。「, default: 'student'」の部分です。デフォルトでは、皆、登録時にstudentというroleが与えられる注3.13ようにしておきます。

リスト3.9 db/migrate/XXXXXXXXXXXXXX_add_role_to_users.rb

```
class AddRoleToUsers < ActiveRecord::Migration[6.0]
  def change
    add_column :users, :role, :string, default: 'student'
  end
end
```

◇認証手順の修正

それでは、認証手順を修正する作業を行いましょう。

認証手順の修正は、config/initializers/devise.rbの該当部分を修正することで対応します。そのファイルに含まれる[:email]の部分を、全て[:username]に修正してください。

リスト3.10 config/initializers/devise.rb

```
config.authentication_keys = [:username] •── コメントアウトを外す
…(略)…
# Configure which authentication keys …
config.case_insensitive_keys = [:username]
…(略)…
# Configure which authentication keys …
config.strip_whitespace_keys = [:username]
```

config.authentication_keysの行は、修正前はコメントアウトされています。

:emailを:usernameに書き換えるとともに、コメントアウトを外しておきましょう。

3.3.2 ルーティングとコントローラの修正

ルーティングの設定と、devise用のコントローラをまだ作成していませんでした。このタイミングでルーティングを指定し、devise用のコントローラを作成します。メールアドレスではなくユーザ名での認証に変更したことや、フルネームなどを追加したことなど、若干の修正が

注3.13 ほとんどのユーザが学生であるという状況を想定しています。

必要になっているので、コントローラにはいくつか手を加えねばなりません。

◇ルーティングの追加

それでは、deviseのusers関連コントローラを作っていきましょう。まずは、次のコマンドを投入してください。

```
$ bin/rails g devise:controllers users ⏎
```

このコマンドを実行すると、関連するファイルが生成されると共に、次のようなメッセージが出力されます。

```
Some setup you must do manually if you haven't yet:

  Ensure you have overridden routes for generated controllers in your routes.rb.
  For example:

    Rails.application.routes.draw do
      devise_for :users, controllers: {
        sessions: 'users/sessions'
      }
    end
```

上記の指示に従い、ルーティング設定ファイルのconfig/routes.rbを、以下のように修正します。

リスト3.11　config/routes.rb

```
Rails.application.routes.draw do
  #get 'home#index' ←削除してよい
  devise_for :users, controllers: {
        sessions:      'users/sessions',
        passwords:     'users/passwords',
        registrations: 'users/registrations'
  }
  root to: 'home#index'
end
```

これで、ログインセッションやユーザ登録などに関するコントローラへのルーティングを定義することができました。全てusers以下のURLを指定することで、アクセスできるようになっています。

◇コントローラの修正

次に、コントローラを修正します。

ログイン時にはusername、アカウント編集時にはusernameとfullnameをサニタイジング対象（P.57を参照）とする必要があります。新しく追加したこれらのパラメータをサニタイジング対象に指定しないと、データベースへの登録が行われません。

app/controllers/users/sessions_controller.rbの内容を書き換えます。以下を修正します。該当箇所のコメントアウトを外し、:attributeを :username に書き換えましょう。

リスト3.12　app/controllers/users/sessions_controller.rb

```
class Users::SessionsController < Devise::SessionsController
    before_action :configure_sign_in_params, only: [:create]

    …(略)…
    protected

    # If you have extra params to permit, append them to the sanitizer.
    def configure_sign_in_params
      devise_parameter_sanitizer.permit(:sign_in, keys: [:username])
    end
end
```

app/controllers/users/registrations_controller.rbも同様です。該当部分のコメントアウトを外し、:attributeを:username, :fullnameに書き換えます。

リスト3.13　app/controllers/users/registrations_controller.rb

```
class Users::RegistrationsController < Devise::RegistrationsController
    before_action :configure_sign_up_params, only: [:create]
    before_action :configure_account_update_params, only: [:update]

    …(略)…
    protected

    # If you have extra params to permit, append them to the sanitizer.
    def configure_sign_up_params
      devise_parameter_sanitizer
            .permit(:sign_up, keys: [:username, :fullname])
    end

    # If you have extra params to permit, append them to the sanitizer.
    def configure_account_update_params
      devise_parameter_sanitizer
            .permit(:account_update, keys: [:username, :fullname])
    end
end
```

3.3.3 ビューとモデルの修正

コントローラの修正に続いて、ビューとモデルにも修正を加えます。

◇ビューの修正

まず、ビューを修正します。修正対象のファイルは以下の3つです。

- app/views/devise/sessions/new.html.erb
- app/views/devise/registrations/new.html.erb
- app/views/devise/registrations/edit.html.erb

これらのファイルをグッとにらみ、それぞれ「:email」を「:username」に、「:email_field」を「:text_field」に修正しましょう。次のような箇所を探してください。

リスト3.14　app/views/devise/sessions/new.html.erbなど

```
<div class="field">
  <%= f.label :email %><br />
  <%= f.email_field :email, autofocus: true, autocomplete: "email" %>
</div>
```

上記の箇所を、以下のように修正します。:usernameは単なる文字列なので、電子メールアドレス用のフィールド（f.email_field）を、一般的なテキストフィールド（f.text_field）に変更しています。

リスト3.15　app/views/devise/sessions/new.html.erbなど

```
<div class="field">
  <%= f.label :username %><br />
  <%= f.text_field :username, autofocus: true, autocomplete: "username" %>
</div>
```

さらに、app/views/devise/registrations/new.html.erbとapp/views/devise/registrations/edit.html.erbに関しては、それぞれ:usernameに関するフィールドが記載されている<div>ブロックの下に、以下を追記します。

リスト3.16　app/views/devise/registrations/new.html.erbなど

```
<div class="field">
  <%= f.label :fullname %><br />
  <%= f.text_field :fullname, autocomplete: "fullname" %>
</div>
```

◇モデルの修正

ここまでで、メールアドレスからユーザ名に認証キーを変更する作業は、ほぼ終了です。しかし、この変更に伴い、メールアドレスの情報が記録されないようになってしまいます。deviseの標準設定では、メールアドレスを認証キーとしているために、メールアドレス欄を空欄にすることは許されません。したがって、このまま実行すると、ユーザ登録時に「Email can't be blank」のエラーが出てしまいます。

この問題に真っ当に対処するには、データベース設定を修正し、nullを許容するような設定に変更するマイグレーションファイルを作成すべきです。しかし、そのためにはdeviseを丁寧に精査する必要がありそうです。

ここではクイックハック[注3.14]で対応してしまいましょう。次のようにモデルを修正することで、メールアドレス欄が空欄でも問題なく動作するようになります。

app/models/user.rbで定義されるUserクラスにemail_required?というメソッドを追加し、falseを返す[注3.15]ようにします。

リスト3.17　app/models/user.rb

```
class User < ApplicationRecord
  # …
  devise :database_authenticatable, :registerable,
         :rememberable, :validatable

  def email_required?
    false
  end
end
```

注3.14 ちょっとした修正のことです。本質的な解決方法は他にあるはずですが、時間短縮で片付けてしまいます。場当たり的な対応でもあるので、どこかのタイミングできちんとした対応をしておくべきですね。

注3.15「要らないよ！」ということですね。

◇データベースの更新

空欄への対応は、前述したクイックハックでOKでした。しかし、電子メール欄を無視することに関しては、もう一つ、重大な問題が発生します。そのための対処をしなければなりません。

使っていないemailのカラムですが、同じデフォルト値（空白）で登録しようとすると、重複エラーが発生してしまいます。そのため、マイグレーションファイルで「ユニーク制約」を外す処理を行い、マイグレーションを実施します。

マイグレーションとして「usersテーブルからemailのインデクスを削除」というものを用意します。

```
$ bin/rails g migration remove_index_email_from_users ⏎
```

作成されたdb/migrate/XXXXXXXXXXXXXX_remove_index_email_from_users.rbというファイルに、以下（changeメソッドの中身）を追加します。

リスト3.18　db/migrate/XXXXXXXXXXXXXX_remove_index_email_from_users.rb

```
class RemoveIndexEmailFromUsers < ActiveRecord::Migration[6.0]
  def change
    remove_index :users, :email
  end
end
```

さて、準備は整いました。全ての変更が用意されたので、rails db:migrationを実行し、データベースへの反映を行いましょう。

```
$ bin/rails db:migrate ⏎
```

3.3.4　ナビゲーションの追加と確認

ここまでの動作確認を行う前に、ビューにナビゲーションを追加しておきましょう。app/views/layouts/application.html.erbの、以下の部分を修正します。

リスト3.19　app/views/layouts/application.html.erb

```
…(略)…
<body>
  <header>
    <nav>
      <% if user_signed_in? %>
        <%= link_to 'logout',
        destroy_user_session_path, method: :delete %>
      <% else %>
        <%= link_to 'sign up', new_user_registration_path  %>
        <%= link_to 'login', new_user_session_path  %>
      <% end %>
    </nav>
  </header>
```

ナビゲーションをビューに追加し、なかでもログイン時にログアウトボタンを表示させるようにすることはたいへん重要な作業です。この処理を追加しておかないと、ログインできても、ログアウトできなくて困った状況に陥ってしまいます。

◇確認

サーバを起動し、ユーザ登録を試みてください。ユーザ登録に成功すると、**図3.5**のような画面に遷移します。マイページのビューをまだ作っていないので、味も素っ気もないデフォルトの画面です。

図3.5　ユーザ登録に成功した画面

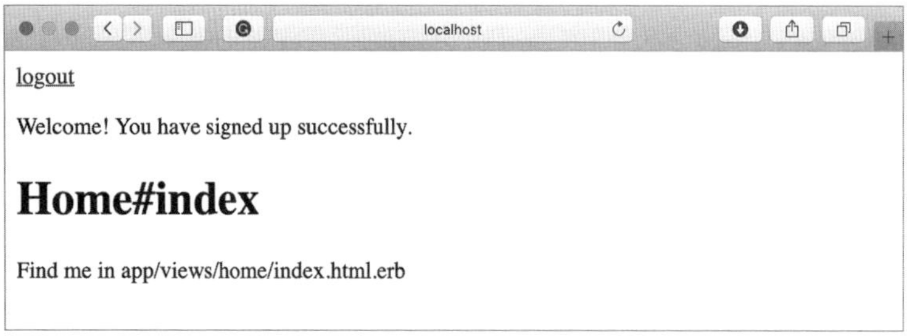

登録してはログアウトを繰り返し、複数のユーザを登録できることを確認しましょう。また、複数のユーザ登録を実行したら、Railsコンソールを起動し、User.allを表示させてみましょう。複数ユーザの情報が、データベースに正しく登録されていることを確認できましたか？

以下の実行例からは、user1、user2という2つのユーザが登録されている状況を読み取ることができます。

```
$ bin/rails c
Running via Spring preloader in process 48127
Loading development environment (Rails 6.0.3.1)
irb(main):001:0> User.all
  User Load (0.5ms)  SELECT "users".* FROM "users" LIMIT $1  [["LIMIT", 11]]
=> #<ActiveRecord::Relation [#<User id: 1, email: "", created_at: "2020-12-
03 09:55:27", updated_at: "2020-12-03 09:55:27", username: "user1", fullname:
"Test User 1st", role: "student">, #<User id: 2, email: "", created_at:
"2020-12-03 10:04:21", updated_at: "2020-12-03 10:04:21", username: "user2",
fullname: "Test User 2nd", role: "student">]>
irb(main):002:0> exit
```

3.4 マイページ機能

ログインすると現れるデフォルトの画面（図3.5）は、まるで「はやくどうにかしてほしい！」と言わんばかりの画面です。基本的なログイン機能を実現できたので、マイページの作り込みをしていくことにしましょう。マイページ、すなわち、ログイン後にユーザ別で表示するページを作成します。

3.4.1 ルーティングとコントローラ、ビューの追加

ルーティングの調整、コントローラとビューの追加といった手順で、マイページを作り込んでいきます。

◇ルーティングの追加

最初に、ルーティングを追加します。

ルーティングを定義するファイルはconfig/routes.rbですね。そのファイルに、ユーザリソースへのアクセス情報を追記します。

リスト3.20　config/routes.rb

```
Rails.application.routes.draw do
  devise_for :users, controllers: {
       sessions:      'users/sessions',
```

次ページへ続く

```
        passwords:     'users/passwords',
        registrations: 'users/registrations'
  }
  root to: 'home#index'
  resources :users, only: [:show]
end
```

resources :users, only: [:show]は、後述するホワイトリスト方式でのアクセス手段を提供します。resourcesを記述することにより、:usersへの7種類のアクセスをまとめて定義することができます。すなわち、resources :usersと記述すれば、**表3.2**に示されるようなアクションがまとめて定義できるのです。

表3.2　resourcesで有効になる7つのルーティング

HTTP	パス	コントローラ#アクション	目的
GET	/users	users#index	ユーザの一覧表示
GET	/users/new	users#new	新しいユーザを作成するためのHTMLフォームを提示
POST	/users	users#create	ユーザを1つ作成する（new後のアクション）
GET	/users/:id	users#show	指定したユーザを表示
GET	/users/:id/edit	users#edit	ユーザを編集するHTMLフォームを提示
PATCH/PUT	/users/:id	users#update	特定のユーザを更新（edit後のアクション）
DELETE	/users/:id	users#destroy	特定のユーザを削除（edit後のアクション）

しかし、必要のないルーティングまで作成するのは無駄なうえに、システムの脆弱性を招きかねません[注3.16]。そこで、:onlyに続けて配列で許可するアクションを並べることで、「このアクションだけ対応させる」ということができるようになっています（ホワイトリスト方式）。

ルーティングテーブルを表示させて確認してみましょう。rails routesコマンドを実行することで、ルーティングの一覧を表示させることができます。

```
$ bin/rails routes ⏎
```

まず、only: [:show]を付けない場合です。表示されるテーブルは煩雑ですが、その中から、関連する部分だけ抜粋します。次のように、7種類のルーティングが表示されています。

注3.16　必要のないルーティングを作るということは、システムへの必要のないアクセス手段を提供するということです。対処しておかなければ、当然システムはエラーを返します。さらに、自動で作成されるデフォルトの画面があれば、それはユーザに不必要な情報提供を行うことになります。

```
 new_user GET    /users/new(.:format)       users#new
edit_user GET    /users/:id/edit(.:format)  users#edit
     user GET    /users/:id(.:format)       users#show
          PATCH  /users/:id(.:format)       users#update
          PUT    /users/:id(.:format)       users#update
          DELETE /users/:id(.:format)       users#destroy
          POST   /users(.:format)           users#create
```

次に、only:[:show]を付けたケースで試してみます。以下のように、:showに関連する部分だけが表示されるようになりました。

```
     user GET    /users/:id(.:format)     users#show
```

マイページはユーザの詳細画面です。したがって、users#showがマイページに相当するということになるのです。

◇コントローラの追加

usersコントローラを追加します。ルーティングの項で説明したように、アクション（メソッド）としてはshowを有効にします。

次のコマンドで、コントローラを生成してください。

```
$ bin/rails g controller users show ⏎
```

生成したapp/controllers/users_controller.rbに、以下を追記します。パラメータとして与えられるユーザのIDから、該当するユーザのデータを探して変数@userに入れます（showメソッドの内部）。

また、各ページにはログインしていないとアクセスできないようにします。before_actionを定義しておきましょう。

リスト3.21　app/controllers/users_controller.rb

```
class UsersController < ApplicationController
  before_action :authenticate_user!

  def show
    @user = User.find(params[:id])
  end
end
```

app/controllers/users/sessions_controller.rbに以下を追記し、ログイン後にマイページに飛ばすようにします。メソッドafter_sign_in_path_forにはログイン後にどうするかという処理を記述します。user_pathメソッドで、ログインしたときのIDを持つユーザのマイページに飛ばしてあげるようにしましょう。追記する場所はconfigure_sign_in_paramsを定義しているところの後で構いません。

リスト3.22　app/controllers/users/sessions_controller.rb

```
def after_sign_in_path_for(resource)
  user_path(resource.id)
end
```

◇ビューを追加

次はビューを作ります。とりあえず、ユーザのフルネームを表示させて、ログインしたユーザのマイページが表示されることを確認するところから始めましょう。

仮のページとして用意されているapp/views/users/show.html.erbをいったん削除し、以下の1行で置き換えてください。この1行は、コントローラから渡された@userを参照し、そのfullnameフィールドを表示しています。もっとも簡単なマイページであるといえるでしょう。

リスト3.23　app/views/users/show.html.erb

```
<h1>MyPage for <%= @user.fullname %></h1>
```

3.4.2 ダミーデータの作成と登録

いったんデータベースを削除して、作り直しましょう。既存のデータベースは、rails db:dropというコマンドで削除できます。削除した後で、再度、createとmigrateすることで、まっさらのデータベースを再構築します。

```
$ bin/rails db:drop ↵
$ bin/rails db:create ↵
$ bin/rails db:migrate ↵
```

次に、ダミーデータファイルを用意します。ダミーデータをデータベースに投入して、仮の状況を作ってみましょう。

テスト用のデータや、システムに投入すべき初期データなどは、db/seeds.rbというファイルに記述することで準備できます。db/seeds.rbのファイルに以下を追記[注3.17]しましょう。

リスト3.24　db/seeds.rb

```
names = [ 'Mr. Teacher', 'Antonio Banderas', 'Cynthia Erivo',
'Scarlett Johansson', 'Jonathan Pryce', 'Florence Pugh',
'Yalitza Aparicio', 'Olivia Colman', 'Marina de Tavira',
'Adam Driver', 'Sam Elliott', 'Lady Gaga', 'Richard E. Grant',
'Regina King', 'Rami Malek', 'Mary J. Blige', 'Timothee Chalamet',
'Allison Janney', 'Daniel Kaluuya', 'Lesley Manville',
'Laurie Metcalf', 'Margot Robbie', 'Sam Rockwell', 'Mahershala Ali',
'Andrew Garfield', 'Naomie Harris', 'Lucas Hedges', 'Isabelle Huppert',
'Ruth Negga', 'Dev Patel', 'Bryan Cranston', 'Tom Hardy',
'Brie Larson', 'Jennifer Jason Leigh', 'Rachel McAdams',
'Charlotte Rampling', 'Mark Rylance', 'Alicia Vikander',
'Patricia Arquette', 'Steve Carell', 'Benedict Cumberbatch',
'Felicity Jones', 'Michael Keaton', 'Rosamund Pike', 'Eddie Redmayne',
'J. K. Simmons', 'Emma Stone', 'Barkhad Abdi', 'Chiwetel Ejiofor',
'Michael Fassbender', 'Sally Hawkins', 'Jared Leto',
'Matthew McConaughey', 'Lupita Nyong\'o', 'June Squibb',
'Bradley Cooper', 'Hugh Jackman', 'Emmanuelle Riva',
'Quvenzhane Wallis', 'Berenice Bejo', 'Demian Bichir',
'Jessica Chastain', 'Jean Dujardin', 'Jonah Hill', 'Rooney Mara',
'Melissa McCarthy', 'Gary Oldman', 'Octavia Spencer',
'Christian Bale', 'Jesse Eisenberg', 'James Franco', 'John Hawkes',
'Jennifer Lawrence', 'Mark Ruffalo', 'Hailee Steinfeld',
'Jacki Weaver', 'Sandra Bullock', 'Vera Farmiga', 'Colin Firth',
'Maggie Gyllenhaal', 'Anna Kendrick', 'Mo\'Nique', 'Carey Mulligan',
'Christopher Plummer', 'Jeremy Renner', 'Gabourey Sidibe',
'Stanley Tucci', 'Christoph Waltz', 'Josh Brolin', 'Viola Davis',
'Anne Hathaway', 'Taraji P. Henson', 'Richard Jenkins',
'Frank Langella', 'Melissa Leo', 'Mickey Rourke', 'Michael Shannon',
'Casey Affleck', 'Marion Cotillard', 'Ruby Dee', 'Hal Holbrook',
'Viggo Mortensen', 'Ellen Page', 'Saoirse Ronan', 'Tilda Swinton']

names.each_with_index {|name, i|
  uid = sprintf "user%03d", i
  User.create(username: uid, fullname: name,
        password: '123456',
        role: ((i == 0) ? 'teacher' : 'student'))
}
```

namesという配列に記載されたフルネームを参照し、順番に、userXXXというアカウント

注3.17　もともとコメント行しか書かれていないので、いったん削除して作り直し、以下の内容だけを記入したものとしてdb/seeds.rbファイルを作り直しても構いません。

でユーザを作っていきます。XXXの部分は、ゼロパディングで3桁の数字が順番に与えられます。パスワードは全て123456です[注3.18]。

最初のユーザ（i == 0のとき）だけ、roleに'teacher'という文字列を与えています。最初のユーザ（user000）は'Mr. Teacher'、そう、先生役のユーザです。

db/seeds.rbのスクリプトは、rails db:seedコマンドで動作させることができます。何度も起動すると重複してデータを作ろうとしてしまう[注3.19]ので、注意してください。

```
$ bin/rails db:seed ⏎
```

◇確認

サーバを起動し、投入したデータでログインできることを確認してみましょう。**図3.6**は、user000でログインしてみた画面のスナップショットです。

図3.6　user000でログイン

3.4.3 特別なユーザの取扱い

user000を先生ユーザとして作成しました。db/seeds.rbのスクリプトでは、三項演算子を用いて、最初のユーザのみ、先生ユーザとしたのでした。なお、他のユーザをteacherにしたい場合は、以下の手順でロールを変更することができます。Xは、変更したいユーザのIDです。名前で探したければ、User.find_by(fullname: 'XXX')とすればOKです。XXXに探したいユーザのフルネームを入れましょう。

注3.18　実際の運用でこんなパスワードを付けてはいけません。しかし、調査によると世界中で最も多く付けられているパスワードの1つだそうです。

注3.19　今回の場合は、ユニーク制約に矛盾するため、エラーとなるでしょう。

```
$ bin/rails c
irb(main):001:0> User.find_by(id: X).update(role: 'teacher')
irb(main):002:0> exit
```

◇先生ユーザ用マイページの作成

先生ユーザのマイページにアクセスした場合に、学生一覧が表示されるようにします。先生だけは特別扱いですが、全ての学生と交流しなければならない使命を帯びているので致し方ありません。教員稼業も楽じゃないですね。

app/controllers/users_controller.rbに、@studentsで始まる行を追加します。

リスト3.25 app/controllers/users_controller.rb

```
class UsersController < ApplicationController
  before_action :authenticate_user!

  def show
    @user = User.find(params[:id])
    @students = User.where(role: 'student') if @user.role == 'teacher'
  end
end
```

なお、「先生ユーザとしてログインした場合」ではないので注意してください。先生ユーザとしてアクセスしているかどうかを判定するには、現在ログインしているユーザの情報は変数current_userに格納されているので、if文の条件式でcurrent_user.role == 'teacher'とすればOKです。

ビューのファイルには以下を追記します。app/views/users/show.html.erbを変更してください。これまでは1行だけのたいへんシンプルなものだったので、少しだけ複雑になりました。変数@studentsが空でなければ、そのリストを表示させるようにしています。

リスト3.26 app/views/users/show.html.erb

```
<h1>MyPage for <%= @user.fullname %></h1>

<% if @students != nil %>
  <ul>
   <% @students.each {|st| %>
    <li><%= link_to st.fullname, user_path(st.id) %></li>
   <% } %>
  </ul>
<% end %>
```

◇確認

サーバを起動し、teacher（user000）、student（user001）それぞれのロールでマイページが異なることを確認してみましょう（図3.7および図3.8）。

図3.7　user000でログイン

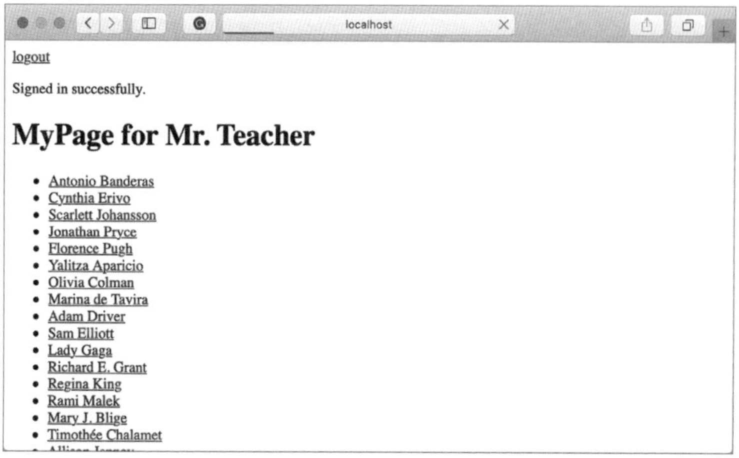

図3.8　user001でログイン

3.5 投稿機能

ここまでで、マイページをそれぞれ表示できるようになりました。まだ簡素なものですが、ここから、作り込んでいけばよいのです。

ところで、SNSを謳うからには、投稿を表示できるようにしなければいけません。各ユーザのマイページで、コメントを投稿、表示できるように、機能を作っていきましょう。

3.5.1 投稿モデルの作成

投稿のコメントを表すモデルとして、Userモデルに紐づくPostモデルを導入します。それぞれのユーザ（のマイページ）に関連した、投稿コメントを表すモデルです。当然ながら、ユーザが削除されたときにはマイページも表示されません。したがって、dependent属性を付け、ユーザが削除されたときはそれに紐付いているコメントは全て削除されるようにしましょう。

まず、モデルを作成してマイグレーションを行います。どのマイページに対応しているかは、とりあえず、ここではuser_idというカラムを設け、そこに関連するユーザIDを格納しておくことにしましょう。コメントの本文は、text型のカラムとしてbodyを用意します。

```
$ bin/rails g model post user_id:integer body:text ⏎
$ bin/rails db:migrate ⏎
```

◇変数から参照できるようにするための記述

Railsコンソールで、UserとPostの関係を確認してみましょう。現在の状態でユーザを1つ取り出して、それに紐付いているはずのpostsを参照してみます。

```
$ bin/rails c ⏎
Running via Spring preloader in process 52055
Loading development environment (Rails 6.0.3.1)
irb(main):001:0> u = User.first ⏎
  User Load (0.7ms)  SELECT "users".* FROM "users" ORDER BY "users"."id"
ASC LIMIT $1  [["LIMIT", 1]]
=> #<User id: 1, email: "", created_at: "2020-12-03 13:25:35", updated_at:
"2020-12-03 13:25:35", username: "user000", fullname: "Mr. Teacher", role:
"teacher">
irb(main):002:0> u.posts ⏎
Traceback (most recent call last):
        1: from (irb):2
NoMethodError (undefined method `posts' for #<User:0x00007f9548c84238>)
irb(main):003:0> exit ⏎
```

おっと、エラーになってしまいました。NoMethodErrorというエラーです。「'posts'なんていうメソッドはないよ！」と詳細[注3.20]を教えてくれています。実は、まだ、作業が足りていま

注3.20　u.postsというコードがエラーになっています。uというオブジェクトのクラスにはpostsなどというメソッドが定義されていない、というエラーです。

せん。

UserとPostを関連付けなければならないので、作成されたモデルのファイルにその関係性を追記します。Userが多数のPostを持つという関係にあるので、app/models/user.rbには、has_many句を以下の通り追記します。

リスト3.27　app/models/user.rb

```
class User < ApplicationRecord
  has_many :posts, dependent: :destroy
  # …
  devise :database_authenticatable, :registerable,
         :recoverable, :rememberable, :validatable

  def email_required?
    false
  end
end
```

一方、app/models/post.rb には、belongs_to句を追記します。

リスト3.28　app/models/post.rb

```
class Post < ApplicationRecord
  belongs_to :user
end
```

1対多数の関係にあるので、has_many句やbelongs_to句で記述する際に、userやpostsが単数形になっているのか複数形になっているのかに気をつけて、注意深く間違えずに記述するように心がけてください。

さて、このような関係性を記述したので、今度はきちんとメモリ上のオブジェクトから関連する一連のデータを参照することができるようになったでしょうか。先ほどと同じ手順で確認してみます。

```
$ bin/rails c ⏎
Running via Spring preloader in process 52130
Loading development environment (Rails 6.0.3.1)
irb(main):001:0> u = User.first ⏎
  User Load (0.5ms)  SELECT "users".* FROM "users" ORDER BY "users"."id" ASC
LIMIT $1  [["LIMIT", 1]]
=> #<User id: 1, email: "", created_at: "2020-12-03 13:25:35", updated_at:
"2020-12-03 13:25:35", username: "user000", fullname: "Mr. Teacher", role:
"teacher">
```

》次ページへ続く

```
irb(main):002:0> u.posts ⏎
  Post Load (4.7ms)  SELECT "posts".* FROM "posts" WHERE "posts"."user_id" =
$1 LIMIT $2  [["user_id", 1], ["LIMIT", 11]]
=> #<ActiveRecord::Associations::CollectionProxy []>
irb(main):003:0> exit ⏎
```

今度は大丈夫です。うまく関係性を記述することができました。

3.5.2 投稿の表示

モデルを記述できたので、次は、投稿されたコメントを表示できるようにしましょう。

コントローラを修正します。app/controllers/users_controller.rbに、@postsで始まる行を追記してください。

リスト3.29 app/controllers/users_controller.rb

```
class UsersController < ApplicationController
  before_action :authenticate_user!

  def show
    @user = User.find(params[:id])
    @students = User.where(role: 'student') if @user.role == 'teacher'
    @posts = Post.where(user_id: @user.id).order('created_at desc')
  end
end
```

user_idが@user.idであるような、つまり、そのマイページの所有者であるユーザに紐付けられた投稿をwhereメソッドで探してきて、作成した日時（created_at）の降順で格納せよ、というコードを追記しています。

ビューにも「@postsが空でないときに、順番に並べる」というコードを追加します。

app/views/users/show.html.erbの最後の部分に、以下を追記してください。

リスト3.30 app/views/users/show.html.erb

```
<% if @posts != nil %>
  <% l = @posts.length; @posts.each_with_index {|post, i| %>
   <p><%= (l-i).to_s + " : " + post.created_at.to_s %><br />
   <%= post.body %></p>
  <% } %>
<% end %>
```

番号がインデクス順ではなく、大きな順に表示するように工夫しているところに注意しましょう（図3.9）。また、to_sメソッドを随所で利用して、文字列に変換しています。＋演算子で文字列の連結をするための処置ですが、少し、うっとうしいかもしれません。

図3.9　メッセージが投稿されたマイページ

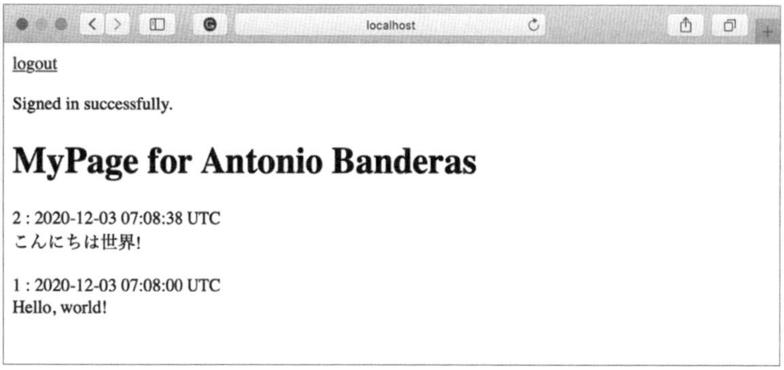

◇ダミーデータを用いた投稿のテスト

Railsコンソールを用いて、ユーザ（user001）が投稿したという体裁のテストデータ（ダミーデータ）を挿入しましょう。

```
$ bin/rails c
irb(main):001:0> u = User.find_by(id: 2)
irb(main):002:0> u.posts.create({ body: "Hello, world!" })
irb(main):003:0> u.posts.create({ body: "こんにちは世界!" })
irb(main):004:0> exit
```

IDが2のユーザ（Antonio Banderas！）に紐付けられた投稿を、直接createメソッドで作成しています。

サーバを起動して異なるユーザのマイページにアクセスし、投稿済みユーザ（user001）と未投稿ユーザ（それ以外）でマイページが異なることを確認してみましょう。先生ユーザでログインして、リンクを辿れば簡単に参照できます（図3.9参照）。

3.5.3 投稿機能の作成

コンソールから投入した投稿のデータを表示するところまでできました。しかし、それでは不十分です。Webの画面から投稿できなければ、SNSでもなんでもありません。コメントを投稿する機能を作りましょう。

◇ルーティングの修正とコントローラ、投稿ボタンの作成

投稿を扱うコントローラとビューを作成します。

まずはコントローラです。posts_controllerに、投稿を作成するcreateメソッドを準備します。

```
$ bin/rails g controller posts create ⏎
```

ルーティングも追加が必要です。config/routes.rbを以下のように修正してください。postsのリソースにcreateへのパスを通します。コメントアウトしている部分は削除してしまって構いません。

リスト3.31 config/routes.rb

```
Rails.application.routes.draw do
  #get 'posts/create'
  #get 'users/show'
  devise_for :users, controllers: {
        sessions:      'users/sessions',
        passwords:     'users/passwords',
        registrations: 'users/registrations'
  }
  root to: 'home#index'
  resources :users, only: [:show]
  resources :posts, only: [:create]
end
```

ビューが少しややこしくなってきました。学生一覧を表示する箇所（ただし先生のみ）と、投稿一覧を表示する箇所の間に、投稿用のフォームを追加します。

app/views/users/show.html.erbを以下のようにしましょう。

リスト3.32　app/views/users/show.html.erb

```
<h1>MyPage for <%= @user.fullname %></h1>

<% if @students != nil %>
  <ul>
   <% @students.each {|st| %>
    <li><%= link_to st.fullname, user_path(st.id) %></li>
   <% } %>
  </ul>
<% end %>

<%= form_with model: Post.new do |f| %>
  <%= f.text_area :body, placeholder: "Add your comment" %><br />
  <%= f.hidden_field :id, { value: @user.id } %>
  <%= f.submit 'submit' %>
<% end %>

<% if @posts != nil %>
   <% l = @posts.length; @posts.each_with_index {|post, i| %>
    <p><%= (l-i).to_s + " : " + post.created_at.to_s %><br />
    <%= post.body %></p>
   <% } %>
<% end %>
```

form_with model: Post.new do f ... endという構文について、少々、説明します。

form_withは、フォームを作成するためのメソッドです。model: Post.newという記述で、投稿（Post）モデルの新規作成に関連したものであることを示しています。変数fに与えたtext_areaというメソッドは、テキストエリアを作成するものです。その名前としてbodyを与えています。これはPostのカラムbodyに対応させています。テキストエリアにあらかじめ表示しておく文言を、placeholder:として渡しています。

また、マイページの所有者であるユーザのidをhidden_fieldで渡している点に注意しておきましょう。これを忘れると、どのページへ投稿されたコメントなのか、区別がつきません。

最後に、f.submitは、投稿用ボタンを設置するためのメソッドです。

◇投稿処理コントローラの作成

投稿を処理するコントローラを作成します。コメント投稿ボタンが押されると、POSTが発行されます。それを受けるためのコントローラを用意しておかねばなりません。

対象となるコントローラは、app/controllers/posts_controller.rbです。同ファイルに、以下を記述します。

リスト3.33 app/controllers/posts_controller.rb

```
class PostsController < ApplicationController
  def create
    p = post_params
    user = User.find(p[:id])
    if user.posts.create(body: p[:body])
      flash[:notice] = 'Post was successfully created.'
    else
      flash[:alert] = 'Something went wrong'
    end

    redirect_to user_path(user.id)
  end

  protected
  def post_params
    params.require(:post).permit(:body, :id)
  end
end
```

ユーザに紐付けられたコメントを作成する箇所は、コンソールから手動で行ったときと同じです。なにがしかの理由によりデータを作成できなかったときの対応で、少し手厚いコードになっています。

分かりにくいのは、パラメータの処理でしょう。createメソッドの冒頭で、post_paramsというメソッドを呼んでいます。このメソッドでは、パラメータの準備を行っています。:bodyと:idのみ許可することで、頑健なアプリケーションとしています。

渡されるパラメータは、コメント本文である:bodyと、投稿先のマイページ所有者であるユーザIDを示す「:id」です。その関係を利用して、ユーザに紐付けられたコメントの投稿をデータベースに格納しています。

処理を終えたら、最後にredirect_toメソッドを記述して、当該ページを表示するようにしています。リダイレクトする飛び先は、もちろん、対象となるマイページです。すなわち、user.idのIDで示されるuser_pathへ飛ぶと書いておけばOKです。

3.5.4 投稿のテストと問題の修正

サーバを起動し、投稿がうまく行われることを確認しましょう。図3.10は、Lady Gaga (user011) のページにメッセージが投稿された状況を示しています。

図3.10　画面からメッセージが投稿されたマイページ

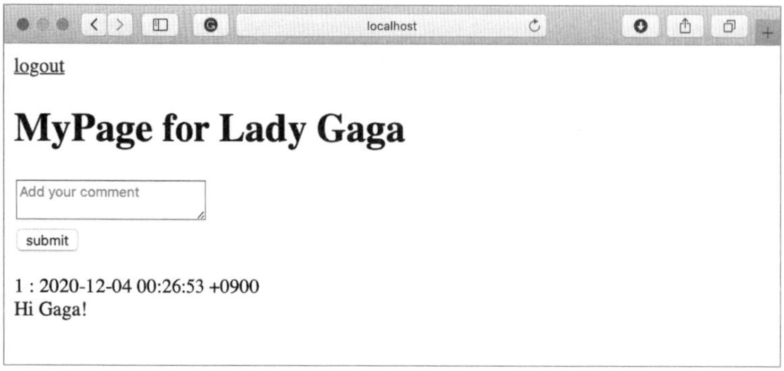

なお、このままだと、マイページを開いているユーザの投稿を、他人が書き加えてしまうことができてしまいます。しかも、そのコメントが誰の投稿なのか、わかりません。はたして、図3.10でLady Gagaに挨拶しているのは誰でしょうか？

その問題を解決するために、次は、コメント投稿者のカラムを追加する処理を行います。

◇投稿者IDの追加と投稿処理の修正

コメント投稿者（submitter）の情報をPostに追加して、誰のコメントか分かるようにしましょう。まずは、投稿者のIDをPostに追加します。カラム名はsubmitterとしましょう。投稿者IDなので、データ型はintegerです。

マイグレーションファイルを生成し、データベースに反映させます。

```
$ bin/rails g migration add_submitter_to_posts submitter:integer
$ bin/rails db:migrate
```

続いて、投稿処理を修正します。投稿を扱うコントローラを、次のように修正します。userに紐付けられたpostをcreateしているところにsubmitter: current_user.idを追加します。app/controllers/posts_controller.rbを、以下のように修正してください。

リスト3.34　app/controllers/posts_controller.rb

```
class PostsController < ApplicationController
  def create
    p = post_params
    user = User.find(p[:id])
    if user.posts.create(body: p[:body], submitter: current_user.id)
      flash[:notice] = 'Post was successfully created.'
```

submitterの情報は、パラメータで渡す必要はありません。なぜならば、投稿者は、現在ログインしているユーザ、すなわちcurrent_userだからです。したがって、post_paramsの関連箇所は修正しなくてもOKです。

ビューは、投稿者（submitter）のフルネームを表示させるようにしましょう。いちいちfindしているところが若干気になりますが、あまり数も多くないことを見越して、とりあえずはこのままとしましょう。また、先ほどマイグレーション処理をするまでは、投稿者情報は記録していませんでした。したがって、そのような投稿についてはAnonymous（匿名）として表示することにします。app/views/users/show.html.erbを、以下のように書き換えてください。

リスト3.35 app/views/users/show.html.erb

```
<h1>MyPage for <%= @user.fullname %></h1>

…(略)…
<% if @posts != nil %>
  <% l = @posts.length; @posts.each_with_index {|post, i|
     submitter = User.find_by(id: post.submitter)
     sname = (submitter != nil) ? submitter.fullname : 'Anonymous ' %>
  <p>
    <%= (l-i).to_s + ' : ' + sname + ', ' + post.created_at.to_s %><br />
    <%= post.body %></p>
  <% } %>
<% end %>
```

◇投稿のテスト

どのユーザでもよいのでログインして投稿のテストを行い、正しく動作することを確認しましょう。**図3.11**はMr. Teacher（user000）でログインし、Lady Gagaのページに再度、書き込みを行ってみた場合の例です。

図3.11　画面からメッセージが投稿されたマイページ（投稿者情報付き）

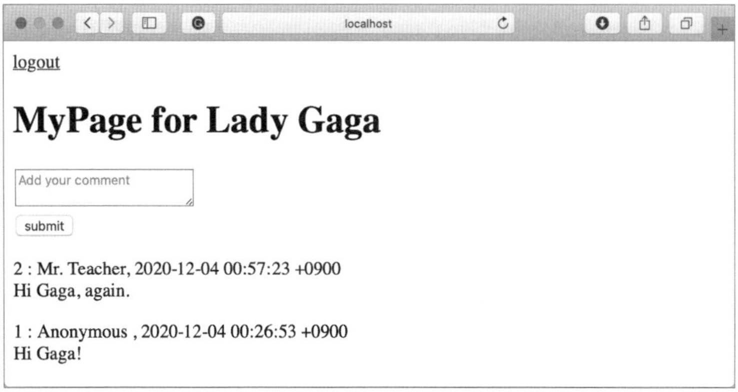

図3.10と比べてみましょう。最初に投稿したものはAnonymousとして、表示されていますね。

3.5.5 ちょっとした改良

本章での開発はとりあえずここまでです。それぞれのマイページに画面からコメントを投稿できるようになりました。

最後に、ちょっとした改良を2点、実施しておきましょう。

◇無意味な投稿防止のための修正

いまの実装だと、空のコメントも投稿できてしまいます。空のメッセージが投稿できてしまうのは、少し、いただけません。空欄のコメントは受け付けないように、投稿を扱うコントローラを修正します。

app/controllers/posts_controller.rbを、以下のように書き換えましょう。データを生成する前にbodyの有無をチェック、もし空だったらアラートを出して何もしない、というコードに修正しています。

リスト3.36　app/controllers/posts_controller.rb

```
class PostsController < ApplicationController
  def create
    p = post_params
    user = User.find(p[:id])
    if (p[:body] == '')
      flash[:alert] = 'Null comment is not permitted.'
```

》次ページへ続く

```
    else
     if user.posts.create(body: p[:body], submitter: current_user.id)
        flash[:notice] = 'Post was successfully created.'
      else
        flash[:alert] = 'Something went wrong'
      end
    end
…(略)…
```

◇メッセージ表示の改善

ついでに、改行を
に変換して適切に表示されるよう、ビューを修正しておきます。本文をクォートして分かりやすく表示させる変更も加え、また、投稿者の名前部分はハイパーリンクとして投稿者のマイページにリンクさせるようにします。

修正箇所は、app/views/users/show.html.erbの最後のほう、@postsの内容を列挙している部分です。<p>ブロックの中の本文を表示させるところを<blockquote>で囲み、さらにhでのサニタイジング処理とsimple_formatでのフォーマッティングを合わせて適用させています。

リスト3.37　app/views/users/show.html.erb

```
…(略)…
<% if @posts != nil %>
  <% l = @posts.length; @posts.each_with_index {|post, i|
     submitter = User.find_by(id: post.submitter)
     sname = (submitter != nil) ? submitter.fullname : 'Anonymous ' %>
    <p><%= (l-i).to_s + ' : ' %>
       <%= (submitter != nil) ? (link_to sname, user_path(submitter)) : sname %>
       <%= post.created_at.to_s %>
    <blockquote><%= simple_format(h(post.body)) %>
    </blockquote></p>
   <% } %>
<% end %>
```

3.5.6　データの管理

次章において、本アプリの発展的な開発に進む前に、説明しそびれていた点について補足します。それは、データを正しく管理するための設定についてです。

ここまで、データを追加することだけを考えてきました。一般的なWebアプリ、とくにデータベースの操作をするようなアプリケーションは、データの取扱いに関するCRUD（Create、

Read、Update、Delete）という4つの操作への対応が求められます。すなわち、作成（create）、読み出し（read）、更新（update）、削除（delete）の4操作です。

現在作成したシステムでは、投稿は作成と読み出しにしか対応していません。ユーザは、deviseの機能を借用しているので、CRUDの4操作に対応しています。

投稿はユーザに紐付けられています。ユーザが削除されたときに、関連する投稿も全て削除されることを確かめてみましょう。

◇マイページに投稿のあるユーザを削除

マイページに投稿されているユーザを用意します。ここまで本書の記述通りに操作していれば、Lady Gagaには2つの投稿がされているはずです。もしそうなっていないのであれば、誰でも構わないので誰かのマイページ注3.21に投稿しておきましょう。

そのうえで、当該ユーザを削除します。サーバを起動しておき、ユーザの編集画面を呼び出します。ユーザ情報の編集画面へのリンクは用意していないので、ログインした状態でhttp://localhost:3000/users/editを直接、ブラウザのアドレスバーに入力してみてください。**図3.12**のような画面が表示されたでしょうか？

図3.12　ユーザの削除

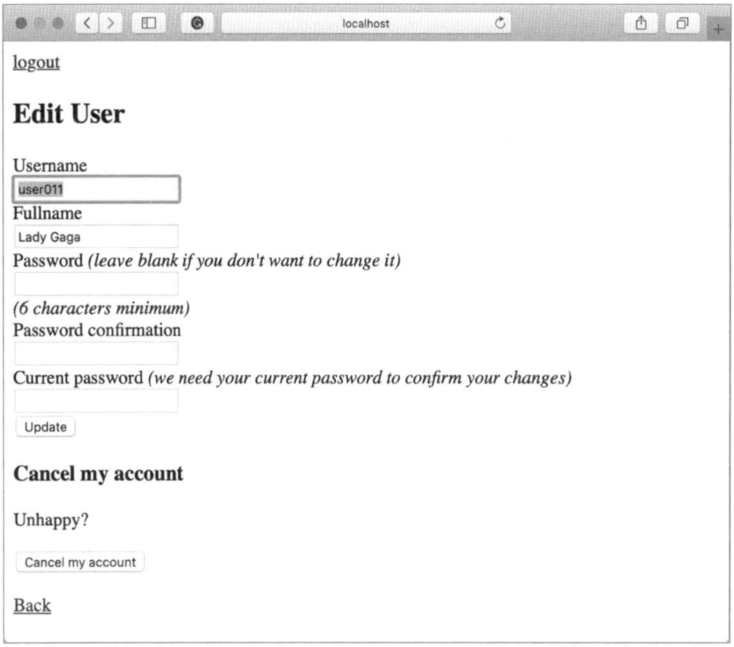

注3.21　後で消してしまうので、学生ユーザの誰かが望ましいでしょう。

この画面で、下のほうにある「Cancel my account」と書かれたボタンをクリックしましょう。この操作により、対象のアカウント（ユーザID）が削除されます。アカウントが削除されたことは、当該アカウントで再びログインを試みても、ログインできないことで分かります（図3.13）。

図3.13　削除されたことの確認

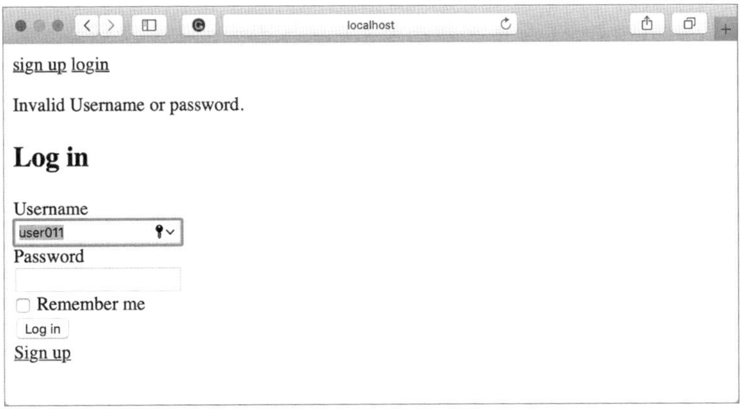

◇紐付けられていたデータの確認

サーバを起動したコンソールに流されているログにも、ユーザを削除したときに特定のレコードがデータベースから削除されている様子が残されています。

```
Started DELETE "/users" for ::1 at 2020-12-04 12:26:44 +0900
Processing by Users::RegistrationsController#destroy as HTML
  Parameters: {"authenticity_token"=>"ebrXW5iRcHZmsoYRFH+/ZjvWlZpS0VptdKnoB/
GgKXkTMpkvtBM/+gwhyUaIVoLthHWpkvR4dUzvWpahme1daA=="}
  User Load (0.4ms)  SELECT "users".* FROM "users" WHERE "users"."id" = $1
ORDER BY "users"."id" ASC LIMIT $2  [["id", 12], ["LIMIT", 1]]
   (4.3ms)  BEGIN
  Post Load (0.2ms)  SELECT "posts".* FROM "posts" WHERE "posts"."user_id"
= $1  [["user_id", 12]]
  Post Destroy (11.0ms)  DELETE FROM "posts" WHERE "posts"."id" = $1  [["id",
1]]
  Post Destroy (0.3ms)  DELETE FROM "posts" WHERE "posts"."id" = $1  [["id",
2]]
  User Destroy (0.9ms)  DELETE FROM "users" WHERE "users"."id" = $1  [["id",
12]]
   (3.3ms)  COMMIT
Redirected to http://localhost:3000/
```

このログをよく見てください。削除されているのは当該のユーザだけではありません。そのユーザに紐付けられたコメント（そのマイページに投稿されたコメント）も、まとめて削除されていることを確認できるでしょうか？

Railsコンソールで、コメントのデータがどうなったかを確認してみましょう。今回の場合、Lady Gagaのマイページに投稿されたコメント以外にコメントは投稿されていなかったようです。Lady Gagaのユーザアカウントを削除した結果、関連するコメントも全て削除され、コメントのデータはひとつも残らない状況になってしまいました。

```
$ bin/rails c⏎
Running via Spring preloader in process 58858
Loading development environment (Rails 6.0.3.1)
irb(main):001:0> Post.all⏎
  Post Load (0.6ms)  SELECT "posts".* FROM "posts" LIMIT $1  [["LIMIT", 11]]
=> #<ActiveRecord::Relation []>
irb(main):002:0> exit⏎
```

以上が、関連するデータモデルにおいて dependency: :destroyを指定していたことによる挙動です。これをきちんと定義しておくことで、参照されることのないゴミデータ[注3.22]を、いつまでもデータベースに残しておくという不具合を回避することができます。

3.6 第3章のまとめ

本章では、簡易SNSシステムの基本的な部分の作成について理解を深めました。実際に、現場のニーズに基づいてアプリを開発、提供するときの考え方も分かってもらえたでしょうか。

ユーザ管理機能は、Railsでは定番となっているdeviseというgemを導入して実現しました。ただし、個人の認証をメールアドレスではなくユーザ名で行うようにしたかったので、少し手をかけてカスタマイズを行いました。

続いて、ユーザ名でログインできるようになったので、マイページ機能を実装しました。さらに、投稿機能を追加して、各ユーザのマイページにメッセージを投稿できるようにしました。なんとなくSNSのようになってきましたが、まだまだ、シンプルすぎて実用には程遠い感じで

注3.22 メモリリークのようなもので、放っておくとデータベースの容量を逼迫することになってしまいます。

はあります。

次章ではこのアプリを拡張して、実用に耐え得るレベルまで機能や見た目を整えます。本章と次章で説明するくらいの手をかければ、十分に実用的なWebアプリが開発できてしまうのは、やはり、豊富なgemの存在や、しっかりしたMVCモデルによる基本設計となっていることなど、Railsのエコシステムが充実しているからといえるでしょう。

本章で学んだこと

- ▶簡易SNSシステムの概念と作成の手順
- ▶deviseの導入とdeviseを用いたユーザ管理の基礎
- ▶gemをカスタマイズして実際のニーズに合わせる方法
- ▶簡易SNSの基本としてのマイページ機能と投稿機能の実装手順

第4章

簡易SNSを作ってみよう（発展編）

第3章で、簡易SNSシステムDiaLogBookの基本機能を作成しました。

登録したユーザ名でログインするとマイページが表示されるマイページ機能、マイページにはコメントを投稿できるコメント投稿機能、そして教員のマイページには学生一覧が表示される機能など、「オンライン大福帳」として利用するのであれば最低限の使い方ができるところまでには到達しました。

しかし、あらためて前章を見直してみるとシステムの画面はたいへん簡素なものであり、お世辞にも使ってみようと思えるような印象を与えません。また、使い続けていき投稿の数が増えたら画面が煩雑になってしまいそうでもあります。管理者向けのデータ管理機能もほしいところです。

本章では、前章で準備したシステムを拡張、発展させ、実際に使えそうなシステムへと成長させることに挑戦します。また、本章の最後では作成したシステムをHerokuにデプロイし、ローカルだけでなく、インターネット経由で誰もが使えるようにするための手順についても説明します。

4.1 体裁（見た目）の修正

まずは、体裁を整えて、印象的で「使ってみたいな」と思えるようなアプリケーションにしましょう。機能の充実もさることながら、見た目の印象も重要です（非機能要件）。Webアプリ開発でしばしば使われているBootstrapというCSSライブラリを導入し、見た目を少し整えます。

4.1.1 Bootstrapのインストールと設定

Bootstrapを導入するには、jquery、popper.jsなどのライブラリが必要です。そこで、jquery、popper.js、bootstrapを順番にインストールします。

次のコマンドを実施してください。インストールはそれだけです。簡単ですね。

```
$ yarn add jquery popper.js bootstrap ⏎
```

◇ Bootstrapの設定

無事にインストールできたら、各種の設定を変更して、BootstrapをDiaLogBookに適用していきましょう。

まず、app/javascript/packs/application.jsのファイル末尾に以下を追記します。

リスト4.1 app/javascript/packs/application.js

```
import 'jquery/dist/jquery.js'
import 'popper.js/dist/popper.js'
import 'bootstrap/dist/js/bootstrap'
import 'bootstrap/dist/css/bootstrap.css'
```

続いて、ちょっとした修正ですが、app/views/layouts/application.html.erbにあるスタイルシートをリンクするコマンドを修正します。

リスト4.2 app/views/layouts/application.html.erb

```
<%= stylesheet_link_tag 'application', …(略)…
```

上記の記述を次のように書き換えてください。linkをpackに変えるだけです。

リスト4.3　app/views/layouts/application.html.erb

```
<%= stylesheet_pack_tag 'application', …(略)…
```

さらに、config/webpack/environment.jsには以下を追記します。

リスト4.4　config/webpack/environment.js

```
const { environment } = require('@rails/webpacker')
const webpack = require('webpack')
environment.plugins.prepend(
  'Provide',
  new webpack.ProvidePlugin({
      $: 'jquery',
      jQuery: 'jquery',
      jquery: 'jquery',
      Popper: 'popper.js/dist/popper'
  })
)
module.exports = environment
```

調整はこれだけです。なにも難しいことはありません。

◇ Bootstrapのテスト

調整が済んだら、Bootstrapが適切に設定できたかどうかを確認しておきましょう。

app/views/home/index.html.erbの末尾に以下を追記してください。Bootstrapが正しく設定されたかどうかをテストするためのコードです。

リスト4.5　app/views/home/index.html.erb

```
<button type="button" class="btn btn-primary">Primary</button>
<button type="button" class="btn btn-secondary">Secondary</button>
<button type="button" class="btn btn-success">Success</button>
<button type="button" class="btn btn-danger">Danger</button>
<button type="button" class="btn btn-warning">Warning</button>
<button type="button" class="btn btn-info">Info</button>
<button type="button" class="btn btn-light">Light</button>
<button type="button" class="btn btn-dark">Dark</button>
```

このコードは、<button>タグを用いてボタンを並べているだけです。しかし、それぞれbtn-primaryからbtn-darkまで、Bootstrapが用意する8種類のデザインで色分けしたボタンを並べています。Bootstrapの適用がうまくいっていれば、カラフルなボタンが並ぶはずです。

サーバを起動し、ログイン後にhttp://localhost:3000へアクセスしてみましょう。**図4.1**に示す画面が出ることを確認できましたか？[注4.1]

図4.1　Bootstrap適用の確認

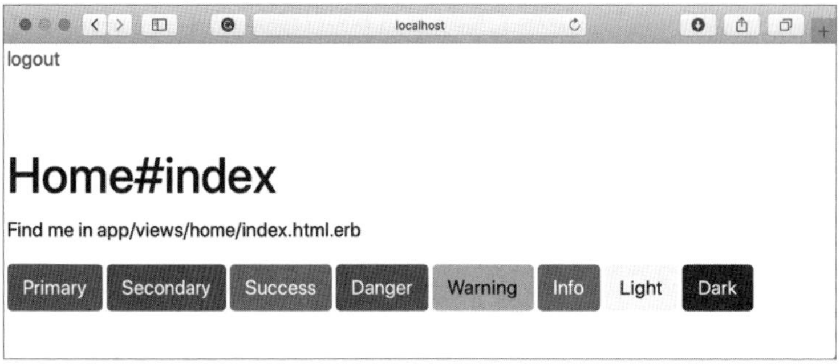

◇ Home#indexの微修正

ところで、図4.1は、本来、アクセスできてはいけない画面です。ログインしていない状態であれば、before_action :authenticate_user!, only: :indexの記述でハネられます。しかし、ログイン後は先のようにアクセスできてしまいます。

この状況を防ぐために、app/controllers/home_controller.rbを以下のように修正しましょう。それまで空だったindexメソッドに、redirect_toの指定を追記します。リダイレクトの指定を入れておくことで、ログイン後にhttp://localhost:3000/へアクセスすると、そのユーザのマイページにリダイレクトされるようにできます。

リスト4.6　app/controllers/home_controller.rb

```
class HomeController < ApplicationController
  before_action :authenticate_user!, only: :index

  def index
    redirect_to user_path(current_user.id)
  end
end
```

注4.1　確認後はapp/views/home/index.html.erbを元に戻しておきましょう。ただし、次の項目で作業するように、実際にはこのページにはアクセスされないことになるものです。したがって、そのまま放っておいても構いません。

4.1.2 見栄えの修正

それでは、Bootstrapの導入に合わせてDiaLogBookの見栄えを修正しましょう。なお、この修正に合わせて、ナビゲーションバーに「home」ボタンを付け加えます。これで、いつでも自分の「マイページ」に戻れるようにしました。

また、noticeあるいはalertのメッセージが存在しないときは、表示しないような細工を施したこと（ヘッダのスタイル指定の部分）と、ログイン中ユーザの氏名をナビゲーションバー部分に表示するようにしたことに注意してください。前者は、alertのクラス指定がされた要素が「中身を持たない（empty）」ならば、「表示しない（display: none）」というスタイルシートの機能を活用したものです。

◇システム全体のお化粧

app/views/layouts/application.html.erbを以下の通り修正してください。

リスト4.7　app/views/layouts/application.html.erb

```
<!DOCTYPE html>
<html>
  <head>
    <title>DiaLogBook</title>
    <%= csrf_meta_tags %>
    <%= csp_meta_tag %>

    <%= stylesheet_pack_tag 'application', media: 'all',
               'data-turbolinks-track': 'reload' %>
    <%= javascript_pack_tag 'application',
               'data-turbolinks-track': 'reload' %>
    <style>
      .alert:empty {
         display: none;
      }
    </style>
  </head>

  <body>
    <header>
      <nav class="navbar navbar-dark bg-dark">
       <% if user_signed_in? %>
        <div class="btn btn-success">
          <%= link_to 'home', user_path(current_user.id),
                class: 'text-white' %></div>
        <div class="text-white">
        <%= current_user.fullname %></div>
```

》次ページへ続く

```
        <div class="btn btn-danger">
          <%= link_to 'logout', destroy_user_session_path,
             method: :delete, class: 'text-white' %></div>
       <% else %>
        <div class="btn btn-primary">
          <%= link_to 'login', new_user_session_path, class: 'text-white' %>⇦
</div>
        <div class="text-white">DiaLogBook</div>
        <div class="btn btn-success">
          <%= link_to 'sign up', new_user_registration_path,
                          class: 'text-white' %></div>
       <% end %>
      </nav>
    </header>

     <div class="alert alert-info" role="alert"><%= notice %></div>
     <div class="alert alert-warning" role="alert"><%= alert %></div>
      <div class="container">
     <%= yield %>
    </div>
  </body>
</html>
```

◇マイページのお化粧

app/views/users/show.html.erbを以下の通り修正します。

リスト4.8 app/views/users/show.html.erb

```
<h1>MyPage for <%= @user.fullname %></h1>

<% if @students != nil %>
  <p>
   <% @students.each {|st| %>
    <%= link_to st.fullname, user_path(st.id), class: 'btn btn-light' %>
   <% } %>
  </p>
<% end %>

<div class="form-group">
  <%= form_with model: Post.new do |f| %>
    <%= f.text_area :body, placeholder: 'Add your comment',
      class: 'form-control', rows: 10 %>
    <%= f.hidden_field :id, { value: @user.id } %>
    <%= f.submit 'submit', class: 'btn btn-primary' %>
  <% end %>
</div>
```

» 次ページへ続く

```
<% if @posts != nil %>
  <% l = @posts.length; @posts.each_with_index {|post, i|
    submitter = User.find_by(id: post.submitter)
    sname = (submitter != nil) ? submitter.fullname : 'Anonymous ' %>
   <div class="card">
     <div class="card-header">
       <%= (l-i).to_s + " : " %>
       <%= (submitter != nil) ? (link_to sname, user_path(submitter)) : sname %>
       <%= post.created_at.to_s %></div>
     <div class="card-body">
       <%= simple_format(h(post.body)) %></div>
   </div>
  <% } %>
<% end %>
```

以上の修正は、必要なところに適切なクラス指定を設定したものです。ページ全体の表示にはBootstrapが提供する「コンテナ型」を適用しました。また、投稿の表示には、「カード型」を適用しました注4.2。

◇確認

サーバを起動し、teacher (user000)、student (user001) それぞれのマイページが適切に表示されていることを確認してみましょう（図4.2）。だんだんとSNSっぽくなってきましたね。

図4.2 user000のマイページ(左) / user001のマイページ(右)

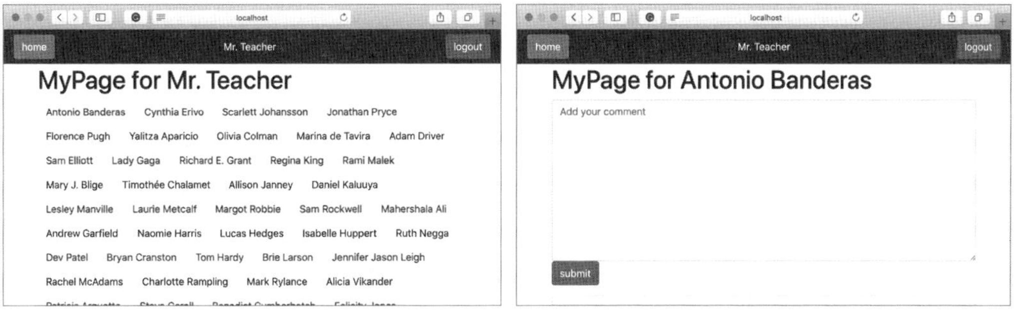

注4.2 そのため、HTMLの構成が「多少」修正されています。

4.1.3 見栄えの修正(改良版)

先の改良では、スタイル設定の小細工を導入し、メッセージ表示部が「メッセージが表示されるときだけ現れる」ようにしていました。しかし、このバージョンでは、ちょっとした問題点が残っています。というのは、メッセージが現れているときは、いつまでもそのメッセージが表示されっぱなしでいるということです(図4.3)。

図4.3 メッセージの表示

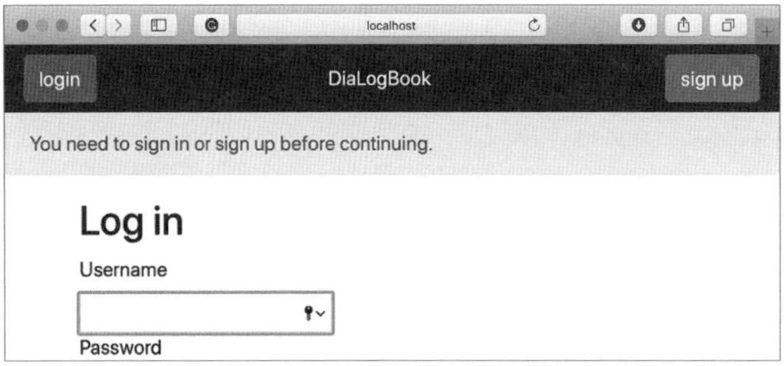

たいした問題ではないとはいえ、気になり始めたら、なんとかしたいと考えるのは人情です。メッセージ表示部にdismissボタン[注4.3]を付けて、読んだら消せるようにしてみましょう(図4.4)。

◇ dismissボタンの導入

図4.4では、右側に「×」が表示されるようになりました。ここをクリックすると、メッセージを消すことができるようになっています。

図4.4 メッセージの表示(dismissボタン付き)

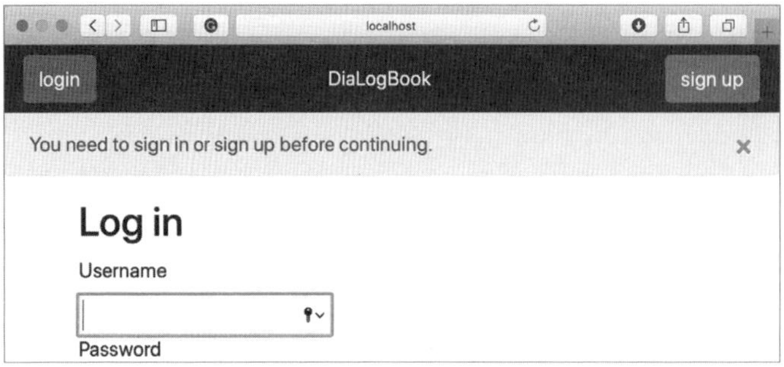

注4.3 メッセージを「消す」ためのボタンです。

dismissボタンを導入すると、<style>による設定は使えなくなってしまいます。なぜなら、dismissボタンを付けることによって、メッセージがないときでもemptyではなくなってしまうから[注4.4]です。したがって、<style>設定で表示のオン・オフを切り替えている部分は削除してしまいましょう。

app/views/layouts/application.html.erbの以下の部分です。これはもう不要です。

リスト4.9　app/views/layouts/application.html.erb

```
    <style>
      .alert:empty {
         display: none;
      }
    </style>
```

その代わりに、メッセージ表示部を修正します。同ファイルの下のほうにある部分です。

リスト4.10　app/views/layouts/application.html.erb

```
…(略)…
    </header>

      <div class="alert alert-info" role="alert"><%= notice %></div>
      <div class="alert alert-warning" role="alert"><%= alert %></div>
       <div class="container">
      <%= yield %>
    </div>
  </body>
</html>
```

「<div class="alert....」の2行を、以下のように修正してください。

リスト4.11　app/views/layouts/application.html.erb

```
   <% if notice %>
     <div class="alert alert-info alert-dismissible fade show"
            role="alert"><%= notice %>
       <button type="button" class="close"
            data-dismiss="alert" aria-label="dismiss">
         <span aria-hidden="true">&times;</span>
       </button></div>
   <% end %>

   <% if alert %>
```

》次ページへ続く

注4.4　必ず「dismissボタン」が存在するので、空にはなりません。

```
    <div class="alert alert-warning alert-dismissible fade show"
           role="alert"><%= alert %>
      <button type="button" class="close"
           data-dismiss="alert" aria-label="dismiss">
        <span aria-hidden="true">&times;</span>
      </button></div>
  <% end %>
```

2行でシンプルに記述していたところがずいぶん複雑になってしまいましたが、noticeあるいはalertのメッセージが存在するときにだけ表示するようなRubyのコードを入れています。

表示の改良としては、クラス指定で、「alert-dismissible fade show」などとしているところ、そして、<button>ボタン[注4.5]を追加しているところがポイントです。

◇確認

うまくdismissボタンでメッセージを消せるようになりましたか？ サーバを起動し、ログイン、ログアウトを繰り返すことでメッセージを表示させてみましょう。そのときに、dismissボタンできちんとメッセージがフェードアウトして消えることも確かめてみてください。このようなギミックもBootstrapを使うと簡単に実現できるので、ありがたいことですね。

4.2 新着投稿への対応

Teacherロールを持つアカウント、すなわち、教員の立場でログインしたときに、新着アップロードが分かるように修正しましょう。

簡易SNSであるDiaLogBookで学生とのコミュニケーションを漏れなくとるという当初の目的を考慮すると、この要求事項はけっこう重要なポイントです（**図4.5**）。新しく学生が声をあげたら、それをきちんと拾ってあげるのが教員の役目といえるからです。

注4.5 「dismissボタン」として「×」を表示させています。

図4.5　コメントが投稿されたのは誰？

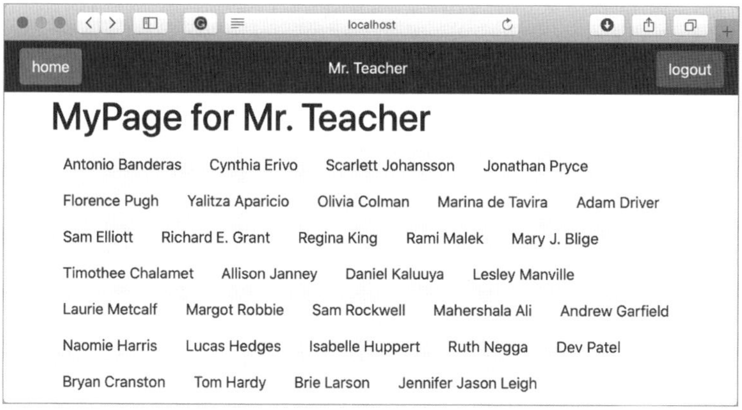

4.2.1 並び順の変更

Teacherロールを持つアカウントでログインすると、学生の名前が一覧で並びます。ボタン形式で表示された学生の名前はクリッカブルになっており、それらをクリックすると、当該ユーザのマイページに飛ぶように設定されています。それを実現しているコードがapp/views/users/show.html.erbの下記の部分です。

リスト4.12　app/views/users/show.html.erb

```
<%= link_to st.fullname, user_path(st.id), class: 'btn btn-light' %>
```

stには各ユーザのインスタンスが代入されています。そのフルネームを表示させ、ユーザのマイページをuser_pathメソッドで求め、link_toメソッドでリンクを張るという常套手段です。

◇アップデート順に並べるように変更

さて、学生の名前を一覧表示させた理由は、教員は学生全てと対話したい、そんなニーズがあったからでした。しかし、誰がいつ新しい投稿をしたのか分からなければ、毎回、全ての学生ユーザのマイページを覗きにいって確認しなければならず、非効率です。そこで、新規投稿があったときや、新着アップロードがあった際にそれを発見しやすいように、学生のマイページが更新された順番に並べ替えて表示することを考えましょう。

学生の並びをアップデート順に変更する手順は次の通りです。

まず、コントローラを改修します。app/controllers/users_controller.rbを以下のように修正してください。

リスト4.13 app/controllers/users_controller.rb

```
class UsersController < ApplicationController
  before_action :authenticate_user!

  def show
    @user = User.find(params[:id])
    @students = User.where(role: 'student')
        .order('updated_at desc') if @user.role == 'teacher'
    @posts = Post.where(user_id: @user.id).order('created_at dssc')
  end
end
```

@studentsを求めているところへorderメソッドを追加、「updated_at desc」を指定して更新順に並べ替えるようにした点がポイントです。

◇メッセージがポストされたときの処理を変更

これで、コントローラ側での並べ替えは準備が整いました。

次に、Studentロール、すなわちTeacherロール以外でメッセージがポストされたときにUserのエントリをアップデートするようにします。新たに学生がメッセージをポストしたときは、ユーザ自身のタイムスタンプが更新されるようにするわけです。この処理と先の準備により、新たにコメントが投稿されたマイページを持つユーザは、Teacherロールでログインしたときに先頭のほうに表示されるようになります。

なお、Teacherロールでログインして書き込んだときには、Userエントリは更新されません。そのため、並び順は不変となることに注意しておきましょう。これは、学生のコメントに教員が返答したことによって、再度、また順番が上にあがってきてしまうことを防ぐための対応です。もしこの条件を入れておかなければ、運用上あまりよろしくない状況になってしまうのですが、それはどのようなことなのか、考えてみてください。ちょっとした頭の体操です。

app/controllers/posts_controller.rbを修正します。Postをデータベースに追加しているところ、つまり、フラッシュメッセージを代入している1行前に、「user.touch if current_user.role != 'teacher'」を追加しましょう。

タイムスタンプの更新は、touchメソッドが使えます。このメソッドは、データに何も変更を加えずタイムスタンプだけを現在時刻に更新します。

リスト4.14 app/controllers/posts_controller.rb

```
def create
  p = post_params
  user = User.find(p[:id])
  if (p[:body] == "")
    flash[:alert] = 'Null comment is not permitted.'
  else
    if user.posts.create(body: p[:body], submitter: current_user.id)
      user.touch if current_user.role != 'teacher'
      flash[:notice] = 'Post was successfully created.'
    else
      flash[:alert] = 'Something went wrong'
    end
  end

  redirect_to user_path(user.id)
end
```

図4.6は、Scarlett Johansson (user003) でログインし、自分のマイページにメッセージを投稿した後でいったんログアウトし、先生ユーザ (user000) のMr. Teacherでログインしなおしたときの状態[注4.6]です。Scarlett Johanssonが先頭に並べられていること[注4.7]を確認してください。

図4.6 新規投稿があったユーザ(Scarlett Johansson)が先頭に並べられた状態

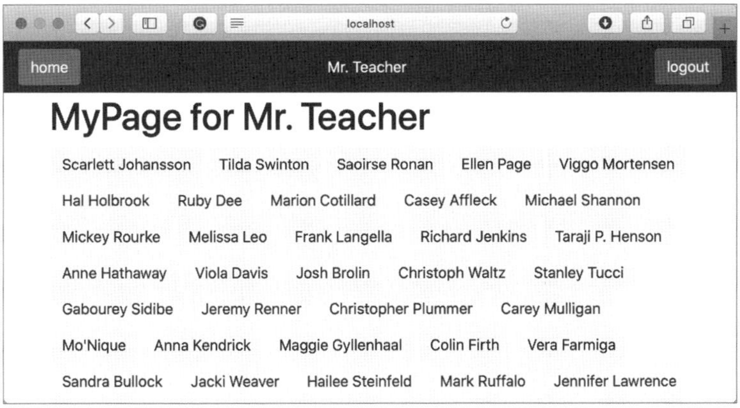

注4.6 ログイン成功メッセージはdismissボタンを押して消しています。

注4.7 図4.5と比べると、全体が変更されていることに気付きましたか? updated_atの新しい順番に並べられているので、登録時刻の新しいほうが先に並びます。したがって、図4.5で先頭に並んでいたAntonio Banderasは最後になってしまいました。

4.2.2 Visitモデルの作成

コメントの新規投稿があったページはユーザ一覧の先頭に表示されるようにできたので、これでだいぶ見通しがよくなってはきました。しかし、それでもまだ、新規投稿が「あったかどうか」はページをいちいちたぐっていかねばなりません。どうにかして、「新規投稿があったよ！」ということをひと目で分かるようにできないでしょうか？ 新規投稿があったページのユーザは、ハイライト表示されるような仕組みがほしいところです。

◇新たなデータモデルの導入

新規投稿があったユーザをハイライト表示させるために、新しく、データのモデルをひとつ導入します。各ページへの参照状況を表すモデルとして、Userモデルに紐づくVisitモデルを作成します。Postと同様にdependent属性を付け、ユーザが削除されたときはそれに紐付いているVisitのエントリは全て削除されるようにすることに注意しておきましょう。

次の手順で、訪問者であるユーザのIDと、訪問先（visitee）の関係を示すモデルを作ります。

```
$ bin/rails g model visit user_id:integer visitee:integer
$ bin/rails db:migrate
```

app/models/user.rbとapp/models/visit.rbにも関係性を追記しておきましょう。

app/models/user.rbにhas_manyを追記します。

リスト4.15　app/models/user.rb

```
class User < ApplicationRecord
  has_many :posts, dependent: :destroy
  has_many :visits, dependent: :destroy

…(略)…
end
```

app/models/visit.rbにはbelongs_toを付けます。

リスト4.16　app/models/visit.rb

```
class Visit < ApplicationRecord
  belongs_to :user
end
```

◇ページ参照の作成と更新

Visitモデルを使い、各ページを参照した記録を残すようにします。

vi app/controllers/users_controller.rbに、visit = current_user...以下を追記します。

リスト4.17 vi app/controllers/users_controller.rb

```
def show
  @user = User.find(params[:id])
  @students = User.where(role: 'student').order('updated_at desc')
  @posts = Post.where(user_id: @user.id).order('created_at desc')

  visit = current_user.visits.find_by(visitee: @user.id)
  if (visit != nil)
    visit.touch
  else
    current_user.visits << Visit.create(visitee: @user.id)
  end
end
```

current_user.visits.find_by(...)、および、current_user.visits <<Visit.create(...)という書き方に注意してください。まず、既に訪問したことがあるかどうかを探しています。そして、以前に1回でも訪問したことがあるのであれば、すなわち、変数visitがnilでなければ、touchメソッドでその情報のタイムスタンプを更新します。そうでないときには、新たな訪問記録を作成し、現在のユーザに紐付けておくようにします注4.8。

◇ページ参照を用いた「新規投稿」の表示（コントローラの変更）

さて、いよいよ新規投稿があったページの持ち主をハイライト表示する準備が整いました。Visitの情報を使い、ハイライト表示を実現させていきましょう。

ハイライト表示は次の手順で実現します。すなわち、コントローラで候補を探し、ビューでその候補をハイライト表示します。

まず、コントローラを修正し、Teacherロールでログインしたときに、参照記録をチェックするようにしましょう。ユーザコントローラ（app/controllers/users_controller.rb）に手を加えます。参照記録に基づき、ページを参照した日時よりも新しい投稿があった場合には、配列@updated_usersに入れるようにします。if文の条件で次のように指定しているところが若干ややこしいですが、期間を示す条件として「v.updated_at ... Time.now」という表現ができることを憶えておきましょう。

注4.8 後者の書き方を見て、Visit.create(user_id: current_user.id,visitee: @user.id)じゃないの？ と気付いた方は注意深く考える方ですね。その書き方でもOKです。どちらも同じ挙動を示します。

リスト4.18　期間を条件としてデータベースから取り出すコード

```
Post.where(user_id: v.visitee)
        .where(updated_at: v.updated_at ... Time.now).size > 0
```

app/controllers/users_controller.rbにおいて、showメソッドの2行目から定義されていた「@students = ...」を削除し、後半の「if @user.role == ...」で始まる部分を追記してください。

リスト4.19　app/controllers/users_controller.rb

```
def show
   @user = User.find(params[:id])
   #@students = ... •──削除
   @posts = Post.where(user_id: @user.id).order('created_at desc')

   visit = current_user.visits.find_by(visitee: @user.id)
   if (visit != nil)
     visit.touch
   else
     current_user.visits << Visit.create(visitee: @user.id)
   end

   if @user.role == 'teacher'
     @students = User.where(role: 'student').order('updated_at desc')
     @updated_users = []
     current_user.visits.each {|v|
       st = @students.find_by(id: v.visitee)
       next if st == nil
       @updated_users.push(st.id) if \
        (Post.where(user_id: v.visitee)
            .where(updated_at: v.updated_at ... Time.now).size > 0)
     }
   end
 end
```

◇ページ参照を用いた「新規投稿」の表示（ビューの変更）

さらに、Viewも変更し、@updated_usersのユーザは警告色で表示されるようにします。

app/views/users/show.html.erbを以下のように修正してください。@studentsをeach文で回して表示しているところの変更です。include?メソッドで@update_usersに含まれているか否かを判定し、表示する色（color）を変えるようにしています。

リスト4.20　app/views/users/show.html.erb

```
<h1>MyPage for <%= @user.fullname %></h1>
```

》次ページへ続く

```
<% if @students != nil %>
  <p>
   <% @students.each {|st|
      color = @updated_users.include?(st.id)
                              ? 'btn btn-warning' : 'btn btn-light' %>
   <%= link_to st.fullname, user_path(st.id), class: color %>
   <% } %>
  </p>
<% end %>
…(略)…
```

◇データの再構築

初期データとして、TeacherロールによるVisitを作成しておきます。db/seeds.rbを修正して、いったんデータベースを作りなおし、データを再構築してしまいましょう。

db/seeds.rbに、以下を追記します。追記する箇所は、最後のロジックの部分です。

リスト4.21　db/seeds.rb

```
names.each_with_index {|name, i|
  uid = sprintf "user%03d", i
  User.create(username: uid, fullname: name, password: '123456',
              role: ((i == 0) ? 'teacher' : 'student'))
  Visit.create(user_id: 1, visitee: i)
}
```

各ユーザの登録時に、ユーザIDが1である教員ユーザ（user000）が、各ユーザを必ず訪問したというダミーの記録を残すようにしています。

データの再構築は、いつものように下記の手順でOKです。

```
$ bin/rails db:drop
$ bin/rails db:create
$ bin/rails db:migrate
$ bin/rails db:seed
```

◇「新規投稿」の確認

無事にデータの再構築ができたら、サーバを起動しなおしましょう。

Studentロールの適当なアカウントでログインしたのち、いくつかのコメントを投稿してください。その後、Teacherロールのアカウント（user000）でログインしなおし、新規投稿のあるユーザがハイライト表示されていることを確認しましょう（図4.7）。

Scarlett JohanssonとLady Gaga[注4.9]のページに、何かコメントが投稿されているようです。このように、新規投稿がひと目で分かるようになり、教員の負担が確実に軽減されました。

図4.7　新規投稿があったユーザがハイライト表示された状態

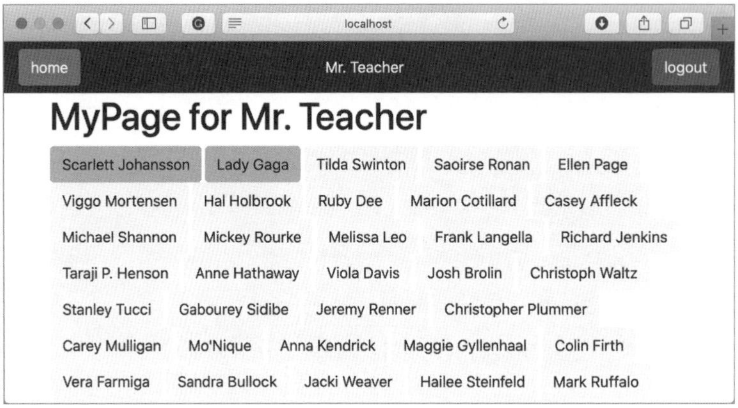

4.2.3 「新規データ」問題

ところで、この実装だと、新規ユーザを作成し、そのユーザが投稿したときに、うまくハイライト表示にならないという問題が残っています。なぜならば、新規コメントがあるか否かの判定に、まだちょっとした穴があるからです。

◇新規ユーザ追加処理の改造

ハイライト表示させるかどうかを、投稿がポストされた時刻とVisitエントリの比較で判断するようにしましたね。しかし、新規に作成したユーザには、当然ながらVisitの記録はありません。そのため、判定に失敗し、いくら新しく投稿が追加されたとしても、ハイライト表示が行われることがないのです。

そこで、新規ユーザ登録されたときに、Teacherロールでダミーの Visitが行われるような処理を追加することで、この問題の解決を試みます。修正すべきファイルは、app/controllers/users/registrations_controller.rbです。これはdeviseによって提供されているコードですが、ここの処理を少し修正します。

createメソッドがコメントアウトされているので、まずはそのコメントアウトを外してくだ

注4.9　いったん削除されていましたが、先のデータ再構築で復活しました。

さい。そこに、以下に示す処理を追記します。

リスト4.22 app/controllers/users/registrations_controller.rb

```
class Users::RegistrationsController < Devise::RegistrationsController
  before_action :configure_sign_up_params, only: [:create]
  before_action :configure_account_update_params, only: [:update]

  # GET /resource/sign_up
  # def new
  #   super
  # end

  # POST /resource
  def create
    super
    teachers = User.where(role: 'teacher')
    teachers.each {|t|
      t.visits << Visit.create(visitee: current_user.id)
      # 上はVisit.create(user_id:t.id, visitee:current_user.id)と同じ
    }
  end

…(略)…
```

◇確認

サーバを起動し、新規ユーザ登録の処理を進めます。そのユーザで投稿してみましょう。

一度ログアウトして、Teacherロールのユーザ（user000）でログインしなおします。該当ユーザがハイライト表示されていることを確かめてください（図4.8）。

図4.8 新規ユーザによる投稿への対応

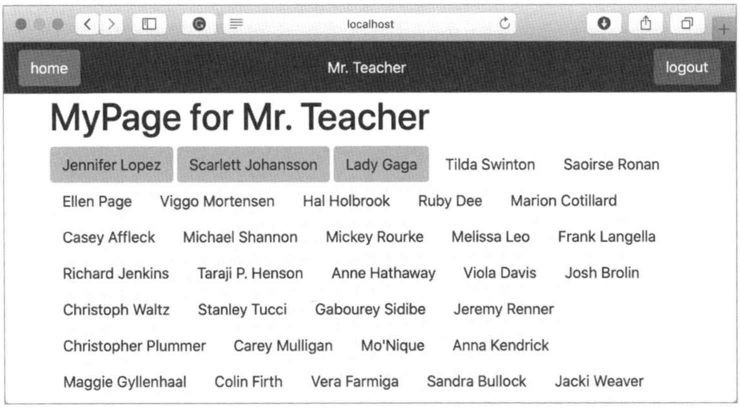

図4.8は、新しく「Jennifer Lopez」というユーザを作成し、そのユーザが自分のマイページに投稿した状態で、教員ユーザとしてログインしなおした状況です。Jenniferの表示がハイライトされています。適切に動作していることを確認できました。

4.3 便利な機能の追加

いよいよ完成に近づいてきました。あとは、ページネーション、データダウンロード用API、管理機能など、細かな機能を追加していきましょう。

4.3.1 ページネーションの導入

ここまでの実装で、ほぼ、実用的な簡易SNSとして使えるようになりました。しかし、このまま運用を続けると、いろいろと問題が発生します。たとえば、投稿が多くなったときに、いまの実装では巨大なページになってしまうという問題があります。

1画面に大量の投稿を表示するわけにはいきません。表示上の問題だけでなく、大量の投稿を処理するための時間がかかってしまい、システムのレスポンスが低下することも懸念される課題です。

そこで、複数のページに分割することを考えましょう。これをページネーションといいます。ページネーションは、様々なシステムで採用されています。**図4.9**の下を見てください。検索結果が多数あるので、9ページに分割されて表示されているということを示しています。それぞれの数字をクリックすると、分割したページに飛ぶことができます。また、前後に移動したり、最初や最後に飛ぶこともできるようになっています。

図4.9　ページネーションの例

ページネーションは、Kaminariというgemを使うと簡単に実現できます。Kaminariを使い、DiaLogBookにも投稿コメントの列挙にページネーションを導入していきましょう。

◇ Kaminariのインストールと設定

ページネーションを簡単に作ってくれるgemであるKaminariをインストールします。Gemfileに以下を追記します。

リスト4.23　Gemfile

```
gem 'kaminari'
```

bundle installして、Kaminariの設定ファイルも作成しましょう。以下の手順でOKです。

```
$ bundle install⏎
$ bin/rails g kaminari:config⏎
```

設定ファイルconfig/initializers/kaminari_config.rbを次のように修正します。とりあえず、1ページには8件ずつ表示することにしましょう。config.default_per_pageの行をコメントアウトし、その数として8を指定します。

リスト4.24 config/initializers/kaminari_config.rb

```
# frozen_string_literal: true

Kaminari.configure do |config|
  config.default_per_page = 8
  # config.max_per_page = nil
  # config.window = 4
  # config.outer_window = 0
  # config.left = 0
  # config.right = 0
  # config.page_method_name = :page
  # config.param_name = :page
  # config.max_pages = nil
  # config.params_on_first_page = false
end
```

◇コントローラとビューの修正

Kaminariのページネーションに対応させるために、コントローラとビューに修正を加えます。修正すべき箇所を以下に示します。驚くほど少ない修正でページネーションを実現できることが分かります。

app/controllers/users_controller.rbには、以下を追加します。

追記すべきは、Kaminari.paginate_arrayというメソッドを含む1行のみです。

リスト4.25 app/controllers/users_controller.rb

```
class UsersController < ApplicationController
  before_action :authenticate_user!

  def show
    @user = User.find(params[:id])
    @posts = Post.where(user_id: @user.id).order('created_at desc')
    @posts = Kaminari.paginate_array(@posts).page(params[:page])

…(略)…
```

app/views/users/show.html.erbには以下を追加します。

<%= paginate @posts %>を含む3行を最後のほうに追加するだけです。

リスト4.26 app/views/users/show.html.erb

```
<% if @posts != nil %>
   <% l = @posts.length; @posts.each_with_index {|post, i|
```

》次ページへ続く

```
   …(略)…
          <div class="card-body">
               <%= simple_format(h(post.body)) %></div>
    </div>
   <% } %>
   <br />
   <%= paginate @posts %>
   <br />
<% end %>
```

最後に、見栄えをよくすべく、Bootstrapに対応させておきましょう。手順は、以下のコマンドを投入するだけでOKです。

```
$ bin/rails g kaminari:views bootstrap4
```

◇ページネーションのテスト

サーバを起動して、ページネーションのテストをしましょう。いずれかのユーザでログインして、9件以上のメッセージを投稿してください。

図4.10に示すように、ページの最後尾にページネーションのコントロールが出てきたらOKです。いろいろとクリックしてみて、ページネーションがきちんと動いていることを確かめてみましょう。

図4.10　投稿されたコメントのページネーション

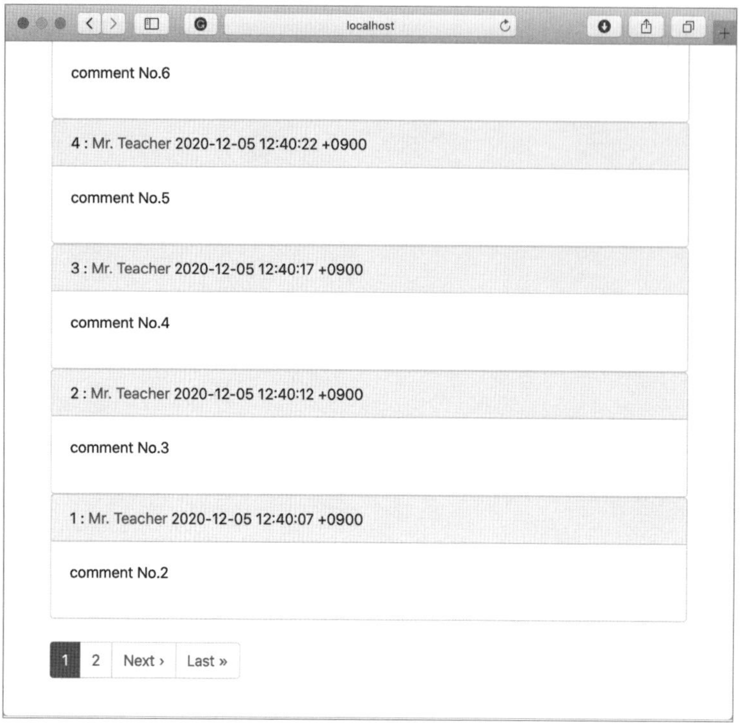

4.3.2 データダウンロード用APIの作成

DiaLogBookを構築する当初の目的として、参加者のやり取りを分析したいというニーズがありました。それを実現するための隠し機能として、データダウンロードAPIを用意します。

ネームスペースとして「API」という別空間を用意しておき、その中でデータダウンロード用の手続きを実装することを考えます。

config/routes.rbに以下を追加します。

リスト4.27　config/routes.rb

```
Rails.application.routes.draw do

…(略)…
  namespace :api, { format: 'json' } do
    resources :users, :only => [:show]
  end
end
```

このように記載することで、URLの直下にapiというサブディレクトリを追加することができます。また、コントローラも、apiという名前のサブディレクトリに記述します。そこで、コントローラを用意するためのサブディレクトリを作っておきましょう。

```
$ mkdir app/controllers/api
```

そのサブディレクトリにapp/controllers/api/users_controller.rbを用意します。

以下の内容でapp/controllers/api/users_controller.rbを作成してください。

リスト4.28 app/controllers/api/users_controller.rb

```
class Api::UsersController < ApplicationController
  def show
    @user = User.find(params[:id])
    ary = [@user]
    ary.push(@user.posts)
    render json: ary
  end
end
```

この内容はいたってシンプルです。ユーザの情報と、そのユーザに紐付けられた投稿、すなわち、そのユーザのマイページに投稿されたコメントを配列にして、一覧表示するだけです。

表示はJSON（JavaScript Object Notation）形式で行います。renderメソッドを用いてレンダリングします。特別にビューを用意する必要はありません。

このようにしておくことで、ユーザごとの投稿データをJSON形式でダウンロードできるようになります。http://localhost:3000/api/users/{id}の形式でアクセスすると、JSON形式のデータを取得できます。ブラウザからアクセスして、確認してみましょう。

以下に、取得できるデータの例を示します。Lady GagaのマイページでGagaとMr. Teacherがコミュニケーションしている様子を確かめることができるでしょう。

なお、この例は、JSON formatter[注4.10]などを用いて読みやすいように整形しています。実際に得られるデータは、コンパクトな形式です。人間が目視で確かめるときには、必要に応じて整形して読むようにしてください。

注4.10 https://jsonformatter.org/など、Webアプリとして利用できるJSONデータ整形サービスを使えます。

リスト4.29　ダウンロードされたデータの例

```
[
  {
    "id": 12,
    "email": "",
    "created_at": "2020-12-05T11:35:52.148+09:00",
    "updated_at": "2020-12-05T12:57:55.059+09:00",
    "username": "user011",
    "fullname": "Lady Gaga",
    "role": "student"
  },
  [
    {
      "id": 1,
      "user_id": 12,
      "body": "Hi, I'm Lady Gaga!!",
      "created_at": "2020-12-05T11:43:16.433+09:00",
      "updated_at": "2020-12-05T11:43:16.433+09:00",
      "submitter": 12
    },
    {
      "id": 12,
      "user_id": 12,
      "body": "Hello, Gaga. How are you, today?",
      "created_at": "2020-12-05T12:57:11.350+09:00",
      "updated_at": "2020-12-05T12:57:11.350+09:00",
      "submitter": 1
    },
    {
      "id": 13,
      "user_id": 12,
      "body": "Fine, thank you, Mr. Teacher.",
      "created_at": "2020-12-05T12:57:55.054+09:00",
      "updated_at": "2020-12-05T12:57:55.054+09:00",
      "submitter": 12
    }
  ]
]
```

なお、本来はデータ保護のため、ログインしないとアクセスできないようにしておくべきです。つまり、前述のコントローラには、before_action authenticate_user! をきちんと書いておくべきということです。しかし、プログラムからの一括ダウンロードを可能にしたいので、とりあえずはこのままにしておくことにしましょう[注4.11]。

注4.11　実際の運用上は、データの保護、セキュリティに十分配慮してくださいね。

4.3.3 管理画面の作成

現在のバージョンでは、データを管理するにはコンソールから操作するか、データベースを直接いじらなければなりません。不適切な投稿があったときには、そのコメントは削除できたほうがよいですね。その他にもいろいろとデータをメンテナンスする必要が生じるかもしれません。そのために、管理画面を用意しておきましょう。

◇管理画面の必要性

いかなるアプリケーションでも、一般のユーザに見せる機能と、裏で管理者がシステムをメンテナンスするための機能を備えています。例として、eコマースシステムのユースケースを考えてみましょう。

図4.11　学生が考えるeコマースシステムのユースケース

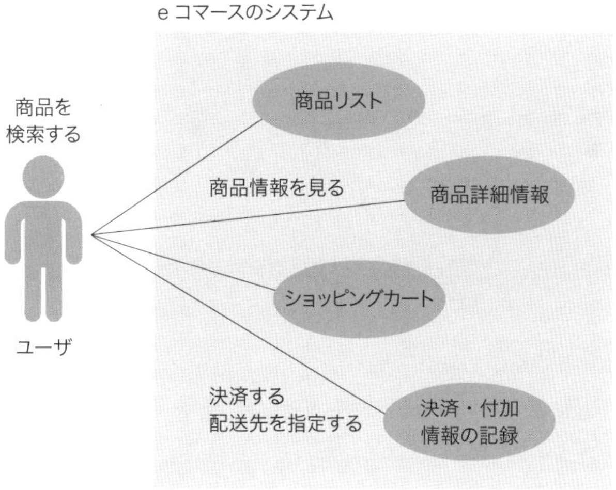

図4.11は、学生に「eコマースのシステムに関するユースケース図[注4.12]を書いてみよ」と指示したときに、多くの学生が書いてくる図式です。この図は、決して間違いではありません。しかし、不十分です。

注4.12 ユースケース図とは、システムを使う利用者が、どのようにそのシステムを使うのかということを図式的に記述するための図です。UMLで定義されている図の1つです。

図4.12　本来考えるべきeコマースシステムのユースケース

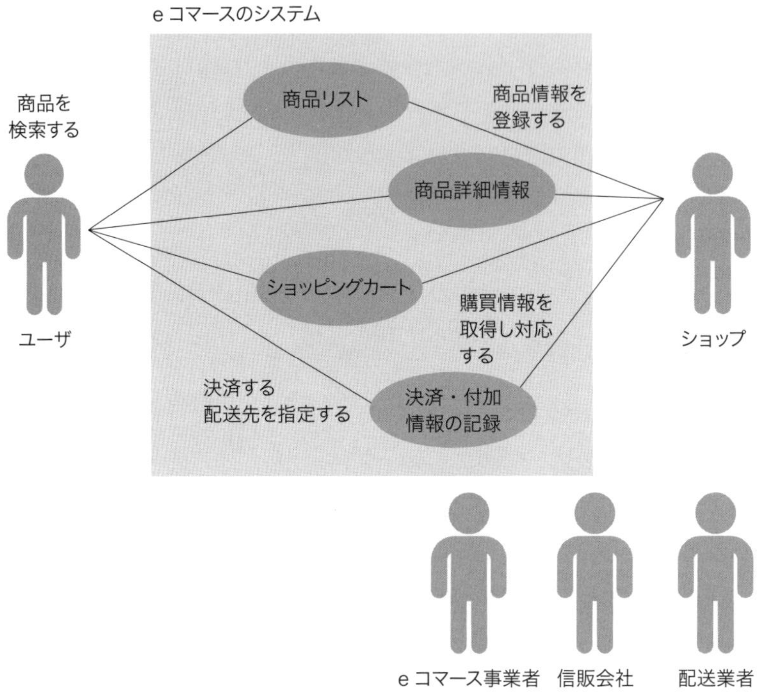

本来考えるべきユースケース図は、**図4.12**に示すようなものです。すなわち、商品を購入する側だけでなく、商品を提供する側もこのシステムを活用しているので、そのユースケースを考慮しなければなりません。

しかし、学生が後者に気付かないのもやむを得ないといえるでしょう。なぜならば、eコマースでは買い物をするユーザ側でしかない彼らは、右側に描いたようなユーザの存在を自らの経験からイメージすることが難しいからです。

これに気付けば、実際には、図4.12の下に描かれているように、eコマースそのものを運営する事業者や、関連する信販会社、商品を実際に配送する運送業者など、他にも様々なステークホルダー[注4.13]が関与していることは想像できるでしょう。

さて、本システムに戻りましょう。本システムのメインユーザは学生たちです。しかし、教員ユーザも主要なステークホルダーです。今回は、教員ユーザにシステム管理者を兼ねてもらうことにしましょう。そこで、教員ユーザがアクセスできるように管理画面を構築していくことにします。

注4.13　ステークホルダーとは、考慮しなければならない関係者のことです。

◇ Administrateのインストール

管理画面を簡単に作ってくれるgemがあります。いろいろなgemが用意されているものですね。いくつか有名なものがありますが、今回はAdministrateをインストールしましょう。

以下の手順で、ルーティングの設定まで自動でやってくれます。ただし、そのままだとエラーが出るため、設定ファイルに若干の追記を行う必要があるようです。

いつものように、Gemfileに以下を追記します。

リスト4.30　Gemfile

```
gem 'administrate'
```

次のコマンドを投入し、インストール作業を進めましょう。

```
$ bundle install ↵
$ bin/rails g administrate:install ↵
```

config/initializers/assets.rbの最後の部分に以下を追記します。

リスト4.31　config/initializers/assets.rb

```
Rails.application.config.assets.precompile +=
    %w( administrate/application.js administrate/application.css )
```

アセットのプリコンパイルという手順が必要になるので、以下のコマンドでそれを実施します。

```
$ bin/rails assets:precompile ↵
```

◇ Administrateのテスト(1)

サーバを起動し、http://localhost:3000/adminにアクセスします。**図4.13**のような管理画面が出てきたらOKです。

図4.13　Administrateによるデータ管理画面

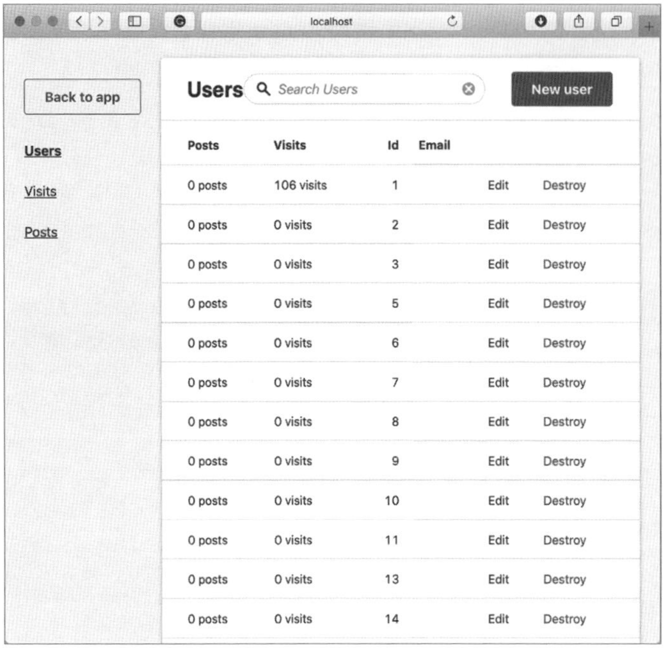

4.3.4 管理画面のカスタマイズ

Administrateによる管理画面が導入されたので、これで異常なデータが投入されたとしても、それを削除したり修正したりと、なんとか対応することができます。しかし、現状のままだと誰でも管理画面にアクセスできてしまいます。逆に、不用意にデータをいじられてイタズラされてしまうかもしれないというリスクがあります。

次に説明する修正を行い、（とりあえずは）教員だけが管理画面にアクセスできるようにしておきましょう。

◇認証の追加

app/controllers/admin/application_controller.rbを開いてください。

authenticate_adminというメソッドが、次のようになっているはずです。

リスト4.32　app/controllers/admin/application_controller.rb

```
    def authenticate_admin
      # TODO Add authentication logic here.
    end
```

このTODOの部分に、認証ロジックを入れます。具体的には、以下のような行を追記します。

リスト4.33　app/controllers/admin/application_controller.rb

```
module Admin
  class ApplicationController < Administrate::ApplicationController
    before_action :authenticate_admin

    def authenticate_admin
      # TODO Add authentication logic here.
      redirect_to '/', alert: 'Not authorized.' \
        unless current_user && current_user.role == 'teacher'
    end

    # Override this value to ...
    # on index pages. Defaults to 20.
    # def records_per_page
    #   params[:per_page] || 20
    # end
  end
end
```

ログインしていること（current_userがnilではない）と、そのロールが'teacher'であることを条件にして、そうでない場合は'Not authorized.'という警告を出して、トップページにリダイレクトするようにしています。

◇管理画面のカスタマイズ

さらに、このままでは管理画面が見づらいので、ちょっとしたカスタマイズを行い、見やすくします。

app/dashboards/user_dashboard.rbを以下の通り修正しましょう。長いのでコメント部分は一部省略しています。管理画面に何を表示するのかなどを、このファイルで調整することができます[注4.14]。

注4.14　同様に、post_dashboard.rbとvisit_dashboard.rbで、投稿（Post）や訪問記録（Visit）に関する管理画面の調整も可能です。

リスト4.34　app/dashboards/user_dashboard.rb

```
class UserDashboard < Administrate::BaseDashboard
  # ATTRIBUTE_TYPES
  # a hash that describes the type of each of the model's fields.
  #
  # Each different type represents an Administrate::Field object,
  # which determines how the attribute is displayed
  # on pages throughout the dashboard.
  ATTRIBUTE_TYPES = {
    posts: Field::HasMany,
    visits: Field::HasMany,
    id: Field::Number,
    #email: Field::String,
    #encrypted_password: Field::String,
    #reset_password_token: Field::String,
    #reset_password_sent_at: Field::DateTime,
    #remember_created_at: Field::DateTime,
    #created_at: Field::DateTime,
    #updated_at: Field::DateTime,
    username: Field::String,
    fullname: Field::String,
    password: Field::Password,
    role: Field::String,
  }.freeze

  # COLLECTION_ATTRIBUTES
  # ...
  # Feel free to add, remove, or rearrange items.
  COLLECTION_ATTRIBUTES = %i[
  id
  username
  fullname
  posts
  ].freeze

  # SHOW_PAGE_ATTRIBUTES
  # an array ....
  SHOW_PAGE_ATTRIBUTES = %i[
  id
  username
  fullname
  role
  ].freeze

  # FORM_ATTRIBUTES
  # an array of attributes that will be displayed
  # on the model's form (`new` and `edit`) pages.
  FORM_ATTRIBUTES = %i[
```

次ページへ続く

```
  username
  fullname
  password
  role
  ].freeze
```

◇ページネーション不具合の解消

さらに、ページネーションの表示が崩れているのが気になります（**図4.14**）。それを修正しておきましょう。

図4.14　Administrateによるページネーションの不具合

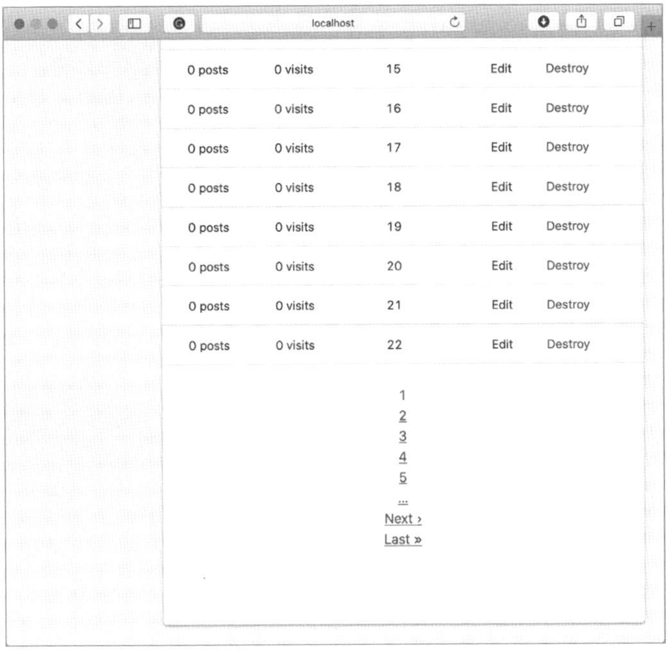

gemの対応関係の問題なのか、Bootstrap対応のKaminariではなくdefaultのKaminariファイルを必要とするという台所事情があるようです（2021年2月時点）。そこで、クイックハックではあるものの、一度そのファイルを生成してAdministrate用に置いたあと、再度、Bootstrapに合わせたページネーション用ファイルを生成するということで対応します。

まず、Administrateのindexビューを作りましょう。

```
$ bin/rails g administrate:views:index
```

app/views/admin/application/index.html.erbの最後から2行目を以下のように修正します。

リスト4.35　app/views/admin/application/index.html.erb

```
<%= paginate resources, views_prefix: 'admin' %>
```

あとは、以下の手順でBootstrapに対応したKaminariを再適用します。

```
$ bin/rails g kaminari:views default -f
$ mkdir app/views/admin/kaminari
$ mv app/views/kaminari/* app/views/admin/kaminari/
$ bin/rails g kaminari:views bootstrap4
```

◇ Administrateのテスト(2)

サーバを起動し、http://localhost:3000/adminにアクセスしましょう。user000でログインしたとき「のみ」、**図4.15**のような管理画面にアクセスできることを確認してください。

図4.15　カスタマイズされた管理画面

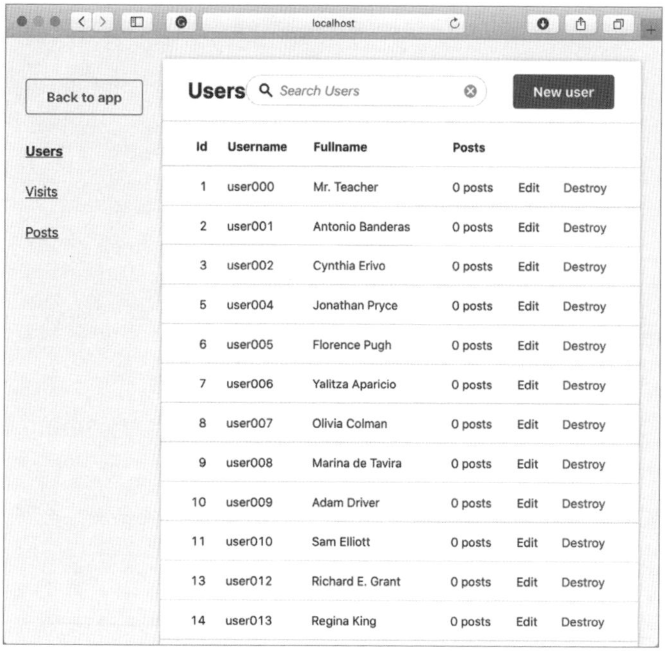

また、ページネーションのデザインに発生していた不具合も、解消されていることを確かめておきましょう（図4.16）。

図4.16　ページネーションの不具合の解消

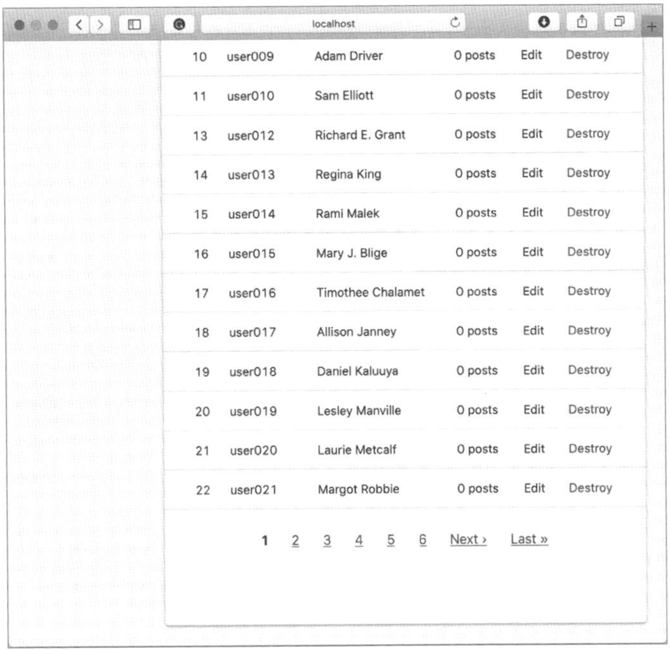

4.4　Herokuへ配備

アプリケーションは完成しました。これを、インターネットで公開して皆で使えるようにしましょう。

ネットに公開する方法はいくつか考えられます。自前でサーバを用意する方法、AWS (Amazon Web Services) やGCP (Google Cloud Platform) といったクラウドコンピューティングサービスの仮想マシンを用意する方法、新たなサービス用にサーバ環境の構築から始める方法もあるでしょう。しかし、自前でサーバを立ち上げるのはハードウェアから用意しなければなりませんし、仮想サーバとはいえサーバをゼロから用意するのもそれなりにたいへんです。

2011年に米国商務省（U.S. Department of Commerce）の米国国立標準技術研究所（NIST：National Institute of Standards and Technology）が公開した「NISTによるクラウドコンピューティングの定義」(NIST Special Publication 800-145)[注4.15]では、クラウドコンピューティングにはSaaS、PaaS、IaaSの3種類のサービスモデルが定義されています。SaaSはSoftware as a Serviceの略で、クラウドコンピューティング環境上で提供されるソフトウェアを利用者が使うものです。IaaSはInfrastructure as a Serviceで、オペレーティング・システムのレベルから自由に利用者がコンピューティング環境を構築できるものです。仮想マシンのインスタンスを立ち上げて、その上に自由にコンピューティング環境を作り上げていくようなサービスが相当します。

いずれも一長一短あります。今回は新しく作ったアプリを公開したいのでSaaSはそもそも対象外です。IaaSで作り込むのも面倒です。そこでPaaSの利用を考えましょう。HerokuはRailsアプリをホストしてくれる代表的なPaaSです。

開発したアプリケーションをPaaSに登録して公開することを「デプロイする」といいます。Herokuにアプリをデプロイしてネットワーク経由で使えるようにしましょう。

4.4.1 Herokuとは

Heroku《ヘロク》は、Salesforce社が提供しているPaaS型のサービスです。Railsだけでなく、様々な言語のアプリケーションをホスティングしてくれる使いやすいサービスです（図4.17）。

図4.17 Herokuとは

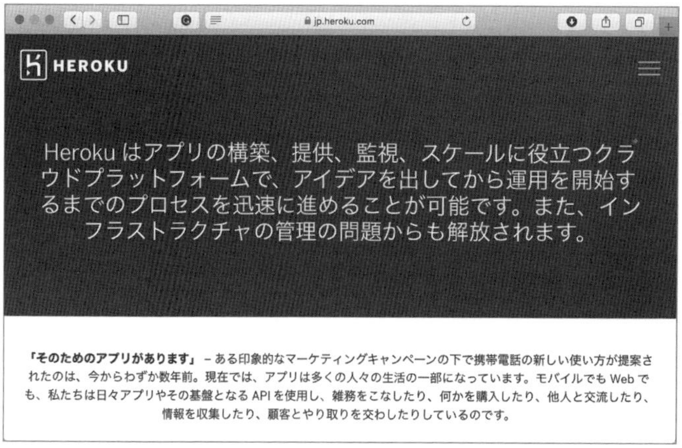

注4.15 日本のIPAによる日本語翻訳版が公開されています。

作成したアプリをHerokuにデプロイしてインターネットに公開するやり方はとても簡単です。前章と本章で作成してきたDiaLogBookをインターネットに公開して皆で使えるようにするために、Herokuは最適なサービスといえるでしょう。

以下、Herokuを利用してDiaLogBookをインターネット経由で皆が使えるようにするまでの手順を説明します。

◇アカウントの取得

まずは、HerokuのWebサイトにアクセスしてアカウントを取得しましょう。http://heroku.com/loginにアクセスしてください。ログイン画面（図4.18）の下にあるSign Upから、アカウント取得の手続きを進めてください。一般的なサービスとして、メールによる本人確認が求められます。課金サービスでもあるので、そのあたりの手続きはしっかりしています。

図4.18 Herokuアカウントの取得

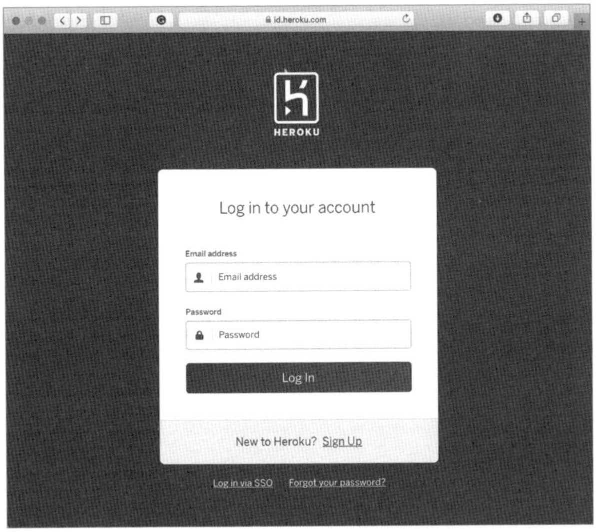

Herokuは無料の範囲で、ある程度の規模のサービスまで実現することができます。無料アカウントの制限として気になるのは、次のものでしょうか。

- データベースのレコード数は、10,000件まで
- 30分以上アクセスがないと、スリープ状態になり、再度アクセスしたときにスリープからの復帰に時間がかかる

レコード数が10,000件を超えても、すぐに利用できなくなるわけではありません。データの数が10,000件を超えるとHerokuから警告が届くので、そのときに対応を考えればよいでしょう[注4.16]。また、30分アクセスがないとスリープ状態になってしまう件に関しては、定期的にアクセスさせる裏技もあるようですが、この設定が気になるようであれば、やはり有料版で月7USD[注4.17]のHobby版の利用を検討しましょう。Hobby版でもこの制限は解除されます。

4.4.2 Herokuを想定した開発環境の用意

Herokuへ登録することを前提として、開発環境の整備を進めます。まずはHeroku CLIを導入し、コマンドラインでHerokuにアクセスできるようにしましょう。続いて、gitによるソースコード管理の基礎について説明します。

◇ Heroku CLIの導入

Heroku CLI (Heroku Command Line Interface) とは、コマンドラインからHerokuを操作するためのツールです。HerokuはWebブラウザ用のインタフェースも提供していますが、開発作業をコマンドラインベースで実施していることを考えれば、コマンドでHerokuを操作できればいろいろと便利です。

まずは、Heroku CLI をインストールし、ログインするところまでやってみましょう。

WSLを使っている人は、下記のコマンドでインストールします。

```
$ wget -qO- https://cli-assets.heroku.com/install-ubuntu.sh | sh ⏎
```

Macの人は、brewコマンドでHeroku CLI をインストールします。インストール後は、heroku autocompleteというコマンドを投入し、環境の整備を続けましょう。途中、Webブラウザを利用したログイン手順が求められます (図4.19)。

注4.16 最初から大量のデータを扱うことが想定される場合は、有料アカウントの利用を検討しましょう。データベースの利用条件をアップデートする月9USDのBasic版でも1,000万件のレコードを扱うことができるようになります。

注4.17 2021年1月時点での情報です。

図4.19　Herokuへのログイン

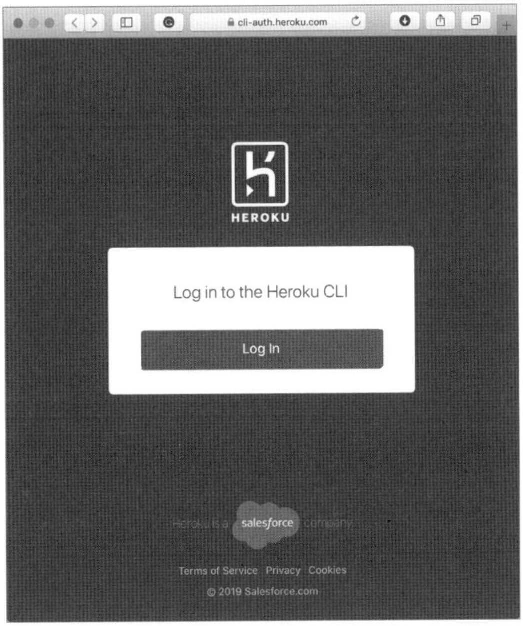


```
$ brew install heroku/brew/heroku ⏎
…(略)…
$ heroku autocomplete ⏎
Building the autocomplete cache... ?
heroku: Press any key to open up the browser to login or q to exit: Building
the
Opening browser to https://cli-auth.heroku.com/auth/cli/browser/6e491036-
5978-4fe6-b157-f6b576ee76d2
Logging in... done

Setup Instructions for HEROKU CLI Autocomplete ---

1) Add the autocomplete env var to your bash profile and source it
$ printf "$(heroku autocomplete:script bash)" >> ~/.bashrc; source ~/.bashrc

NOTE: If your terminal starts as a login shell you may need to print the
init script into ~/.bash_profile or ~/.profile.

2) Test it out, e.g.:
$ heroku <TAB><TAB>                    # Command completion
$ heroku apps:info --<TAB><TAB>        # Flag completion
$ heroku apps:info --app=<TAB><TAB> # Flag option completion
```

》次ページへ続く

```
Visit the autocomplete Dev Center doc at https://devcenter.heroku.com/
articles/heroku-cli-autocomplete

Enjoy!

$
```

あとは、heroku autocompleteが出力する手順に従って進めればOKです。以下の通りの設定をしておきましょう。

```
$ printf "$(heroku autocomplete:script bash)" ⇦
    >> ~/.bashrc; source ~/.bashrc ⏎
```

◇Herokuにログイン

アカウントの取得と環境整備が済んだら、コマンドラインからログインしてみましょう。次のコマンドを投入してください。

```
$ heroku login ⏎
heroku: Press any key to open up the browser to login or q to exit:
Opening browser to https://cli-auth.heroku.com/auth/cli/browser/226b9829-
6357-49ac-8e52-1ef9d5cfce45
Logging in... done
Logged in as your_email_address@example.com
```

heroku autocompleteの手順で実施したときと同様、「何かキーを押してブラウザを開き、ログイン手順を進めてください。またはqキーで中止 (Press any key to open up the browser to login or q to exit)」というメッセージが表示されます。指示に従ってログイン作業を進めましょう。

◇ソースコード管理

ソースコードはgitで管理します。ソースコードをgitリポジトリに登録（git commit）し、Herokuが用意するリモートリポジトリにpushする準備をしておきます。

最初に、gitの設定で、メールアドレスと氏名を登録しておきます。

```
$ git config --global user.email "your_email_address@example.com" ⏎
$ git config --global user.name "Your Full Name" ⏎
```

準備ができたら、gitを初期化（init)、ファイルを全て追加（add）し、ローカルリポジトリに登録（commit）しておきます。コミット用のメッセージは何でもよいのですが、今回は「Herokuへのリリース（Release to Heroku)」としてみました。

```
$ git init ⏎
$ git add * ⏎
$ git commit -m "Release to Heroku" ⏎
```

4.4.3 デプロイしてみよう

全ての準備が整ったので、いよいよ、Herokuへデプロイします。デプロイに成功すれば、自動的にアプリが起動し、インターネットからアクセスできるようになります。

◇プロジェクトの作成

Herokuプロジェクトを作成しましょう。プロジェクト名は好きなものを選んで構いません。今回は、DiaLogBookをデプロイするので、プロジェクト名はdialogbookという名前としました[注4.18]。

また、本書で説明する手順で実施した場合は、リモートリポジトリが自動的に作られます。したがって、リモートリポジトリを個別に作成する手順は省略します。既に説明したgit initの手続きと、次に説明するheroku createの手続きを逆の順序で実施してしまった場合は、リモートリポジトリを個別に作成する必要があるとのことなので要注意です。

プロジェクトの作成は、heroku createコマンドで実施します。

```
$ heroku create dialogbook ⏎
heroku create dialogbook
Creating ⬢ dialogbook... done
https://dialogbook.herokuapp.com/ | https://git.heroku.com/dialogbook.git
```

なお、引数を指定しなければ、適当な文字列がアサインされます。

```
$ heroku create ⏎
Creating app... done, ⬢ pacific-headland-73120
https://pacific-headland-73120.herokuapp.com/ | https://git.heroku.com/
pacific-headland-73120.git
```

注4.18 既に設定されているプロジェクト名を横取りすることはできません。短いプロジェクト名はほぼ登録済みと考えたほうがよいでしょう。

また、作ったプロジェクトはdestroyコマンドで削除できます。適当なプロジェクトを作ってしまった場合は、きちんと削除しておきましょう。

```
$ heroku destroy pacific-headland-73120 ⏎
>    WARNING: This will delete ⬢ pacific-headland-73120
>    including all add-ons.
>    To proceed, type pacific-headland-73120 or re-run this
>    command with --confirm pacific-headland-73120

> pacific-headland-73120
Destroying ⬢ pacific-headland-73120 (including all add-ons)... done
```

◇データベースの準備

Heroku側で利用するPostgreSQLを設定します。まず、heroku configコマンド注4.19でDATABASE_URLを確認しましょう。

```
$ heroku config ⏎
=== dialogbook Config Vars

$
```

なにも出てきませんでした。この例は、データベースの設定がなされていない状況です。データベースが利用できている状況であれば、以下のような情報が出力されるはずです。

```
$ heroku config ⏎
=== dialogbook Config Vars
DATABASE_URL:                postgres://ndqvmyvwujmjzu:54cdd0bf44b7542c4e74409e
c3a5e3ad6264fb4a02f43b99f7203996c45e6dd0@ec2-18-233-137-77.compute-1.
amazonaws.com:5432/dgu1m6vteb7dl
LANG:                        en_US.UTF-8
RACK_ENV:                    production
RAILS_ENV:                   production
RAILS_LOG_TO_STDOUT:         enabled
RAILS_SERVE_STATIC_FILES:    enabled
SECRET_KEY_BASE:             ed39ceabbff7422fe5ec63d0c7334a0b91ab96ea466eb45d2f
2f1aed4b4a87cf449
3556dcb5c3e3ac81d2a14aca602480f47a58aeb351512d7f596756f802d87
```

注4.19 複数のアプリを登録しているときは、heroku config -a（アプリ名）でアプリごとの設定を確認できます。

DATABASE_URLが表示されない場合は、次のコマンドでアドオンを追加します。

```
$ heroku addons:create heroku-postgresql:hobby-dev
```

config/database.ymlの最後の5行をコメントアウトし、その上の部分にあるコメントアウトを外します。なお、ここまでの開発ではDevelopmentモードで作業を進めてきましたが、HerokuにデプロイしたものはProductionモードで動作することに留意しておきましょう。

元のconfig/database.ymlの最後は以下のようになっています。

リスト4.36　config/database.yml

```
#   production:
#     url: <%= ENV['DATABASE_URL'] %>
#
production:
  <<: *default
  database: DiaLogBook_production
  username: DiaLogBook
  password: <%= ENV['DIALOGBOOK_DATABASE_PASSWORD'] %>
```

これを、次のように修正します。

リスト4.37　config/database.yml

```
production:
     url: <%= ENV['DATABASE_URL'] %>
#
#production:
#  <<: *default
#  database: DiaLogBook_production
#  username: DiaLogBook
#  password: <%= ENV['DIALOGBOOK_DATABASE_PASSWORD'] %>
```

◇デプロイと確認

これで準備が整いました。修正したファイルをローカルリポジトリにコミットします。

```
$ git commit config/database.yml -m "DB definition changed"
```

いよいよデプロイです。Herokuのリモートリポジトリにプッシュ（git push）します。

```
$ git push heroku master⏎
```

エラーがなければ、あとはマイグレーションと初期値の導入を行えばOKです。rails db:migrateとrails db:seedのコマンドは、heroku runコマンドを利用してリモートで実施することができます。全てでエラーが発生しなければ準備OKです。heroku openコマンドを投入して、アプリを開きましょう。

```
$ heroku run rails db:migrate⏎
$ heroku run rails db:seed⏎
$ heroku open⏎
```

なお、ファイアウォールの設定によっては通信に必要なポートが閉じられていて、heroku runでETIMEDOUTというエラーが出て先に進めない場合があります。そのような状況は、runコマンドの代わりにrun:detachedコマンドを用いる手順で回避可能です。実際にうまくいっているかどうかや、操作状況の様子を確認するには、それぞれのコマンドを実施したときの指示に従ってログを確認すればOKです。

```
$ heroku run:detached rails db:migrate⏎
$ heroku run:detached rails db:seed⏎
$ heroku open⏎
```

◇コードを修正したときとデータを作り直したときの手順

ローカルでコードを修正したときは、次の手順でHerokuを更新します。

```
$ git commit（変更を加えたファイル）⏎
$ git push heroku master⏎
$ heroku open⏎
```

データを作り直したときは、ローカルで実施していたときのように、db:dropしてdb:createの手順ではDB再構築ができません。DBの再構築からアプリの再スタートまでは以下の手順で行います。

```
$ heroku pg:reset DATABASE --confirm（プロジェクト名）⏎
$ heroku run rails db:migrate⏎
$ heroku run rails db:seed⏎
$ heroku open⏎
```

4.5 第4章のまとめ

前章から作ってきた簡易SNSのDiaLogBookを、本章ではBootstrapを導入して見栄えよくしました。Bootstrapを使うと、簡単にそこそこきれいな体裁のアプリとすることができます。また、レスポンシブデザインにも対応しているので、モバイル向けのアプリとしても遜色のないものを提供できます。

さらに、Visitモデルを追加し、新着投稿が分かるような機能を導入しました。教員ページには学生の一覧を並べるようにしていますが、新しくメッセージが投稿されたページは上位に並ぶようにしました。加えて、新着のメッセージがあったものは色を付けてハイライト表示するようにしました。教員ロールを持つアカウントが投稿したときは新着情報が更新されないようにした点がポイントです。「学生の意見や質問に教員が答える」という現場の状況に鑑みて、使いやすさを追求しました。

仕上げとして、投稿が増えたときのためにページネーションを導入し、データ分析用のAPIを作成、データを管理する管理画面の導入などを行いました。今後、考えられる機能拡張として、メッセージの検索機能などもあったほうがよいかもしれませんね。平凡かもしれませんが、画像データも投稿できるようにしたいというニーズもあるでしょう。画像の処理はCarrierWaveという有名なgemがありますので調べてみましょう。それ以外にも、追加でどのような機能があると便利に使えるか、考えてみてください[注4.20]。

作成したアプリは、Rails開発に対応した代表的なPaaSであるHerokuにデプロイして公開しました。無料版のアカウントでも、十分に使えるサービスを提供できることが理解できたでしょう。クラウドコンピューティングのサービスなので、作成したWebアプリが提供するサービスの拡大に合わせてデータベースやコンピューティングリソースの規模を拡大することができます。ビジネス向けアプリであれば、Herokuのアカウントも有料版のものにすることで、十分なリソースを確保しながら、サービス拡大を実現していけばよいでしょう。

注4.20 そして、実装に挑戦してみましょう。

本章で学んだこと

- ▶ Bootstrapを利用した体裁の整え方
- ▶データの見せ方に関する優先度の整理方法
- ▶ページネーションやデータ管理など細かな機能の追加
- ▶ Herokuにデプロイしてインターネットに対してアプリを公開する方法

第5章

オンラインイベント支援システムを作ってみよう（基本編）

第3章と第4章では、簡易SNSアプリDiaLogBookの開発を行いました。deviseによるユーザ管理、Bootstrapでのデザイン、Kaminariのページネーションや Administrateによるデータ管理など、様々なgemを利用して、それっぽいアプリに仕上げられたといえるのではないでしょうか。ただし、このアプリでは、ユーザ(User)、投稿(Post)、訪問(Visit)といった3つのモデルしか使っておらず、データ構造としてはたいへんシンプルなものでした。

ここからは、もう少し複雑なモデルを持つような新たなアプリを考えることにします。一般的なWebアプリは、いくつものテーブルが複雑に連携してデータを管理します。そのようなアプリもRailsで簡単に構築できることを、実際に手を動かしながらその開発手順を確認しつつ、理解していきましょう。

新たに構築するアプリは、オンラインイベントを支援するシステムです。このアプリも、実際のニーズに基づいて開発を進めたものです。ここまで作ってきたDiaLogBookと同様、アプリに対する要件の整理から始めていくことにします。

5.1 複雑なモデル

実際のWebアプリでは、DiaLogBookのような比較的シンプルなデータのみで実現することは稀です。電子商取引、EC (Electoronic Commerce、eコマース）のシステムを考えてみましょう。そこにはいくつものテーブルが存在するはずです。すなわち、顧客情報のテーブル[注5.1]、商品を提供する店舗情報のテーブル、それらが提供する商品情報のテーブル、各商品に関する在庫情報のテーブル、顧客と店舗をつなぐ注文およびその履歴に関するテーブル、検索履歴のテーブル、キャンペーン情報のテーブルなど、いくらでも考えることができます。そして、それらの情報が複雑に関連して、ECサイトのサービスを実現しているのです。

いきなりそのような巨大なWebアプリを作るのはなかなかたいへんです。本章では、DiaLogBookよりは複雑で、しかし迷宮というほどでもない、ほどよい複雑さのデータを考えていきましょう。具体的な対象は、オンラインイベントの支援システムです。

5.1.1 オンラインイベント支援システム

いまから作成していこうとしているアプリは、オンラインイベント支援システムです。2020年は新型コロナウイルスの影響で、あらゆるイベントが中止、もしくは「オンラインでの開催」ということになりました。学会やセミナー・イベントなども、相次いでオンラインでの実施に変更され、皆、不慣れななか、慌ただしく準備をして対応したものです。

しかし、やはりまだ慣れていないので、いろいろなトラブルが発生したり、オフラインのイベントと比べて十分に対応できなかったりと、改善の余地はまだありそうな状況です。そこで、少しでも円滑に実施できるように、オンラインイベント支援システムを作成することにしました。イベントの形式は主に学会を想定していますが、業界の展示イベントでマルチトラックのセミナーを実施するなど、類似のイベントでも活用できるようなものを考えます。

◇オンラインイベントの課題

本システムを準備しようとした最初のきっかけは、オンラインイベントにはセレンディピティを求めにくいのではないか？ という疑問です。

注5.1　DiaLogBookのユーザ（User）に相当する基本的な情報ですね。ECサイトの中心的な資産です。某ECサイトでは巨大なデータベースとなっているそうです。

セレンディピティとは何でしょうか。セレンディピティ（serendipity）とは、偶然の産物により何か素敵なものが得られる現象のことです。有名な例としては、本屋のセレンディピティが挙げられます。

書籍はネットショッピングで簡単に買えるようになりました。オンライン書店から始まったAmazonも、いまやあらゆる商品を扱っています。しかし、ネットショッピングにはリアル店舗にかなわない側面がひとつあります。それは「たまたま素敵な商品を見つけて購入する」という機会が少ないということです。

何か特定の書籍を購入するシーンを想定してください。オンライン書店、ネットショッピングであれば、検索窓にタイトルや著者名、キーワードを入れてクリックすれば、一発で欲しい本に到達するでしょう。便利ですね。

一方、街の書店でその本を買うときはどうでしょうか。書店に入ったら、自力でその本を探さないといけません[注5.2]。書架にあるかどうか探すときはどうしますか？ 通常、文庫や雑誌、技術書、旅行ガイドなど、ジャンルごとに分かれた棚のあたりに行って探しますよね？ そのときに、だいたいのアタリを付けたあとは、端から対象の本を探していくはずです。これを、ブラウジングといいます。

ブラウジングしているときに、想定していなかった別の本が目に入ることはありませんか？ 背表紙のタイトルで面白そうだと感じたら、手に取って見てみることをしませんか？ そのような過程を経て、つい、目的以外の本も合わせて購入した経験はありませんか？

これこそが、セレンディピティです。オンライン書店ではこのブラウジングに相当する操作があまりありません。せいぜい、抽象的なキーワードを入れて検索したときに、複数の候補が表示されたとして、それらを見比べるくらいでしょうか。

EC業者にとっては、ブラウジングによるセレンディピティを期待できないのは、販売機会が失われていることになります。そこで考え出された仕組みがレコメンデーション（recommendation）です。「この商品を買っている人は、この商品も買っています」というような、最近のECサイトではよく見る情報ですね。

◇システムへの要求

オンラインイベント支援システムでは、スケジューリングシステムに、このセレンディピティを導入してみたいと考えました。すなわち、ECサイトに倣い、レコメンデーションの機能を入れて、ユーザに情報をお勧めするサービスを追加してみようというアイデアです。

オフラインイベントとオンラインイベントの比較においても、似たような状況が考えられま

注5.2　店員に探してきてもらう手もありますが……。

す。オフラインイベントでは、ひとたび会場に行けば、いろいろと探索することができるでしょう。自分が発表したり、プログラムをチェックして事前に面白そうだと目星を付けておいたりするセッション以外は、行ってみての勝負です。最近は、ガラス張りでなかの様子が見える会場も増えています。たとえば、講演が行われている部屋の前を通りがかり「なんか盛り上がってるぞ？」と参加してみたら、思いがけず興味深い発表を聞くことができたなどということもあるでしょう。まさにセレンディピティです。

図5.1　ポスターセッションの様子

ポスターセッションであれば、さらにその傾向は強くなるでしょう（図5.1）。面白そうなポスターを見つけたら、ふらっと立ち寄って話を聞く、そして発表者と濃い議論を交わす。ポスターセッションにはそのような楽しみ方もあります。はたして、オンライン化でこのような効果を維持するにはどうすればよいでしょうか。

システムの設計と開発に着手する前に、開発するアプリへの要求事項を整理しておきましょう。最低限、以下の機能を実装するものとします。

- イベントのスケジュールが系統的に表示されること
- 複数のイベントを管理できること
- 各イベントについて、それぞれ複数の日、トラック、セッション、発表（プレゼンテーション）のように階層化されたイベントに対応できること
- セッションの詳細を1ページで紹介できること
- ユーザ登録でき、自分が興味のあるセッションを表示するマイページを持てること
- 興味のあるセッションを登録できること
- 登録された情報に基づき、レコメンデーション情報を提供できること

5.1.2 階層的なデータ構造

まず、データモデルを整理します。システムは、複数のイベント（Conference）を管理します。それぞれのイベントは、何日か続いてもよいことにしましょう。何日目かに相当するデイ（Day）というデータを用意します。

イベントの開催中は、マルチトラックで並行してセミナーや発表が行われてもよいことにします。トラック（Track）が並行して進むマルチトラック構成のイベントは、そこそこ大きな学会では当たり前です。

トラックは複数のセッション（Slot）に分割されます。通常は、朝から夜までのトラックのうち、午前、午後イチ、夕方くらいの3〜4セッションが時系列で並ぶはずです。なお、セッションを表現するモデル名はSlotとしました。これは、Sessionという名前がdeviseによるユーザ管理で使用しているものと衝突するためです。

さらに、各セッションでは複数の発表、プレゼンテーション（Presentation）を管理できるようにしましょう。細かい情報を表示するのは、セッションのレベルでよいかもしれません。レコメンデーションも、セッション単位がちょうどよいでしょう。

表5.1は、以上の関係を具体例を用いて表したものです。

表5.1 階層化されたデータモデル

イベント (Conference)	デイ (Day)	トラック (Track)	セッション (Slot)	プレゼンテーション (Presentation)
イベントX	第1日	Aトラック	第A1セッション	発表1
				発表2
				発表3
			第A2セッション	発表4
				発表5
				発表6
			第A3セッション	発表7
				発表8
				発表9
		Bトラック	第B1セッション	発表10
				発表11
				発表12
			第B2セッション	発表13
				発表14
				発表15
	第2日	Cトラック	第C1セッション	発表16
				発表17
				発表18
			第C2セッション	発表19
				発表20
				発表21
⋮	⋮	⋮	⋮	⋮

◇外部キー制約

ところで、これらの関係は絶対的なものです。Conference、Day、Track、Slot、Presentationのそれぞれのテーブルには上下関係があります。階層の下のほうがデータとして抜けることは許されても、子の要素があるときに親要素がないというような状況は起こりません。1日、シングルトラックで1つのセッションだけ、というようなシンプルなイベントはあるかもしれません。しかし、仮にそのようなイベントだとしても、ダミー扱いでデイやトラックのデータを用意しておけば問題ありません。

そこで、下のテーブルから上のテーブルを参照するときには、外部キー制約を入れるというアイデアが浮かびます。

Railsでは自動的に主キーとしてIDが各テーブルに振られます。下のテーブルのデータが上位のテーブルのどのデータに紐付けられるのかということは、上位テーブルの主キーであるIDを用いて外部キーとして取り扱えばよいでしょう。

そのようにしておけば、存在しないデータのサブデータが生じてしまうことはありません。つまり、あるセッションを含むはずのトラックが存在しない、あるいは、ある日（Day）のデータを含むはずのイベント（Conference）が存在しないというような、不整合は発生しません。また、既にトラックやセッションのデータがあるはずの上位データを、誤って削除してしまうという事故も防げます。

5.1.3 環境構築

アプリの開発に着手する前に、まずは、例によって環境構築から始めておきましょう。

アプリには、OLiVES（オリーブ）と名付けました。On-Line Virtual Event Scheduler（オンライン仮想イベントスケジューラ）のアクロニム（頭文語に別の意味を与えたもの）です。OLiVESというディレクトリを作って、作業環境を整えるところから始めましょう。もうお馴染みの手順ですね。

```
$ mkdir OLiVES ↵
$ cd OLiVES ↵
$ rbenv local 2.7.1 ↵
$ nodenv local 14.0.0 ↵
$ bundle init ↵
$ vi Gemfile ↵ ←gem "rails"のコメントアウトを外す
$ bundle config set path vendor/bundle ↵
$ bundle install ↵
$ bundle exec rails new . -d postgresql -f ↵
$ bin/rails db:create ↵
```

データベースを作成するところまで、進めてしまいました。

◇ Bootstrapの組み込み

まだMVCのいずれも用意していませんが、見栄えよく開発を進めていくために、Bootstrapの組み込みを済ませておきましょう。

次のコマンドを実施します。

```
$ yarn add jquery popper.js bootstrap ⏎
```

次に、app/javascript/packs/application.jsのファイル末尾に以下を追記します。

リスト5.1　app/javascript/packs/application.js

```
import 'jquery/dist/jquery.js'
import 'popper.js/dist/popper.js'
import 'bootstrap/dist/js/bootstrap'
import 'bootstrap/dist/css/bootstrap.css'
```

続いて、app/views/layouts/application.html.erbも忘れずに修正しましょう。

stylesheet_link_tagをstylesheet_pack_tagに書き換えるのでしたね。

リスト5.2　app/views/layouts/application.html.erb

```
<%= stylesheet_pack_tag 'application', …(略)…
```

さらに、config/webpack/environment.jsの修正です。以下のようにしておきます。

リスト5.3　config/webpack/environment.js

```
const { environment } = require('@rails/webpacker')
const webpack = require('webpack')
environment.plugins.prepend(
  'Provide',
  new webpack.ProvidePlugin({
      $: 'jquery',
      jQuery: 'jquery',
      jquery: 'jquery',
      Popper: 'popper.js/dist/popper'
  })
)
module.exports = environment
```

app/views/layouts/application.html.erbも微修正しておきましょう。yieldしているところを、class='container'で囲っておきます。

リスト5.4　app/views/layouts/application.html.erb

```
<!DOCTYPE html>
<html>
  …(略)…

  <body>
    <div class='container'>
      <%= yield %>
    </div>
  </body>
</html>
```

Bootstrapへの対応は、以上です。

◇その他の準備

後でdevise-i18nも入れるので、国際化対応で日本語化したいのであれば、config/application.rbに国際化対応の処理を加えておきましょう。手順の詳細は、「3.2.3 国際化への準備」に示した通りです。

5.2 トラックやセッションの管理

それでは、実際にアプリの開発に着手していきましょう。本節では、階層的なデータモデルを構築してそれを表示できるところまで進めます。

5.2.1 データモデルの設計

今回は、モデルの設計から着手していきます。データ構造をきちんと設計してから、実際にRailsでモデルを構築し、それを表示するためのコントローラとビューを作成するという手順で進めましょう。

◇データ構造の設計

データモデルの大まかな設計方針は既に終わっています。すなわち、会議（Conference）は複数開催日（Day）から構成され、日（Day）はマルチトラック（Track）が並列して走り、トラック（Track）には複数のセッション（Slot）が並び、セッション（Slot）では複数の発表（Presentation）が行われる、というものです。単純な1対多の構成なので、数は多いとはいえそれほど難しく考える必要はありません。

それぞれのテーブル構成を検討していきましょう。どのようなカラムを設定すればよいでしょうか。

まずはConferenceです。**表5.2**にその詳細を示します。会議名とその説明、開催日と何日開催するかという情報があればよいでしょう。日付は連続することを前提としています。週末を挟むなど、特殊な状況が起こり得るかもしれません。その場合は、何も実施しない空の日付を間に挟むという工夫で対応する予定としておきます。

表5.2 Conferenceモデル

名前	説明	データ型
name	会議名	string
description	説明	text
start_date	開始日	date
duration	開催日数	integer

続いてDayの詳細です。こちらは既に説明した通り、外部キーとして対応するConferenceのIDを持ちます。あとは、日付のタイトル、説明、何日目かのインデクスを持つようにしておけばよさそうです。日付のタイトルは、第1日、第2日といったシンプルなものから、チュートリアルだとか、学生セッションだとか、その日がどのような日なのかを端的に説明するタイトルまでが想定されます（**表5.3**）。

表5.3 Dayモデル

名前	説明	データ型
conference	会議ID（外部キー）	integer
title	日付タイトル	string
description	説明	text
seq_no	何日目かの番号	integer

Trackも同様です。そのデータ構造はDayとほぼ同じです。タイトルもイベントに応じて自由に使えるようにしておきましょう（**表5.4**）。

表5.4　Trackモデル

名前	説明	データ型
day	日にちID（外部キー）	integer
title	タイトル	string
description	説明	text
seq_no	何トラック目かの番号	integer

重要なデータがSlotです。セッションの情報を格納します（表5.5）。

留意すべき点は、start_timeとend_timeです。並べ替えなどの状況を考慮すると、これらは時刻だけでなく日付の情報も入っていたほうが、何かと便利です。したがって、データ型としてはdatetimeを選択しました。

表5.5　Slotモデル

名前	説明	データ型
track	トラックID（外部キー）	integer
title	タイトル	string
description	説明	text
start_time, end_time	開始時刻と終了時刻	datetime

その他、Slotテーブルには、string型のフィールドとしてorganizer（担当者）、chair（座長）、lecturer（発表者・講演者）、room（部屋）、url（URL）、audience（対象者）、level（レベル）、background（背景知識・前提知識）、category（カテゴリ）、material（資料）、mlinkurl（資料URL、material link url）、などを用意します。必要に応じて使用することにしましょう。

最後はPresentationです。発表の情報が分かるように、タイトル、説明、発表者、共著者を記録しましょう。オンラインの予稿集などと連携できるように、資料や予稿原稿へのリンクも入れられるようにしておくと便利そうです（表5.6）。

表5.6　Presentationモデル

名前	説明	データ型
slot	セッションID（外部キー）	integer
title	発表タイトル	string
description	説明	text
presenter	発表者	string
authors	共著者	string
url	資料への参照URL（予稿などを想定）	string

◇データ構造の図式化

以上のデータ構造を、ER図（ERD：Entity Relationship Diagram）を描いて示します。図式化すると、数は多くてもそれほど複雑なデータ構造ではないということは一目瞭然です。

図5.2は、WWW SQL Designerというツール[注5.3]を用いて描画しました。利用するツールは何でも構いません。好きなツールを使い、図示してみるとよいでしょう。

図5.2　データ構造の図式化

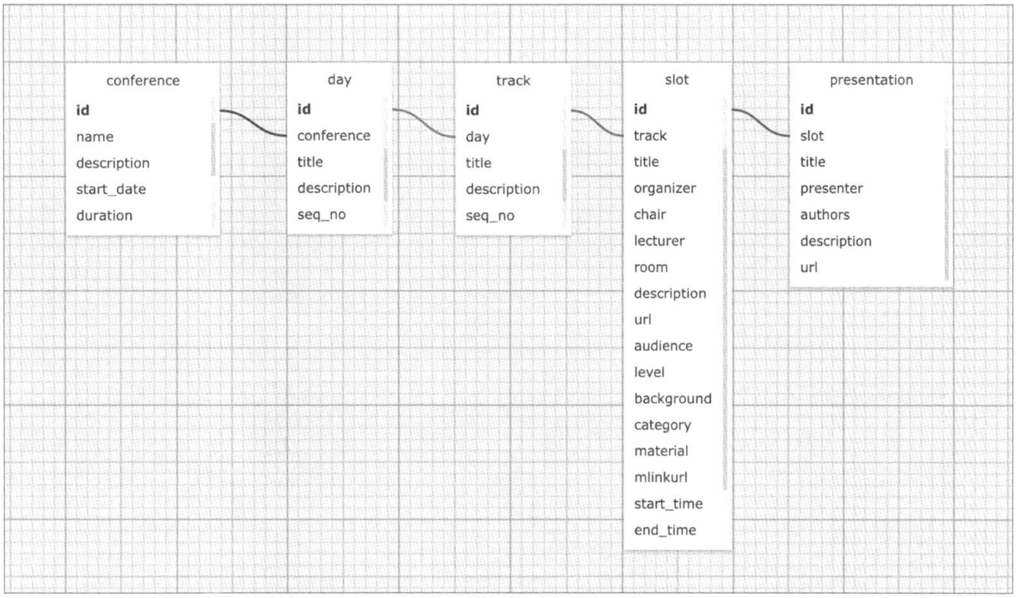

5.2.2　モデルの作成

データ構造の検討を終えたので、それをRailsのモデルとして実装していきます。rails generate modelコマンドで雛形を生成、マイグレーションファイルに若干の修正を入れてから、rails db:migrateを実行してデータベースに反映させるという手順でモデルを構築します。

◇雛形の生成

まずは、いつも通り、rails g modelでモデルの生成です。次のコマンドを投入しましょう。内容は、ほぼ、前項で検討したデータモデルを反映しています。なお、下記では紙面の都合

注5.3　https://ondras.zarovi.cz/sql/demo/ でデモサイトを使うことができます。

で「\（バックスラッシュ）」を使い折り返していますが、1行で続けてコマンドを投入してしまって問題ありません。

```
$ bin/rails g model conference name:string description:text \
    start_date:date duration:integer ⏎
$ bin/rails g model day conference:references title:string \
    description:text seq_no:integer ⏎
$ bin/rails g model track day:references title:string \
    description:text seq_no:integer ⏎
$ bin/rails g model slot track:references title:string \
    organizer:string chair:string lecturer:string room:string \
    description:text url:string audience:string level:string \
    background:string category:string material:string \
    mlinkurl:string start_time:datetime end_time:datetime ⏎
$ bin/rails g model presentation slot:references title:string \
    presenter:string authors:string description:text url:string ⏎
```

一点だけ、これまで説明してこなかった事項があるので解説します。それはreferencesです。dayからpresentationまでのモデル定義をよく確認してください。前項で、外部キーと記載した項目は、全てデータ型としてreferencesというキーワードを指定しています。

以下は、db/migrate/XXX......XX_create_days.rbとして生成されたマイグレーションファイルです。referencesとして指定したconferenceに、nullを許可しない設定（null:false）と、外部キー制約を示す設定（foreign_key:true）が追加されていることが分かるでしょう。

リスト5.5　db/migrate/XXXXXXXXXXXXXX_create_days.rb

```
class CreateDays < ActiveRecord::Migration[6.0]
  def change
    create_table :days do |t|
      t.references :conference, null: false, foreign_key: true
      t.string :title
      t.text :description
      t.integer :seq_no

      t.timestamps
    end
  end
end
```

先に実行したモデルの生成は、順序だててやらなければならないことに気を付けてください。なぜならば、後から作成しているモデルは、先に作成したモデルを参照しているからです。referencesで参照しているテーブルを先に作成しておかないと、マイグレーション処理がうまくいかずエラーになってしまいます。

マイグレーションファイルのファイル名にはタイムスタンプが埋め込まれているので、タイムスタンプの古い順にマイグレーションを実行してくれます。何か手違いがあってやり直したなどの理由により、タイムスタンプが前後してしまうことがあります。そのようなときに、参照先のテーブルがないなどのエラーが発生してマイグレーションをうまく実行できないことがあります。その際は、正しい順番に行われるように、マイグレーションのファイル名を修正するなどの処置を行って対処してください。

◇関係性の微調整

モデルを表すファイルにも若干だけ手を加える必要があります。

app/models/conference.rbからapp/models/slot.rbまで、いずれもhas_many句を追記してください。belongs_to句は、referencesの指定により自動的に挿入されるため、手作業で書き込む必要はありません。

app/models/conference.rbには「has_many :days ......」を追記します。

リスト5.6 app/models/conference.rb

```
class Conference < ApplicationRecord
  has_many :days, dependent: :destroy
end
```

app/models/day.rbには「has_many :tracks......」を追記し、関連する日付をフォーマットして表示するメソッドpdateを定義しています。

リスト5.7 app/models/day.rb

```
class Day < ApplicationRecord
  has_many :tracks, dependent: :destroy
  belongs_to :conference

  def pdate
    (conference.start_date+seq_no).strftime("%Y年%m月%d日")
  end
end
```

app/models/track.rbには「has_many :slots ......」を追記します。

リスト5.8　app/models/track.rb

```
class Track < ApplicationRecord
  has_many :slots, dependent: :destroy
  belongs_to :day
end
```

app/models/slot.rbには「has_many :presentations......」を追記し、Dayと同様に、日時をフォーマットして表示するメソッドptimeとpdatetimeを追記しています。

リスト5.9　app/models/slot.rb

```
class Slot < ApplicationRecord
  has_many :presentations, dependent: :destroy
  belongs_to :track

  def pdatetime
    start_time.strftime("%Y年%m月%d日") + " " + ptime
  end

  def ptime
    start_time.strftime("%H:%M") + " - " + end_time.strftime("%H:%M")
  end
end
```

app/models/presentation.rbに、何も追記する必要はありません。

リスト5.10　app/models/presentation.rb

```
class Presentation < ApplicationRecord
  belongs_to :slot
end
```

準備が整ったら、rails db:migrateしておきましょう。

```
$ bin/rails db:migrate ↵
```

5.2.3 コントローラとビューの作成

コントローラとビューを、大きな括りから順番に作成していくことにしましょう。作成すべき処理として、まずは、Conferenceのindexとshow、Daysのshow、Slotのshowを対象にします。すなわち、Conference一覧（index）でイベントのリストを提示、Conferenceの詳細（show）でそのイベントのプログラム全体、Daysの詳細（show）でその日のタイムテーブルを、そしてSlotの詳細（show）でセッションの詳細を表示することにします。

◇ Conferenceのコントローラ

まずはConferenceからです。indexとshowを作ります。なお、この処理で、config/routes.rbに余計な行が追加されますが、不要なので削除しておきましょう。

```
$ bin/rails g controller conferences index show
```

コントローラは簡潔です。一覧画面（index）では開始日でソートして、新しい順に全部のイベントを変数@conferencesに代入します。イベントの数が多くなったときにはページネーションを考える必要がありそうですが、現時点では、とりあえずこれだけにしておきましょう。

また、イベント詳細画面（show）は、パラメータで指定するIDを探し出し、@conferenceに入れるだけです。

app/controllers/conferences_controller.rbは以下の通り記述してください。

リスト5.11　app/controllers/conferences_controller.rb

```
class ConferencesController < ApplicationController
  def index
    @conferences = Conference.all.order('start_date desc')
  end

  def show
    @conference = Conference.find(params[:id])
  end
end
```

◇ Conferenceのビュー（index）

一覧のビューはシンプルです。app/views/conferences/index.html.erbを次のように記述してください。

リスト5.12　app/views/conferences/index.html.erb

```
<h1>イベント一覧</h1>
<ul>
<% @conferences&.each{|conf| %>
  <li><%= link_to conf.name, conference_path(conf) %> ( <%= conf.start_date %>
  <% if conf.duration > 1 then %>
```

》次ページへ続く

```
    to <%= conf.start_date + conf.duration-1 %>
  <% end %>)</li>
<% } %>
</ul>
```

@conferencesの中身を順番に<ul>環境で表示させています。link_toメソッドを使って、詳細ページに飛ばすリンクを張っています。

カッコ内で少しだけ気の利いたことをしているため、若干、複雑になっています。日程を表示するようにしていますが、2日以上の開催になるときは、最終日の日付を計算して追記するようにしています。

@conferences&.eachという記述は「2.3.2 骨格の作成」で出てきた「ぼっち演算子」です。@conferencesがnilでなければ通常の「.」と同様のメソッド呼び出しを行い、@conferencesがnilだったらnilを返すというような性質を持つものでした。

◇ Conferenceのビュー（show）

showのビューは若干複雑です。が、丁寧に読めば、たいしたことを記述しているわけではありません。4行目のd.pdateはモデルのDayクラスで記述した日時表示の関数です。app/views/conferences/show.html.erbを以下のように記述します。

リスト5.13　app/views/conferences/show.html.erb

```
<h1><%= @conference.name %></h1>
<ul>
<% @conference.days&.each { |d| %>
  <li><%= d.pdate %>
   : <%= link_to d.title, day_path(d) %>
    <ul>
      <% d.tracks&.each { |t| %>
        <li><%= t.title  %>
          <table>
            <% t.slots&.order(:start_time).each { |s| %>
            <tr valign="top">
              <td width="120px">
                  <%= s.start_time.strftime("%H:%M") %> -
                  <%= s.end_time.strftime("%H:%M") %>
              </td>
              <td><% if s.description != nil %>
                    <%= link_to s.title, slot_path(s) %>
                   <% else %>
                     <%= s.title %>
                   <% end %>
              </td>
```

》次ページへ続く

```
            </tr>
            <% } %>
          </table>
        </li>
      <% } %>
    </ul>
  </li>
<% } %>
</ul>
```

まず、大括りに日別に提示しています。strftimeメソッドは、日付オブジェクトを指定したフォーマットで表現するためのメソッドです。「：」(コロン) に続けて、Dayの詳細へリンクを張って日付タイトルを表示させています。

日ごとに表示しているのはトラック一覧です。トラックの中は、セッションの内容をテーブル（<table>）形式で表示します。セッションは開始時間（start_time）でソートして並べていることに留意してください。

表形式で表示しているのは、開始時間と終了時間、セッション詳細へのリンク（slot_path(s)）を張ったセッションタイトル（s.title）です。ここで、説明（s.description）がnilだったらリンクを張らずにタイトルだけ表示させていることに気付きましたか？ この工夫は、「休憩」とか「昼休み」などをセッションとして登録しておくことによって、本来はセッションではない情報もプログラムに表示させることができるようにするためのものです。

◇ Dayのコントローラとビュー

続いて、Dayです。showを作ります。

```
$ bin/rails g controller days show ⏎
```

Dayのコントローラも簡単です。対象日のデータを探し、変数@dayに入れるだけです。

app/controllers/days_controller.rbを以下のように記述しましょう。

リスト5.14　app/controllers/days_controller.rb

```
class DaysController < ApplicationController
  def show
    @day = Day.find(params[:id])
  end
end
```

Dayのビューも、Conferenceのビューとほぼ同じです。テーブルを使っていないこと、説明の詳細(s.description)を表示させていることなどが若干、異なるだけです。1行目で、日時の表示に関してモデルに定義したメソッドpdateを使っていることに気を付けましょう。なお、descriptionはsimple_format関数を使い、データに含まれている改行やリンクなども適切に表示させるような工夫を加えています。

app/views/days/show.html.erbを次の通り記述してください。

リスト5.15 app/views/days/show.html.erb

```
<h1><%= @day.title %> (<%= @day.pdate %>)</h1>
<ul>
<% @day.tracks.each { |t| %>
  <li><%= t.title %>
    <ul>
      <% t.slots&.order(:start_time).each { |s| %>
        <li><%= s.start_time.strftime("%H:%M") %> -
            <%= s.end_time.strftime("%H:%M") %>
          <% if s.description == nil %>
            <%= s.title %><p></p>
          <% else %>
            <%= link_to s.title, slot_path(s) %><br />
            <% if s.lecturer != nil %>
              発表者: <%= s.lecturer %>
            <% end %>
        <p><%= simple_format(s.description) %></p>
          <% end %>
        </li>
      <% } %>
    </ul>
<% } %>
</ul>
```

◇ Slotのコントローラとビュー

Slotも、showだけを作ります。

```
$ bin/rails g controller slots show ↵
```

コントローラもいたって簡単ですね。app/controllers/slots_controller.rbに1行足してください。

リスト5.16 app/controllers/slots_controller.rb

```
class SlotsController < ApplicationController
  def show
    @slot = Slot.find(params[:id])
  end
end
```

ビューは、複雑なように見えますが、これも必要な項目に対して「定義してあれば表示する操作」を繰り返しているだけです。

セッション時刻の表示には先に定義したpdatetimeを使用していること、説明の箇所はsimple_formatを使っていること（定義していなければそもそも表示しない）などに注意してください。

app/views/slots/show.html.erbを次のようにします。

リスト5.17 app/views/slots/show.html.erb

```
<h1>セッション紹介</h1>
<div class="card border-primary">
  <div class="card-header text-white bg-primary"><%= @slot.title %></div>
  <div class="card-body">
    <table class="table table-sm table-borderless">
    <tbody>
    <tr><th scope="row" width="80px">日時</th>
    <td><%= @slot.pdatetime %></td></tr>
    <tr><th scope="row">会場</th>
    <td><%= @slot.track.title %></td></tr>
    <% if @slot.description != '' %><tr><th scope="row">説明</th><td>
        <%= simple_format(@slot.description) %></td></tr><% end %>
    <% if @slot.organizer %><tr><th scope="row">担当</th><td>
        <%= @slot.organizer %></td></tr><% end %>
    <% if @slot.lecturer %><tr><th scope="row">発表者</th><td>
        <%= @slot.lecturer %></td></tr><% end %>
    <% if @slot.chair %><tr><th scope="row">座長</th><td>
        <%= @slot.chair %></td></tr><% end %>
    <% if @slot.level %><tr><th scope="row">レベル</th><td>
        <%= @slot.level %></td></tr><% end %>
    <% if @slot.audience %><tr><th scope="row">対象者</th><td>
        <%= @slot.audience %></td></tr><% end %>
    <% if @slot.background %><tr><th scope="row">前提知識</th><td>
        <%= @slot.background %></td></tr><% end %>
    <% if @slot.category %><tr><th scope="row">カテゴリ</th><td>
        <%= @slot.category %></td></tr><% end %>
    <% if @slot.material %><tr><th scope="row">資料</th><td>
        <%= link_to @slot.material, @slot.mlinkurl %></td></tr><% end %>
    </tbody>
```

》次ページへ続く

```
    </table>
  </div>
</div>
```

◇ルーティングの設定

最後はルーティングです。resourcesのホワイトリスト方式を用いて、最低限のルーティングを設定しましょう。また、http://localhost:3000/にアクセスすると、イベント一覧が表示されるようにしておきます[注5.4]。

config/routes.rbを以下のようにしてください。

リスト5.18　config/routes.rb

```
Rails.application.routes.draw do
  root to: 'conferences#index'

  resources :conferences, only: [ :show, :index ]
  resources :days, only: [ :show ]
  resources :slots, only: [ :show ]
end
```

5.2.4 テストデータの投入と確認

一通り準備ができたはずなので、テストデータを投入して、アプリが適切な挙動を示すか確認してみることにしましょう。以下の通り、テストデータのdb/seeds.rbを用意してください。このファイルでは、(モデル名) .createというメソッドで次々とダミーのテストデータを生成しています。

リスト5.19　db/seeds.rb

```
Conference.create(
    name: 'The 1st Conference',
    description: 'これは最初のイベントです',
    start_date: '2020-07-01',
    duration: 1)
c = Conference.create(
    name: 'The 2nd Conference',
    description: 'これは次のイベントです',
    start_date: '2020-08-15',
```

》次ページへ続く

注5.4　root to:をそのように設定します。

```
    duration: 2)
d1 = Day.create(
    title: '第1日',
    description: '初日です',
    seq_no: 0)
c.days << d1
d2 = Day.create(
    title: '第2日',
    description: '二日目です',
    seq_no: 1)
c.days << d2
t1 = Track.create(
    title: 'Aトラック',
    description: '初日、最初のトラックです',
    seq_no: 0)
d1.tracks << t1
t2 = Track.create(
    title: 'Bトラック',
    description: '初日、2つめのトラックです',
    seq_no: 1)
d1.tracks << t2
s = Slot.create(
    title: '第1セッション',
    organizer: 'Antonio Banderas',
    chair: 'Cynthia Erivo',
    lecturer: 'Scarlett Johansson',
    room: 'A-1',
    description: '第1セッションです',
    audience: '第1セッションを聞きたい人',
    level: '初心者',
    start_time: '2020-08-15 10:00:00',
    end_time: '2020-08-15 12:00:00')
t1.slots << s
s = Slot.create(
    title: '第2セッション',
    organizer: 'Jonathan Pryce',
    chair: 'Florence Pugh',
    lecturer: 'Yalitza Aparicio',
    room: 'A-2',
    description: '第2セッションです',
    audience: '第2セッションを聞きたい人',
    level: '初心者',
    start_time: '2020-08-15 13:00:00',
    end_time: '2020-08-15 15:00:00')
t1.slots << s
s = Slot.create(
    title: '第3セッション',
    organizer: 'Olivia Colman',
```

次ページへ続く

```
    chair: 'Marina de Tavira',
    lecturer: 'Adam Driver',
    room: 'A-3',
    description: '第3セッションです',
    audience: '第3セッションを聞きたい人',
    level: '初心者',
    start_time: '2020-08-15 15:00:00',
    end_time: '2020-08-15 17:00:00')
t1.slots << s
s = Slot.create(
    title: '第4セッション',
    organizer: 'Sam Elliott',
    chair: 'Lady Gaga',
    lecturer: 'Richard E. Grant',
    room: 'B-1',
    description: '第4セッションです',
    audience: '第4セッションを聞きたい人',
    level: '初心者',
    start_time: '2020-08-15 10:00:00',
    end_time: '2020-08-15 12:00:00')
t2.slots << s
s = Slot.create(
    title: '第5セッション',
    organizer: 'Regina King',
    chair:'Rami Malek',
    lecturer: 'Mary J. Blige',
    room: 'B-2',
    description: '第5セッションです',
    audience: '第5セッションを聞きたい人',
    level: '初心者',
    start_time: '2020-08-15 13:00:00',
    end_time: '2020-08-15 15:00:00')
t2.slots << s
s = Slot.create(
    title: '第6セッション',
    organizer: 'Timothee Chalamet',
    chair: 'Allison Janney',
    lecturer: 'Daniel Kaluuya',
    room: 'B-3',
    description: '第6セッションです',
    audience: '第6セッションを聞きたい人',
    level: '初心者',
    start_time: '2020-08-15 15:00:00',
    end_time: '2020-08-15 17:00:00')
t2.slots << s
```

「c.days << d1」や「t1.slots << s」という表現は、関連するデータを紐付けている記述です。

具体的には、c.daysやt1.slotsにそれぞれd1やsを追加しているというコードです。なお、データを生成しているcreateメソッドにおいて、外部キーを指定していない点に注意してください。外部キーなしでデータを生成しておいて、「c.days << d1」のように関連性を記述することで、データベースのデータにも適切な関係が反映されます。まさにActive Recordの面目躍如といったところです。

Presentationモデルはどうなった？ と気になっている読者の皆さんは、注意深い性格をお持ちのかたですね。PresentationはSlotのshowで表示すべきモデルです。しかし、煩雑になってしまうので、とりあえずはまだ扱わないこととします。

◆確認

rails db:seedコマンドを使えばテストデータを投入することができるのでしたね。試してみましょう。エラーがなければ、とくに何か出力されることもなく[注5.5]、データベースへのデータ投入が実施されます。

```
$ bin/rails db:seed
$ bin/rails s
```

サーバを起動して、Webブラウザでhttp://localhost:3000/にアクセスしてみましょう。図5.3のような画面が得られたでしょうか。2つのイベントが登録されており、開始日の新しい順に並べられています。

図5.3 Conference一覧画面

db/seeds.rbでは、2つめのConferenceに2つのDayを関連付けています。そこで、「The 2nd Conference」をクリックしましょう。図5.4に示すように、イベントスケジュールが整形されて表示されたでしょうか。

「第1日」をクリックすると、その日の詳細スケジュール（図5.5）が現れます。そしてセッ

注5.5　便りのないのはよい知らせ、Unixの流儀です。

ションのタイトルをクリックすれば、セッション紹介のページが現れます(図5.6)。

図5.4 Conference詳細画面(イベントスケジュール)

図5.5 Day詳細画面(イベント詳細スケジュール)

図5.6 Slot詳細画面(セッション紹介)

5.3 ユーザ管理とマイページ

ここまでの実装で、要求事項に挙げた項目のうち4項目は、既に対応できてしまいました。ちょっとしたコードを用意するだけで、これほどのWebアプリがすぐにできてしまうという容易さは、Railsならではといえるでしょう。

次は、ユーザ管理機能を導入してマイページで自らの興味のあるセッションを登録できるようにします。

5.3.1 deviseのインストール

ユーザ管理まわりをスクラッチから作るのはたいへんなので、DiaLogBookを開発したときと同様に、deviseを導入して既存のコードに任せてしまうことにしましょう。ただし、認証をメールアドレスではなくユーザ名で行うようにする改良は、前回と同じ手順で実施します。

まずは、deviseをインストールします。Gemfileに次を追記してください。

リスト5.20 Gemfile

```
gem 'devise'
gem 'devise-i18n'
```

Gemfileに必要事項を記載したら、bundle installしてgemをインストールします。

```
$ bundle install⏎
```

◇ deviseの修正

さて、deviseの調整をしていきます。修正作業も第3章で示した手順とほぼ同じです。思い出しながら作業を進めてください。詳細が不安になったら、うろ覚えで作業を続けると失敗してしまうかもしれません。必要に応じて第3章の該当部分をきちんと参照し、確認しながら作業をしていくとよいでしょう。

では、まずはdevise本体の設定からです。

```
$ bin/rails g devise:install ⏎
```

config/environments/development.rbに以下を追記します。

リスト5.21　config/environments/development.rb

```
config.action_mailer.default_url_options =
      { host: 'localhost', port: 3000 }
```

ビューとユーザのモデルを作ります。

```
$ bin/rails g devise:i18n:views ⏎
$ bin/rails g devise user ⏎
```

作成されたapp/model/users.rbには以下を追記しておきましょう（emailがなくても適切に動作させるため）。

リスト5.22　app/model/users.rb

```
  def email_required?
    false
  end
```

また、deviseの機能の1つである:recoverableを削除しておきます。作業の詳細については、第3章のページを参照してください。同じ手順で作業を実施します。

次に、ユーザ名（username）とフルネーム（fullname）のカラムを追加するマイグレーションファイルを作成します。

```
$ bin/rails g migration add_username_to_users username:string:uniq ⏎
$ bin/rails g migration add_fullname_to_users fullname:string ⏎
```

emailで認証するデフォルトで提供されている機能を、usernameで認証するように変更しましょう。

config/initializers/devise.rbの:emailとなっているところを:usernameに変更[注5.6]します。作業の詳細については「3.3.1 認証方式の切り替え」を参照してください。作業手順は全く同じです。

ユーザ管理関係のコントローラと、マイページのコントローラを作成します。後者の操作で

注5.6　一箇所、コメントアウトを外すのを忘れずに！

は、app/controllers/mypage/home_controller.rbというファイルが作成されます。

```
$ bin/rails g devise:controllers users
$ bin/rails g controller mypage/home index
```

app/controllers/mypage/home_controller.rbには、ログインしていない状態でそこへのアクセスが行われたら、ログイン画面に誘導するように、以下のような修正を加えておきます。具体的には、2行目のbefore_actionで始まる文を追記します。

リスト5.23 app/controllers/mypage/home_controller.rb

```
class Mypage::HomeController < ApplicationController
  before_action :authenticate_user!, only: :index

  def index
  end
end
```

app/controllers/users/sessions_controller.rbなど[注5.7]を書き換えて、usernameでログインできるように修正します。DiaLogBookで作成したファイル群をそのままコピーしても大丈夫です。

また、usernameとfullnameをサニタイジング対象としてデータベースに登録するための処理、app/controllers/users/sessions_controller.rbとapp/controllers/users/registrations_controller.rbの、2つのファイルに対する処理も忘れないようにしておきましょう。

emailのインデクスを削除するマイグレーションファイルを作成します。

```
$ bin/rails g migration remove_index_email_from_users
```

そのファイルにremove_index :users, :emailの1行を追記します。

リスト5.24 db/migrate/XXXXXXXXXXXXXX_remove_index_email_from_users.rb

```
class RemoveIndexEmailFromUsers < ActiveRecord::Migration[6.0]
  def change
    remove_index :users, :email
  end
end
```

注5.7 書き換えるべきファイルの詳細については、「3.3.1 認証方式の切り替え」を参照のこと。

データ関連の修正はこれで終わりです。マイグレーションを実施しましょう。

```
$ bin/rails db:migrate ⏎
```

◇ヘッダセクションの追加

以上でだいたいOKなのですが、この状態でログインすると、ログアウトへのリンクやログアウトボタンがないので、ログインしっぱなしになってしまいます。

ログイン、サインアップ、ログアウトなど、機能的なボタンを配置したナビゲーションバーや、メッセージ表示領域を追加しておきましょう。DiaLogBookと同じデザインです（芸がなくてすみません……)。

app/views/layouts/application.html.erbの後半部分に下記を追記してください。

リスト5.25 app/views/layouts/application.html.erb

```
…(略)…
  <body>
  <header>
    <nav class="navbar navbar-dark bg-dark">
      <% if user_signed_in? %>
        <div class="btn btn-success">
          <%= link_to 'MyPage', mypage_user_path(current_user.id),
            class: 'text-white' %></div>
        <div class="text-white">
          <%= current_user.fullname %></div>
        <div class="btn btn-danger">
          <%= link_to 'logout', destroy_user_session_path,
            method: :delete,  class: 'text-white' %></div>
      <% else %>
        <div class="btn btn-primary">
           <%= link_to 'login', new_user_session_path,
            class: 'text-white' %></div>
        <div class="text-white">OLiVES</div>
        <div class="btn btn-success">
           <%= link_to 'sign up', new_user_registration_path,
            class: 'text-white' %></div>
      <% end %>
    </nav>
  </header>
    <% if notice %>
      <div class="alert alert-info alert-dismissible fade show"
            role="alert"><%= notice %>
       <button type="button" class="close"
            data-dismiss="alert" aria-label="dismiss">
```

》次ページへ続く

```
         <span aria-hidden="true">&times;</span>
       </button></div>
    <% end %>

    <% if alert %>
      <div class="alert alert-warning alert-dismissible fade show"
            role="alert"><%= alert %>
       <button type="button" class="close"
            data-dismiss="alert" aria-label="dismiss">
         <span aria-hidden="true">&times;</span>
       </button></div>
    <% end %>
    <div class="container">
    <%= yield %>
    </div>
  </body>
</html>
```

◇ルーティングの追加と確認

最後に、ルーティングを指定しないとRailsアプリは正しく動作してくれません。config/routes.rbファイルを以下の通りに修正します。

追記すべき箇所は、「namespace :mypage do ... end」の部分と、「devise_for :users, controllers: { ... }」の箇所です[注5.8]。

リスト5.26 config/routes.rb

```
Rails.application.routes.draw do
  namespace :mypage do
    root to: 'home#index'
    resources :users, only: [ :show, :update, :edit ]
  end

  devise_for :users, controllers: {
    sessions:      'users/sessions',
    passwords:     'users/passwords',
    registrations: 'users/registrations'
  }

  root to: 'conferences#index'

  resources :conferences, only: [ :show, :index ]
  resources :days, only: [ :show ]
```

》次ページへ続く

注5.8 前者のうちresourcesの指定はまだ現時点では本質的に必要ではないのですが、これを入れておかないと、MyPageへのリンクで使用するmypage_user_pathが生成されないため、エラーになります。後で使うので、ここできちんと定義しておきましょう。

```
  resources :slots, only: [ :show ]
end
```

以上の設定が終わったら、サーバを起動して、http://localhost:3000/mypage/にアクセスしてみましょう。**図5.7**に示すようなログイン画面が出てきたでしょうか。

図5.7　ログイン画面(MyPageへアクセス)

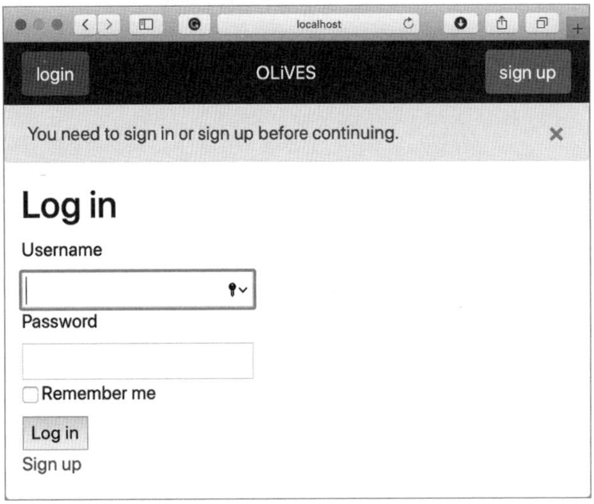

SignUpのページに移動し、適当なアカウントを作りましょう[注5.9]。作成後、ページが遷移して**図5.8**のようなログインメッセージとともに、トップページが表示されれば、ユーザ管理機能の追加は成功です。

なお、ログインしてからマイページにアクセスしようとすると、エラーになります。なぜなら、まだマイページ関連のコントローラもビューも作成していないからです。ログイン後にマイページにアクセスして、エラーになってしまったからといっても、驚かないようにしてください。

注5.9　作成したアカウントの情報はメモしておきましょう。

図5.8　ログイン後の画面

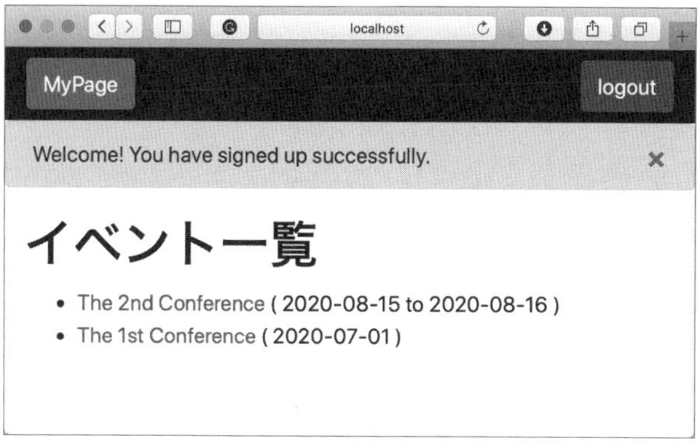

5.3.2　部分的なアクセスコントロール

deviseを用いたユーザ管理機構の導入は、第3章で紹介したやり方とほぼ同じでした。駆け足で示したので、詳細が不安な人は、第3章に記載した手順を参照してください。

◇ DiaLogBookとの違い

ところで、前回のユーザ管理と今回のユーザ管理では、大きく異なる点があります。DiaLogBookは簡易SNSなので、基本的に「ログインして使う」という前提です。したがって、何はともあれdeviseを利用したユーザ認証のプロセスが最初に必要になっていました。

一方、今回のOLiVESは、これまで構築してきたように、ユーザ認証をせずに使うことができます。あえてユーザ認証のプロセスを入れるのは、協調フィルタリングによるレコメンデーション機能を有効にしたいがために、ユーザに「興味があるセッション」を入力してもらうため、そしてユーザの利便性として「興味があるセッションリスト」を提供するためです。また、管理者がログインすることでWebアプリ画面からデータ投入を可能にする目的もあります。

そこで、今回は「部分的に、あるURLにアクセスしたときにユーザ認証を行う」という方針で設計することにしたわけです。具体的には、マイページへアクセスしようとしたときに、初めてユーザ認証を行うという方針をとることにしました。

◇ 部分的なリソースに対するアクセス制限の実現方法

第3章での作業と実装上の違いを明確にしておきましょう。

home_controllerを作成するときに、mypage/という接頭辞を付けて、以下のように作成しました。

```
$ bin/rails g controller mypage/home index ⏎
```

この操作でできたファイルはapp/controllers/mypage/home_controller.rbです。そしてそのファイルで定義される各種メソッドへのルーティングは、ルーティングの設定ファイル(config/routes.rb)における、次の「root to:」部分の記述で対応付けられています。

当該部分が「namespace :mypage do 〜 end」という記述に囲まれていることに注意してください。

リスト5.27　config/routes.rb

```
namespace :mypage do
  root to: 'home#index'
  resources :users, only: [ :show, :update, :edit ]
end
```

この設定と、同ファイルに追記された次のbefore_actionの条件から、mypageというリソース、すなわち、http://localhost:3000/mypage/へアクセス[注5.10]が行われたときにユーザ認証が必要になるという設定を実現しているのです。

リスト5.28　app/controllers/mypage/home_controller.rb

```
class Mypage::HomeController < ApplicationController
  before_action :authenticate_user!, only: :index

  def index
  end
end
```

同様の仕組みは、DiaLogBookにAdministrateを導入したときにも実は組み込まれていました。今回とほぼ同じということに気付きましたか?

Administrateをインストールして設定すると、config/routes.rbに以下の記述が埋め込まれます。そして管理部分へのURLは「/admin」が追加されたものでした。今回とほぼ同様ということが分かるでしょう[注5.11]。

注5.10　これはローカルでテストしている状況下でのURLです。ドメイン名およびポート番号の部分は、サーバの条件により変わります。

注5.11　こちらは「namespace :admin do 〜 end」で括られています。

リスト5.29　config/routes.rb

```
namespace :admin do
  resources :users
  resources :visits
  resources :posts

  root to: "users#index"
end
```

ところで、ユーザ認証に関して補足しておきます。ひとたびログインしてしまえばアプリ全体で変数current_userなどが使えます。これは、このあといろいろと活用していくので、都度、気を付けてみてください。

5.3.3 ちょっとしたアップデート

ユーザ登録ができ、ログインすることでユーザごとに挙動を管理できるようになりました。しかし、まだマイページが作成されていないので、ユーザ認証の意味があまりありません。

マイページを作り込んでいく作業は次節に回すことにするとして、本節の最後に、ちょっとした機能追加をしておくことにします。

◇パンくずリスト

現在、作り込んだページは、Conference一覧画面（図5.3）、Conference詳細画面（図5.4）、Day詳細画面（図5.5）、およびSlot詳細画面（図5.6）の4種類です。しかし、これらの間は、個別のハイパーリンクで結ばれているとはいえ、統一的な管理がなされていません。

そこで、管理用に、いわゆる「パンくずリスト」[注5.12]と呼ばれる機能を追加します。各ページの上に、上位のカテゴリに戻れるようなリンクを付与する機能です（図5.9）。

注5.12　ヘンゼルとグレーテルの童話に由来する機能です。ページ遷移を続けていると居場所が分からなくなってしまうということを避けるために、いまどこにいるのか？ を明示的に示す機能として考えられました。

図5.9　パンくずリスト

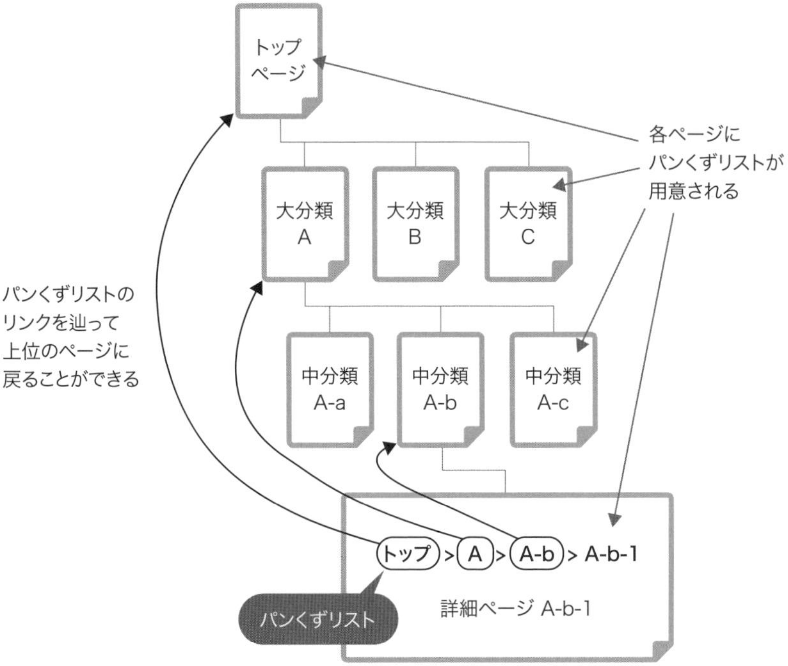

パンくずリストの作成は、順序付きリスト（OL：ordered list）で用意し、Bootstrapがパンくずリスト用に設定しているクラスとして指定してあげればOKです。

まず、app/views/conferences/show.html.erbの先頭に、以下を追記しましょう。

リスト5.30　app/views/conferences/show.html.erb

```
<nav aria-label="breadcrumbs">
  <ol class="breadcrumb mb-1 bg-white">
    <li class="breadcrumb-item"><%= link_to 'Top', root_path %></li>
    <li class="breadcrumb-item">Conference</li>
  </ol>
</nav>
```

次は、app/views/days/show.html.erbです。同様に、先頭に下記を追記します。

リスト5.31　app/views/days/show.html.erb

```
<nav aria-label="breadcrumbs">
  <ol class="breadcrumb mb-1 bg-white">
    <li class="breadcrumb-item"><%= link_to 'Top', root_path %></li>
```

次ページへ続く

```
    <li class="breadcrumb-item"><%= link_to 'Conference', conference_path⇦
(@day.conference) %></li>
    <li class="breadcrumb-item">Day</li>
  </ol>
</nav>
```

最後は、app/views/slots/show.html.erbです。下記を先頭に追記してください。

リスト5.32　app/views/slots/show.html.erb

```
<nav aria-label="breadcrumbs">
  <ol class="breadcrumb mb-1 bg-white">
    <li class="breadcrumb-item"><%= link_to 'Top', root_path %></li>
    <li class="breadcrumb-item"><%= link_to 'Conference', conference_path⇦
(@slot.track.day.conference) %></li>
    <li class="breadcrumb-item"><%= link_to 'Day', day_path(@slot.track.⇦
day) %></li>
    <li class="breadcrumb-item active" aria-current="page">Session</li>
  </ol>
</nav>
```

これらは、Bootstrapの機能を使った「パンくずリスト」の設定です。Bootstrapで定義されているbreadcrumbクラスを適用することで、単なる<ol>が**図5.10**のヘッダと見出しの間に現れているような「パンくずリスト」として表現されています。

図5.10　パンくずリストの導入

図5.10のパンくずリストにおいて、Top、Conference、Dayといった上位のカテゴリはリンクになっています。それぞれのリンクをクリックして、上の階層に戻れることを確認してみましょう。

5.4 「参加登録」機能

さて、ユーザ登録ができるようになりましたが、いかんせん、まだ意味のあるマイページがありません。マイページを導入し、お気に入りのセッションを登録できるようにしていきましょう。なお、マルチトラックのイベントを想定しているので、ここでは便宜上、セッションにチェックすることを「参加登録する」[注5.13]ということにします。

本節での作業は、まず、ちゃんとしたマイページを準備し、参加予定「イベント」の登録を行うところから始めます。セッションではなく、イベント全体の登録という点に注意してください。

その後、セッションへの参加登録をするために新たなモデルParticipationを導入します。登録処理に関する修正を各所に加え、最後に、一括して登録できる機能を考えます。

5.4.1 マイページの準備

前節でユーザ登録機能を導入したときに、ルーティング設定としてconfig/routes.rbに「resources :users, ...」という1行を入れておきました。これにより、ユーザのマイページを表示(show)し、編集(edit)し、更新(update)することができるようになっています。

リスト5.33 config/routes.rb

```
namespace :mypage do
  root 'home#index'
  resources :users, only: [ :show, :update, :edit ]
end
```

しかし、まだコントローラすら作っていません。そこで、いつものようにコントローラとビューの雛形を次のコマンドで作成しましょう。mypageディレクトリの下に作成します。

```
$ bin/rails g controller mypage/users_controller show edit update ↵
```

この状態でサーバを起動、先ほど作成したユーザでログインし、MyPageボタンを押すと、

注5.13 文脈によって、お気に入り、あるいは、興味があると表現することもあるので気を付けてください。

図5.11のような無垢なマイページが表示されます。

図5.11　未完のマイページ

◇個人限定のマイページ

ここで、少しコントローラとビューに細工します。

app/controllers/mypage/users_controller.rbのshowメソッドに1行追加します。内容はもう説明するまでもないですね？ 該当するマイページのユーザをデータベースから選んできています。

リスト5.34　app/controllers/mypage/users_controller.rb

```
class Mypage::UsersController < ApplicationController
  def show
    @user = User.find(params[:id])
  end

  def edit
  end

  def update
  end
end
```

続いてビューです。雛形のapp/views/mypage/users/show.html.erbに、ちょっとだけ手を加えます。

リスト5.35　app/views/mypage/users/show.html.erb

```
<h1>Mypage::Users#show<br /><%= @user.fullname %></h1>
<p>Find me in app/views/mypage/users/show.html.erb</p>
```

さて、この状態で、マイページにアクセスしてみましょう。自分が登録した「名前(fullname)」が表示されています。

ヘッダ部分を見てください。真ん中にも自分の名前が表示されているはずです。これはナビバーの定義のうち、氏名を表示する部分のコードが適用された結果です。

app/views/layouts/application.html.erbから該当部分を抜粋します。2つめの<div>で囲まれた箇所にその記載があります。

リスト5.36　app/views/layouts/application.html.erb

```
<nav class="navbar navbar-dark bg-dark">
      <% if user_signed_in? %>
        <div class="btn btn-success">
          <%= link_to 'MyPage', mypage_user_path(current_user.id),
            class: 'text-white' %></div>
        <div class="text-white">
          <%= current_user.fullname %></div>
        <div class="btn btn-danger">
          <%= link_to 'logout', destroy_user_session_path, method: :delete,
            class: 'text-white' %></div>
```

ブラウザのアドレスバーに、違うユーザのマイページを表示するようなURLを直接入れてみましょう。2つ以上アカウント登録して試してみてください。たとえば、ユーザIDが1番のアカウントでログインし、http://localhost:3000/mypage/users/2にアクセスしてみる、という具合です。

図5.12　他人のマイページにアクセス？

図5.12は、Will Smith Jr.がTommy Lee Jonesのマイページにアクセスできてしまっている状況です。ヘッダ部分に表示されている名前と、本文中に表示されている名前を見比べてみてください。

SNSと違い、今回はマイページはごく個人的なページです。これはいけません。個人のマイページはその人専用のページであるべきで、他人がアクセスできてはいけないページなのです。

◇アクセスコントロールの追加

そもそも、ログインしていない状態[注5.14]でマイページにアクセスできてしまうことからして問題です。

これはapp/controllers/mypage/home_controller.rbへの処置と同じ対処が必要であるということを意味しています。ログインしていないときにユーザのマイページにアクセスしようとしたときにはログインページに誘導し、また、他人のマイページにはアクセスできないようにする、その処置を入れておかねばなりません。

app/controllers/mypage/users_controller.rbに次の記述を入れましょう。

リスト5.37 app/controllers/mypage/users_controller.rb

```
class Mypage::UsersController < ApplicationController
  before_action :authenticate_user!
  before_action :only_my_page_can_be_accessible!

  def show
  end

  def edit
  end

  def update
  end

  private
  # only my-own-page can be accessible
  def only_my_page_can_be_accessible!
    @user = User.find(params[:id])
    redirect_to mypage_user_path(current_user) if @user != current_user
  end
end
```

2つのアクセスコントロールを追加しました。いずれもbefore_actionで指定することで、

注5.14 何らかのユーザでログインしている状態であれば、いったんログアウトしてから試してみてください。

それぞれの処理が行われる前に、必ず実施されます。

1つめは、authenticate_user!メソッドでマイページにはログインが必要であることを確認するものです。2つめは、新しくonly_my_page_can_be_accessible!というプライベートメソッドを定義しました。このメソッドは簡単なので、説明するまでもなさそうですが、マイページの所有者である@userと、ログインしているユーザ（current_user）を比較して、もし異なっていたらそのユーザのマイページ（mypage_user_path）にリダイレクトさせるという処理を記述しています。

なお、ここで@userに値を代入しているので、showメソッドでの代入は必要なくなりました。削除されていることに注意してください。

◇確認と落ち穂拾い

以上の修正で、ログインしなければマイページにはアクセスできなくなり、さらに、他人のマイページにもアクセスできないようになったはずです。複数のアカウントを使い分けて、適切な動作が実現できているかどうかを確かめてみてください。他人のマイページにアクセスできてしまう図5.12のような混乱した状態は回避できるようになったはずです。

ところで、ログインした状態でhttp://localhost:3000/mypage/にアクセスすると、ダミーで用意したトップページが見えてしまいます。

そこで、app/controllers/mypage/home_controller.rbのindexメソッドに、個人のマイページへリダイレクトさせる処理を書いておきましょう。同ファイルを次のようにすればOKです。

リスト5.38　app/controllers/mypage/home_controller.rb

```
class Mypage::HomeController < ApplicationController
  before_action :authenticate_user!, only: :index

  def index
    redirect_to mypage_user_path(current_user)
  end
end
```

5.4.2 参加予定イベントの登録

準備が整ったので、マイページの作り込みを進めていきましょう。

ところで、マイページには何を表示すべきでしょうか。要求事項の整理をしたときには、次のような要件が挙げられていました。

・ユーザ登録でき、自分が興味のあるセッションを表示するマイページを持つこと

なるほど、各セッションに「興味がある」とマークし、その一覧を表示すればよさそうですね。ところで、このセッションは、どのイベントのセッションを一覧表示すればよいのでしょう？ 全てのイベントに該当するセッションをまとめて表示すべきでしょうか？

マークした全てのセッションを表示するのは混乱のもとになりそうです。まずは、イベントをひとつ選び、それに限定して表示させるようにしたほうがよさそうですね。とすると、Userモデルに手を入れる必要がありそうです。Userモデルに、参加予定「イベント」の情報を持たせるようにしましょう。

◇参照の追加

存在しないConferenceへ参加することはできません。ということは、Userモデルに追加する参加予定のConferenceは、リファレンスとして追加するとよさそうですね。Userモデルに Conferenceへのリファレンスを加えましょう。マイグレーションファイルを用意します。

```
$ bin/rails g migration add_conference_ref_to_users conference:references
```

作成されたマイグレーションファイルは次のようになっています。しかし、これをそのまま適用すると、ちょっとした問題が発生します。

リスト5.39 db/migrate/XXXXXXXXXXXXXX_add_conference_ref_to_users.rb

```
class AddConferenceRefToUsers < ActiveRecord::Migration[6.0]
  def change
    add_reference :users, :conference, null: false, foreign_key: true
  end
end
```

その問題とは「どのイベントにも参加しないユーザがいるはず」という状況に、このままでは対応できないという問題です。

上記の設定では「null: false」となっているので、conferenceがnilの状態になっていることは許されません。しかし、その状態を確実に維持するためには、ユーザ登録時に必ず何がしかの値を入れなければなりません。しかも外部キー制約が付いているので、適当な値を入れてしまうわけにもいきません。

そこで、null制約を外しておきます。以下のように、マイグレーションファイルの該当部分を「null: true」に修正しておきましょう。

リスト5.40　db/migrate/XXXXXXXXXXXXXX_add_conference_ref_to_users.rb

```
class AddConferenceRefToUsers < ActiveRecord::Migration[6.0]
  def change
    add_reference :users, :conference, null: true, foreign_key: true
  end
end
```

修正したうえで、マイグレーションを実施します。

```
$ bin/rails db:migrate ⏎
```

モデル間の関係を新たに導入したので、モデルのファイルも修正します。

app/models/conference.rbには、has_many :usersを追加します。

リスト5.41　app/models/conference.rb

```
class Conference < ApplicationRecord
  has_many :days, dependent: :destroy
  has_many :users
end
```

app/models/users.rbには、belongs_to :conference, optional: trueを追加します。

リスト5.42　app/models/users.rb

```
class User < ApplicationRecord
  belongs_to :conference, optional: true
  devise :database_authenticatable, :registerable,
         :rememberable, :validatable

  def email_required?
    false
  end
end
```

◇コントローラの修正

コントローラのshowメソッドを変更します。

app/controllers/mypage/users_controller.rbを以下のように修正します。

リスト5.43 app/controllers/mypage/users_controller.rb

```
class Mypage::UsersController < ApplicationController
  before_action :authenticate_user!
  before_action :only_my_page_can_be_accessible!

  def show
    @conference = @user.conference
    @conferences
        = Conference.all.map { |x| x.name } if @conference == nil
  end

  …(略)…
```

モデルを定義するファイルに関係を追記したので、@user.conferenceという表記でユーザに紐付けられた会議イベントのデータを参照することができるようになっています。

また、ユーザに対応する会議イベントが紐付けられていなかったときは、ユーザに選んでもらう必要があります。その場合は、イベント一覧の名称を取得し、配列@conferencesに入れてビューに渡します。mapメソッドを使って全てのnameを取得し、新しく配列を作る操作ですね。この情報はプルダウンメニューの作成に使われます。

◇ビューの追加

マイページのビューを追加します。app/views/mypage/users/users/show.html.erbを修正します。

@conferenceの有無で処理を分けています。既に登録されている場合はそれを表示し、変更するためのボタンを示します。登録されていないときは、イベントを選択するプルダウンメニューを提示します。

リスト5.44 app/views/mypage/users/users/show.html.erb

```
<h1><%= @user.fullname %> のマイページ</h1>
<% if @conference != nil %>
<p>参加予定のイベント:
  <%= link_to @conference.name, conference_path(@conference) %></p>
<p>参加予定のイベントを変更する
  <%= form_with model: [:mypage, @user] do |f| %>
    <%= f.hidden_field :conference, value: nil %>
    <%= f.submit 'イベントを変更', class: 'btn btn-primary' %>
  <% end %>
</p>
```

》次ページへ続く

```
<% else %>
<p>
  <%= form_with model: [:mypage, @user] do |f| %>
    <%= f.label '参加予定のイベント: ' %>
    <%= f.select :conference, @conferences,
        {include_blank: 'イベント選択'}, class: 'form-control' %>
    <%= f.submit '登録', class: 'btn btn-primary' %>
  <% end %>
</p>
<% end %>
```

form_withメソッドの使い方で、若干、説明が必要なところがあるため注釈を加えておきましょう。通常、form_withメソッドでは、対象とするモデルを引数に与えて、次のように記述します。この例では、@userに関するフォームを用意するということを示しています。

リスト5.45　form_withの使い方

```
<%= form_with model: @user do |f| %>
```

しかし、この記述だとuser_pathにアクセスできないというエラーになってしまいます。それは、ユーザのコントローラをmypageという名前空間の中に入れてしまったからですね。その対応のためには、名前空間を表すシンボル（:mypage）とともに、次のように渡してあげればOKです。

リスト5.46　app/views/mypage/users/users/show.html.erb

```
<%= form_with model: [:mypage, @user] do |f| %>
```

参加予定のイベントを変更する処理は、たいへんシンプルなアイデアで実現されます。すなわち、conferenceという名前のhidden_fieldを用いて、nilを送ります。意図としては、conferenceの登録をnilでクリアして、選択画面に戻してあげようということです。選択画面は、フォームのselectメソッドを利用して、プルダウンメニューを描画しています。メニューに並べるデータは@conferencesに入っています。ユーザがどれかひとつを選んだら、conferenceという名前でサーバにデータが送られます。

◇確認

サーバを起動して、マイページを表示させてみましょう。図5.13のようなプルダウンメニューが出てきましたか？

図5.13　イベント登録がないときのマイページ（イベント選択画面）

現時点での実装では「登録」ボタンを押しても何も起こりません。なぜでしょうか。それはupdateメソッドをまだ定義していないからです。

サーバのログを観察していると、次のようなメッセージが出ていることに気付きます。「登録」ボタンを押した後の反応です。PATCHコマンドが送信され、それを受けてMypage::UsersControllerのupdateが呼び出されていることが分かります。

```
Started PATCH "/mypage/users/1" for ::1 at 2020-12-14 15:52:11 +0900
Processing by Mypage::UsersController#update as JS
  Parameters: {"authenticity_token"=>"R78Npid8Apwsjljd8aQEPN/YfBmes0Qq7uQwds
1I4qCLHdsXZB7lMcg2vUNTDq2vSP4HG3068JTTs2/yIJcQKQ==",
"user"=>{"conference"=>"The 2nd Conference"}, "commit"=>"登録", "id"=>"1"}
```

◇コントローラの修正

updateメソッドを実装します。ストロングパラメータを処理するuser_paramsメソッドも定義しておきましょう。

app/controllers/mypage/users_controller.rbの該当箇所を次のように追記します。

リスト5.47　app/controllers/mypage/users_controller.rb

```
  def update
    p = user_params
    current_user.conference = Conference.find_by(name: p[:conference])
    current_user.save
    redirect_to mypage_user_path(current_user)
  end
  …(略)…
```

》次ページへ続く

```
private
…(略)…
def user_params
  params.require(:user).permit(:conference)
end
```

◇確認

修正は以上です。サーバを起動、ログインして、イベントを登録できるかどうかを確認してみましょう。イベントをプルダウンで選択してから「登録」ボタンを押して、図5.14のような画面に遷移することを確かめてください。また、「イベントを変更」ボタンを押すと、再びイベント選択画面に戻ることも確認してみましょう。

図5.14　イベント登録済みのマイページ

5.4.3 Participationモデル

次はセッションの登録を考えます。セッションはたくさん数があり、複数のセッションへ参加登録することを考慮すると、イベントへの登録と同じ方法は使えなさそうです。

DiaLogBookで「訪問」モデル（Visitモデル）を導入した経緯を思い出しましょう（「4.2.2 Visitモデルの作成」）。あれと同じような戦略をとることができそうです。すなわち、セッションへ参加するという情報を、何らかの形で記録していけばよさそうだというアイデアです。

◇モデルの作成

Participation（参加）モデルを作ります。ユーザ（User）が、セッション（Slot）に参加する、ということを考慮すれば、それだけをカラムに持てばよさそうです。しかし、使い方を想定すると、イベント（Conference）の情報も持たせていたほうが使い勝手がよさそうだということに思い至ります。

rails g modelコマンドを、次のようなパラメータ付きで投入しましょう。conference、user、slotの全てをreferencesとして作成するというパターンです。

```
$ bin/rails g model participation conference:references user:references⇦
 slot:references ⏎
```

生成されたParticipationモデルは、conference、user、slotそれぞれに対して、自動的にbelongs_to句が付けられます。ユーザとセッションの情報は不確定要素が高く、削除される可能性もあることを想定して、バリデーションを付けておきましょう。

app/models/participation.rbに、validatesで始まる2行を追記します。

リスト5.48　app/models/participation.rb

```
class Participation < ApplicationRecord
  belongs_to :conference
  belongs_to :user
  belongs_to :slot

  validates :user_id, presence: true
  validates :slot_id, presence: true
end
```

Conference、User、Slotの各モデルには、has_many句の関係性を追記しておきましょう。

app/models/conference.rbには、participationsから多数参照されることを記述します。

リスト5.49　app/models/conference.rb

```
class Conference < ApplicationRecord
  has_many :days, dependent: :destroy
  has_many :users
  has_many :participations
end
```

app/models/user.rbへの追記は、少しだけ複雑です。

まず、Userモデルは多数のParticipationモデルと関連を持つため、has_many :participationsの記述が必要です。さらに、Participationを介して多数のセッション（Slot）にも関連しているので、「has_many :slots, through: :participations」という記述も追記しておきます。

リスト5.50　app/models/user.rb

```
class User < ApplicationRecord
  belongs_to :conference, optional: true
  has_many :participations
  has_many :slots, through: :participations
  devise :database_authenticatable, :registerable,
         :rememberable, :validatable

  def email_required?
    false
  end
end
```

Slotも同様です。Participationを介して対照的な関係にありますね。

app/models/slot.rbに「has_many :participations」と「has_many :users, through: :participations」の両者を記載しておきます。

リスト5.51　app/models/slot.rb

```
class Slot < ApplicationRecord
  belongs_to :track
  has_many :presentations, dependent: :destroy
  has_many :participations
  has_many :users, through: :participations

  def pdatetime
    start_time.strftime("%Y年%m月%d日") + " " +
    start_time.strftime("%H:%M") + " - " +
    end_time.strftime("%H:%M")
  end
end
```

準備ができたら、マイグレーションを実施してください。

```
$ bin/rails db:migrate ⏎
```

5.4.4 セッションの登録

それでは、セッションへの参加登録を考えていきましょう。セッションへ登録するシナリオは、次のようなユースケースが考えられるのではないでしょうか？

1. ログインする
2. 各セッションのページを訪問する
3. 「これは面白いな」と思ったページをチェックする
4. 後からチェックした一覧をマイページで確認する

最後に確認したページからは、それぞれのセッション情報に飛べるとよいですよね？
このユースケースに従い、これを実現するようなアプリとして構築していくことにします。

◇ Slotの更新（コントローラとビュー）

Slotのコントローラとビューを更新します。
app/controllers/slots_controller.rbを次のようにしてください。

リスト5.52 app/controllers/slots_controller.rb

```
class SlotsController < ApplicationController
  def show
    @slot = Slot.find(params[:id])
    @user = current_user
    @participation = Participation.find_by(user: @user, slot: @slot)
  end
end
```

現在ログインしているユーザ[注5.15]と、ユーザが参加しているかどうかのParticipation情報を変数に格納しておきます。find_byメソッドでユーザとセッションの両方を指定して探している点に注意しましょう。
続いてビューです。app/views/slots/show.html.erbの後半を大幅に変更します。

リスト5.53 app/views/slots/show.html.erb

```
…(略)…
    <% if @user != nil %>
      <tr><th scope="row">参加予定</th>
```

》次ページへ続く

注5.15 ログインしていないときはnilなので、検索しても出てきません。実装上は問題ありません。

```
      <td><%= @participation ? "登録済" : "未登録" %></td></tr>
    <% end %>
    </tbody>
    </table>
  </div>
  <% if @user != nil && @user.conference == @slot.track.day.conference %>
  <div class="card-footer">
    <% if @participation != nil %>
      <%= form_with url: participation_path(@participation),
            method: :delete do |f| %>
        <%= f.submit '登録をやめる', class: 'btn btn-danger' %>
      <% end %>
    <% else %>
      <%= form_with model: Participation.new do |f| %>
        <%= f.hidden_field :uid, { value: @user.id } %>
        <%= f.hidden_field :sid, { value: @slot.id } %>
        <%= f.submit '登録する', class: 'btn btn-primary' %>
      <% end %>
    <% end %>
  </div>
  <% end %>
</div>
```

いずれもログインしているときにしか影響はありません（if @user ... と条件分岐しているため）。

◇登録情報の更新（ルーティングの修正と確認）

このままだとまだエラーが発生します。追加したform_withを処理するなかで、participations_pathが定義されていないというエラーが生じます。そこで、config/routes.rbに行を追加します。

participationsへのリソース定義（次のリストにおける下から2行目）を追記しましょう。

リスト5.54　config/routes.rb

```
Rails.application.routes.draw do
  …(略)…

  root to: 'conferences#index'

  resources :conferences, only: [ :show, :index ]
  resources :days, only: [ :show ]
  resources :slots, only: [ :show ]
  resources :participations, only: [ :create, :destroy ]
end
```

サーバを起動してログインし、セッションのページにアクセスしてみましょう。ユーザのマイページできちんと「登録済みイベント」のセッションを参照しないとダメですよ。

図5.15に示すように、「登録する」というボタンがページの下部に表示されたでしょうか。

図5.15　セッション登録ボタン

◇ Participation登録の処理

「登録する」ボタンを押しても、何も起こりません。なぜなら、Participationのcreateメソッドを実装していないからです。ボタンを押したときにサーバのログを監視していると、次のような表示が出てくることに気付きます。

```
Started POST "/participations" for ::1 at 2020-12-14 20:51:46 +0900
```

POSTメソッドでparticipationsへのリクエストが発生しているということです。実は、rails routesコマンドで確認すると分かるように、既にParticipationに関するcreateとdestroyのルーティングは登録済みなのです。以下は、rails routesコマンドの出力から抜粋したものです。

```
participations   POST     /participations(.:format)
                                    participations#create
 participation   DELETE   /participations/:id(.:format)
                                    participations#destroy
```

このようにルーティング設定はもう済んでいるので、次は、コントローラです注5.16。

◇コントローラの追加

Participationのコントローラを追加しましょう。Participationは動的に生成と削除を繰り返します。したがって、以下のコマンドでcreateとdestroyの2つを作ります。

```
$ bin/rails g controller participations create destroy ⏎
```

作成されたapp/controlers/participations_controller.rbは、以下のようにそれぞれのメソッドを記述してください。少し長いものの、それほど難しい処理を行っているわけではありません。

リスト5.55　app/controlers/participations_controller.rb

```
class ParticipationsController < ApplicationController
  def create
    p = participation_params
    user = User.find(p[:uid])
    slot = Slot.find(p[:sid])
    conf = slot.track.day.conference
    Participation.create(user: user, slot: slot, conference: conf)
    user.conference = conf
    user.save
    flash[:notice] = '「' + slot.title + '」を登録しました'
    redirect_to mypage_user_path(user)
  end

  def destroy
    part = Participation.find(params[:id])
    user = part.user
    part.delete
    flash[:notice] = '「' + part.slot.title + '」の登録は削除されました'
    redirect_to mypage_user_path(user)
  end

  private
```

》次ページへ続く

注5.16 データを登録するだけなので、とりあえずビューは不要なはずです。

```
  def participation_params
    params.require(:participation).permit(:uid, :sid)
  end
end
```

createでは、パラメータで指定されるユーザとセッションを探してきて、それを引数にしてParticipationのデータをひとつ作成しています。destroyでは同様に、対象データを削除しています。

いずれにしても、処理の終了後にはマイページにリダイレクトしている点に気を付けてください。

◇ビューに記載された処理のポイント

「登録する」/「登録をやめる」というボタンを表示しているビューの該当箇所を再掲します。

リスト5.56 app/views/slots/show.html.erb

```
…(略)…
  <% if @user != nil && @user.conference == @slot.track.day.conference %>
  <div class="card-footer">
    <% if @participation != nil %>
      <%= form_with url: participation_path(@participation),
            method: :delete do |f| %>
        <%= f.submit '登録をやめる', class: 'btn btn-danger' %>
      <% end %>
    <% else %>
      <%= form_with model: Participation.new do |f| %>
        <%= f.hidden_field :uid, { value: @user.id } %>
        <%= f.hidden_field :sid, { value: @slot.id } %>
        <%= f.submit '登録する', class: 'btn btn-primary' %>
      <% end %>
    <% end %>
  </div>
  <% end %>
</div>
```

まず登録されているときは、変数@participationにその情報が入っています。

form_withのもうひとつの使い方である「form_with url:」という構文を使い、さらに削除用のメソッドである「method::delete」も指定することで、@participationの削除を意図したDELETEコマンドを発行させようとしています。

一方、登録されていないときは、一般的な「form_with model: Participation.new」という構文が記述されています。hidden_fieldを使って関連するユーザIDとセッションIDを渡しているところがミソです。

◇確認

　セッション詳細画面で登録操作を行ってみましょう。登録後、一度マイページに飛ぶので、イベント名のリンクを辿って再び登録したセッション詳細画面に戻ります。すると、**図5.16**に示すように、ボタンが「登録をやめる」になり、さらに、色が変わっていることを確認できるでしょう。

図5.16　登録済みのセッション詳細画面

5.4.5 登録状況の表示

　登録すると、マイページに飛ぶようにしました。しかし、マイページにはまだ登録されたセッションの情報が出ていないため、どのセッションが登録されているのかが分かりません。他にも、登録済みであることを表示したほうがよさそうな箇所がいくつか考えられます。

　順番に、いくつかセッションの登録状況を示す修正を加えます。

◇マイページへの一覧表示

まず、マイページに「登録済みセッション」の一覧を表示させるようにしましょう。

app/controllers/mypage/users_controller.rbのshowメソッドに、関連のParticipationを抽出するコードを追加します。

リスト5.57 app/controllers/mypage/users_controller.rb

```
def show
  @conference = @user.conference
  @conferences = Conference.all.map{|x| x.name } if @conference == nil
  @participations = Participation.where(user: @user)
      .where(conference: @conference)
      .includes(:slot).order('slots.start_time')
end
```

紙幅の関係で3行に折り返していますが、それほど複雑なことをやっているわけではありません。まず、ユーザ（@user）とイベント（@conference）の両者をキーとして、AND条件で検索をしています。AND条件で検索する場合は、2つのwhereメソッドを並べて書けばOKです[注5.17]。さらに、セッションの開始時間で並べ替えておきたいので、includesメソッドで関連するslotを読み込み、slots.start_timeという条件で並べ替えています。

ビューの追加も簡単です。「参加予定のイベント」の下に、「参加予定のセッション」を並べましょう。モデルに定義したpdatetimeメソッドを使って日時を表示し、タイトルをセッション詳細ページへのリンクとともに、並べます。

app/views/mypage/users/show.html.erbを以下の通り修正してください。

リスト5.58 app/views/mypage/users/show.html.erb

```
<h1><%= @user.fullname %> のマイページ</h1>
<% if @conference != nil %>
<p>参加予定のイベント:
  <%= link_to @conference.name, conference_path(@conference) %></p>
<p>参加予定のセッション:
  <ul>
    <% @participations&.each {|p| s = p.slot %>
      <li><%= s.pdatetime %>
          <%= link_to s.title, slot_path(s) %></li>
    <% } %>
  </ul>
</p>
<p>参加予定のイベントを変更する
```

》次ページへ続く

注5.17 OR条件を指定したいときはorメソッドを使い、「モデル.where(条件1).or(モデル.where(条件2))」のようにします。

```
<%= form_with model: @user do |f| %>
…(略)…
```

図5.17のように登録したセッションの一覧がマイページに表示されるようになりました。

図5.17　登録したセッション一覧

◇タイムテーブルへの表示

ログインしている状態で、ConferenceやDaysの詳細表示で「登録済」の情報を出すようにしましょう。コントローラの修正は必要ありません。

app/views/conferences/show.html.erbに、if文で「ログイン中のユーザの関連するセッション群(current_user&.slots)に当該セッションが含まれていたら(include?(s))、[登録済]と表示するコードを追加します。

リスト5.59　app/views/conferences/show.html.erb

```
…(略)…
              <td><% if s.description != nil %>
                    <%= link_to s.title, slot_path(s) %>
                    <% if current_user&.slots&.include?(s) %>
                      <span class="text-danger">[登録済]</span><% end %>
                  <% else %>
                    <%= s.title %>
                  <% end %>
             </td>
…(略)…
```

app/views/days/show.html.erbも同様です。先ほどとほぼ同じコードですね。current_userから辿っていき、当該のセッションが登録済みであるか否かを調べることで、マークを表示するかどうかを判定するロジックを追加しています。

リスト5.60 app/views/days/show.html.erb

```
…(略)…
        <li><%= s.start_time.strftime("%H:%M") %> -
            <%= s.end_time.strftime("%H:%M") %>
          <% if s.description == nil %>
            <%= s.title %><p></p>
          <% else %>
            <%= link_to s.title, slot_path(s) %>
            <% if current_user&.slots&.include?(s) %>
              <span class="text-danger">[登録済]</span><% end %><br />
            <% if s.lecturer != nil %>
              発表者: <%= s.lecturer %>
            <% end %>
            <p><%= simple_format(s.description) %></p>
          <% end %>
        </li>
…(略)…
```

登録したセッションに、登録済みのマークが表示されるようになりました(図5.18、図5.19)。

図5.18 登録したセッションの明示(Conference詳細画面)

図5.19 登録したセッションの明示(Day詳細画面)

5.4.6 一括登録

参加登録機能はほぼできあがりましたが、使う人の立場から設計を考えてみましょう。もう少し、改善の余地はないでしょうか。

セッションの内容を吟味しながら、ちまちまと1つずつ登録していくべきである、というのは正論かもしれません。その考え方に従えば、現在の実装、すなわち、セッションの詳細情報ページから登録作業をするという仕組みは妥当でしょう。しかし、忙しい現代の皆さんに、そのような悠長な方法を強いるわけにもいきません。

ユーザの立場で利用シーンを想定し、ありそうな使い方を考えてみる[注5.18]と、最低でもセッションのタイトルだけ見ながら、一気に登録する仕組みが欲しいところです。

◇マイページのビューへの追記

マイページに「参加予定のセッションをまとめて登録（変更）する」という案内を出しましょう。まとめて登録するページは別途用意します。

実は、既に編集用ページへのルーティングは設定していたのでした。ルーティングの設定ファイル、config/routes.rbに記載された次の部分です。

リスト5.61　config/routes.rb

```
Rails.application.routes.draw do
  namespace :mypage do
    root to: 'home#index'
    resources :users, only: [ :show, :update, :edit ]
  end
  …(略)…
```

resourcesで用意している3つのアクションのうち、既にshowとupdateの2つには対応しました。まだeditが残っていたのですが、この一括登録用に、さりげなく準備していたのです。

app/views/mypage/users/show.html.erbの参加予定のイベントを変更する部分に続けて、参加予定のセッションを変更するためのボタンを用意しましょう。rails routesで確認すると、edit_mypage_user_pathというパスを張ればよさそうだということが分かります。

注5.18 人間中心設計（HCD：Human Centered Design）の考え方ですね。

リスト5.62 app/views/mypage/users/show.html.erb

```
…(略)…
<p>参加予定のイベントを変更する
  <%= form_with model: [:mypage, @user] do |f| %>
    <%= f.hidden_field :conference, value: nil %>
    <%= f.submit 'イベントを変更', class: 'btn btn-primary' %>
  <% end %>
</p>
<p>参加予定のセッションをまとめて登録（変更）する
  <p>
  <%= link_to 'セッションを登録（変更）', edit_mypage_user_path(@user),
        class: 'btn btn-primary' %>
  </p>
</p>
…(略)…
```

マイページを開いてみましょう。ページの最下部に、編集ページ用のリンクが追加されています（図5.20）。

図5.20 「セッションをまとめて登録(変更)する」が追加されたマイページ

ボタンをクリックすると、編集ページに飛びます。既にルーティングが設定されているからです。しかし、当たり前ですが、そこには何もありません（図5.21）。

図5.21　まだなにもない編集ページ

◇編集ページのコントローラとビュー

一括登録するための編集ページを作っていきましょう。コントローラとビューを用意します。

app/controllers/mypage/users_controller.rbの、editメソッドがまだ空でした。そこにコードを追加します。

リスト5.63　app/controllers/mypage/users_controller.rb

```
  def edit
    @conference = current_user&.conference
    if @conference == nil
      flash[:alert] = 'まずイベントを登録してください。'
      redirect_to mypage_user_path(current_user)
    else
      @slots = @conference.days
        .map{|d| d.tracks.map{|t| t.slots }}.flatten
        .sort_by{|s| [s.start_time, s.track.seq_no] }
    end
  end
```

イベント登録が済んでいない状態で編集しようとしても意味がありません。そこで、イベント登録がなされていない場合には、アラートを出してマイページにリダイレクトします。

当該イベント（@conference）で用意されているセッションの一覧を用意したいのですが、@conferenceから一気にセッションの情報を取るのは、少し工夫が必要です。トラックまで辿っていき、mapメソッドでslotsの一覧を用意します。さらにそれは日付についても同様に処理しています。最終的に得られた配列は入れ子の状態になっているので、flattenというメソッドを用いて1次元の平たい配列にしてしまいましょう。最後は、sort_byメソッドを用いて、開始時刻（start_time）とトラックの順番（seq_no）をキーとして並べ替えます。

では、ビューを作りましょう。app/views/mypage/users/edit.html.erbを次のように修正します。

リスト5.64 app/views/mypage/users/edit.html.erb

```
<h1>まとめて登録</h1>
<%= form_with url: mypage_user_path, method: :patch do |f| %>
<%= f.hidden_field 'sessions[]', value: -1 %>
<table class="table table-sm table-striped">
  <thead><tr><th> </th>
             <th width="260px">日時</th>
             <th>タイトル</th></tr></thead>
  <tbody>
  <% @slots.each{|s| %>
    <% next if s.description == nil %>
    <tr><th scope="row">
      <%= f.check_box 'sessions[]',
        {checked: current_user.slots.include?(s)}, s.id, nil %>
    </th>
    <td><%= s.pdatetime %></td>
    <td><%= link_to s.title, slot_path(s) %></td></tr>
  <% } %>
  </tbody>
</table>
<%= f.submit "登録する", class: "btn btn-primary" %>
<% end %>
```

form_withの記述は、urlを指定している点に注意してください。メソッドはpatchを指定します。

hidden_fieldとして、「f.hidden_field 'sessions[]', value: -1」を指定しています。この指定がないと、全てのチェックボックスにチェックしていなかったときに、sessionsの情報が送られなくなってしまうからです。

各セッションの情報は、テーブル形式で並べました。テーブルの一番左側の列には、フォームのcheck_boxメソッドでチェックボックスを描画しています。そのときに、既に登録済みか否かを調べ、現在の登録状況を表示に反映（「{ checked: ...」の部分）させています。

以上の修正で、編集ページができあがりました。マイページから一括変更ボタンを押すと、図5.22のようなページが現れたでしょうか。

図5.22　一括変更(登録)用の編集ページ

◇コントローラの改良(登録処理)

さて、これでできあがり……。ではなく、あともう一息です。図5.22の画面でチェックボックスのチェック状況を変更し、「登録する」ボタンを押してみましょう。どうなりましたか?

イベント変更画面に遷移してしまいました。どうしたことでしょう?

ビューに記述したform_withの設定では、PATCHコマンドを送ることになっていました。rails routesの出力を確認してみます。PATCHコマンドに対応しているアクションは、mypage/usersのupdateです。

```
PATCH  /mypage/users/:id(.:format)    mypage/users#update
```

app/controllers/mypage/users_controller.rbを修正します。主に、updateメソッドを書き換え、uesr_paramsも若干修正します。

リスト5.65　app/controllers/mypage/users_controller.rb

```
…(略)…
  def update
    p = user_params
    if p != nil
      current_user.conference =
            Conference.find_by(name: p[:conference])
      current_user.save
```

次ページへ続く

```
    else
      p = params[:sessions] - ["-1"]
      u = current_user
      c = u.conference
      Participation.where(conference: c)
                   .where(user: u).map{|x| x.delete }
      p.each{|sid|
        Participation.create(user: u,
                               slot: Slot.find(sid), conference: c)
      }
      flash[:notice] = '参加予定のセッションを変更しました。'
    end
    redirect_to mypage_user_path(current_user)
  end

  private
  # only my-own-page can be accessible
  def only_my_page_can_be_accessible!
    @user = User.find(params[:id])
    redirect_to mypage_user_path(current_user) \
        if @user != current_user
  end

  def user_params
    params.require(:user)
          .permit(:conference) if params.include?("user")
  end
end
```

user_paramsは、パラメータにuserが含まれていないときは何もしないように修正します。これで、イベントの切り替えとセッション一括登録をupdateメソッドの中で区別することにします[注5.19]。

一括登録ページで選んだセッション情報は、params[:sessions]で一括して得られます。サーバのログをみると、次のような情報がアップロードされていることが分かります。

```
Started PATCH "/mypage/users/1" for ::1 at 2020-12-15 12:58:38 +0900
Processing by Mypage::UsersController#update as JS
  Parameters: {"authenticity_token"=>"mx7kKZh39FY8JsX1rmi/03C+9fF29o4NSWiIJX
YEmvSQ5uX2pQ+gY/Hr/to+qN+J7bXqRnCnTLSDzqZGQLLD+w==", "sessions"=>["-1", "1",
"5", "3"], "commit"=>"登録する", "id"=>"1"}
```

sessionsというキーで選べば、チェックされたセッションの番号が並べられた配列としてア

注5.19 もう少しきれいな方法があるような気がするのですが……。

クセスできます。しかし、-1という余計な情報が入っているので、配列演算で除去しておきます。

あとは、冗長なコードではあるものの、数はそれほど多くないことを見越して、関連する参加登録情報を「いったん全て削除してから追加しなおす」という手段で登録しなおしています。数が多いときは、もう少し効率的な操作を考えたほうがよいかもしれません。

一括変更の操作を行った後は、マイページに遷移します。マイページでも一覧が表示されるので、その表示を見れば登録状況を確認することができるでしょう（図5.23）。

図5.23　一括変更操作後のマイページ

5.5 第5章のまとめ

本章では、オンラインイベント支援システム（イベントスケジューラ）の基本的な部分を作成しました。このWebアプリは、階層的なデータ構造に基づいた、現実に求められるデータ処理に近い形のサンプルとなっています。実際に、2021年2月の時点で、既に4つのオンラインイベントで活用しました。登録したユーザ数は総計で100名を越えています。

第3章、第4章で作成した簡易SNSのDiaLogBookと同様、deviseを用いてユーザ管理機能を組み込みました。しかし、DiaLogBookと異なるのは、マイページが自分専用であるということです。実際のアプリケーションでは、セキュリティにも十分に配慮しなければなりません。とくに、個人情報の取扱いが厳しく指摘されている昨今は、情報漏洩やプライバシーの侵害となるような不具合を作り込んでしまわないように気を付けなければなりません。

本章の解説で、求められる機能の大半を用意することができました。しかし、まだいくつか取りこぼしがあります。そもそもの目的だった、協調フィルタリングによるレコメンデーション機能も実現しなければなりません。

次章では、レコメンデーション機能の開発やシステムのさらなる拡張、データ投入・編集用の管理機能の作り込みなど、実際のアプリとして完成させることを目指します。

本章で学んだこと

- ▶複雑なモデルを持つアプリの作成方法
- ▶階層構造を持つデータの見せ方
- ▶ユーザ管理の組み込みと個人専用のマイページの実現方法
- ▶個別のデータ（セッション）と個人データ（ユーザ登録）を紐付けるやり方の工夫

第6章

オンラインイベント支援システムを作ってみよう（発展編）

前章に引き続き、オンラインイベント支援システムOLiVESを作っていきます。ここまでは、基本的なモデルの設計を行い、その後にユーザ管理の導入、マイページを利用できるようにしました。さらに、参加登録機能を組み込み、マイページに一覧表示できるようにすることで、ユーザの利便性を向上させることを目論みました。

実は、参加登録機能は、ユーザが一覧できることだけを目的にしたものではありません。本章では、この登録状況のデータを活用して、セッションのレコメンデーションを行う機能を組み込んでいきましょう。そもそもレコメンデーションとは何か、レコメンデーションの原理は何か、ということから解説し、実際にアプリに組み込んでいきます。

本章の後半は、管理者向け機能の導入です。多くのWebアプリにとって、データを「見せる」だけでは不十分です。見せるためのデータをデータベースに投入する、編集する、そして必要に応じて削除する、などの管理者向け機能も用意しなければなりません。OLiVESのデータモデルはそこそこ複雑なので、その複雑なデータをどのように編集できるようにするかも、順を追って解説します。

ゴールまではあともう少しです。本章のコードを組み込めば、OLiVESは実運用できるレベルまでのアプリとして完成します。作業を進めていくなかで、ところどころプログラミングのTipsのような話も盛り込まれているので、手を動かしながら丁寧に読み進めていってください。

6.1 レコメンデーション機能

前章の冒頭では、OLiVESの開発を始める前に、アプリで実現したい要求をまとめました。簡単な要件定義をやってみたということです。実は、前章でOLiVESの骨格を作成した段階で、列挙した要件のほとんどは満たされてしまいました。

しかし、重要な機能である「レコメンデーション機能」がまだ実現されていません。そもそも、イベントがオンライン化されてしまうことで「ふらっと覗いてみるということができない」、いわゆる「セレンディピティ」が得られないのではないか？ という疑問から始まったOLiVESの開発プロジェクトです。レコメンデーション機能が搭載されなければ喜びも半減、というところかもしれません。

さっそく、レコメンデーション機能をアプリに搭載していきたいところではありますが、そもそも、レコメンデーションとはどのように実現されているのかを考えるところから始めましょう。

6.1.1 協調フィルタリング

一口にレコメンデーションシステムといっても、その実装は様々です。流行りの人工知能や機械学習を用いたものから、比較的単純な統計処理に基づくものまで、様々なレコメンデーションシステムが提案されています。

◇コンテンツを考慮したレコメンデーション

このレコメンデーションシステムのアイデアは、直感的で分かりやすいものといえるでしょう。すなわち、提供されているコンテンツの中身を分析し、その結果に基づいて推薦を行うタイプのレコメンデーションシステムです。

典型的なものとして、ユーザの嗜好をモデル化して持つというアイデアがあります。モデルの定義は様々ですが、ここでは本のECサイトを例にして、その中でのレコメンデーションシステムを考えてみることにしましょう。

ユーザのモデルとして、特定のキーワードセットによるモデル化を考えます。キーワードの集め方は、それまでユーザが購入した本の購入履歴から集めるといった方法でもよいでしょう。元データとして、購入履歴から直近数10件のデータを対象に考えます。それらの本の紹介文から、特定のキーワードを抽出することにより、ユーザの嗜好をモデル化するというアイデアです。キーワードの抽出方法は、出現頻度の高いものをピックアップする、辞書を用いてジャンルを代表するキーワードを中心にピックアップするなど、いくつかの方法が考えられます。

キーワードの集合でユーザの嗜好がモデル化されたとします。その次の処理は、膨大な商品データの中から、ユーザの嗜好に近い（と推察される）商品をピックアップしてお薦め（レコメンド）することです。それは、その本に紐付けられたキーワードセットとユーザをモデル化したキーワードセットの距離を計算し、距離の近いもの、すなわち、本の特性とユーザの嗜好が似ているものを選べばよいでしょう。そのお薦めがドンピシャの大当たりとなれば、ユーザはその本を買ってくれるに違いありません（図6.1）。

図6.1 コンテンツモデルを利用したレコメンデーション

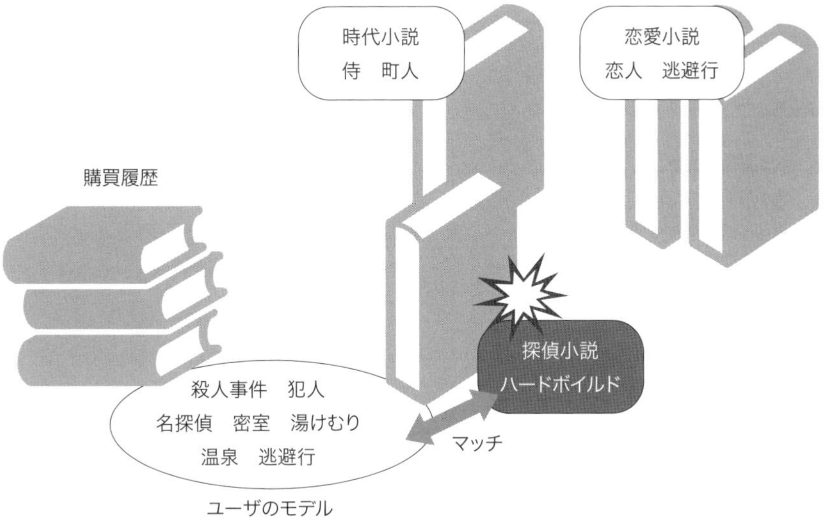

コンテンツの中身に踏み込んだレコメンデーションなので、直感的には分かりやすい方法です。本屋で目的の書籍を探す過程において、同じジャンルの書棚に並んでいる似たような本をつい買ってしまうということ、すなわち、ブラウジングを相当意識したレコメンデーションともいえるでしょう。しかし、この方法は計算が難しかったり、なかなかうまくマッチすることがなかったりというようなデメリットもあります。

◇アイテムベースのレコメンデーション

他方、統計的計算にのみ依拠して、コンテンツの内容には踏み込まないやり方もあります。協調フィルタリングと呼ばれるレコメンデーションがそれで、アイテムベースとユーザベースに分かれます。が、いずれにしても、どの商品をどのようなユーザが購入したか？ という購買履歴データのみに基づいてレコメンデーションを行う仕組みです。それらがどのような商品だったかという内容には踏み込まないで判断する点は、画期的ですらあります。

商品の購買履歴を分析し、その相関性に基づいてレコメンデーションを行うやり方は、アイテムベースのレコメンデーションとユーザベースのレコメンデーションの2種類に分かれます。しかし、いずれも「商品とユーザの関係を“どちらから見るか”」にすぎず、関係性に注目している点についていえば、ほぼ同じです。

まず、アイテムベースのレコメンデーションを考えてみましょう。

図6.2は、ECサイトにおける商品と会員の購買実績を表すマトリクスです。それぞれの会員がそれぞれの商品を購入した実績があれば、その交点が「●」で記されています。

図6.2　アイテムベースのレコメンデーション

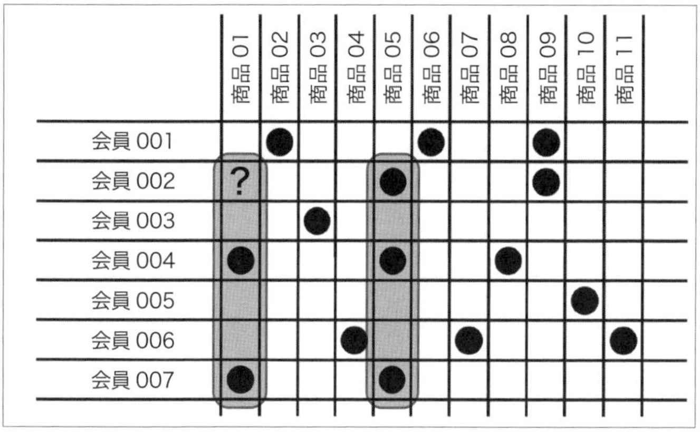

図6.2では、商品01と商品05が、同じような購買傾向を見せています。すなわち、商品05は、会員002、004、007のユーザによって購入されています。

また、会員004と007のユーザが既に商品01を購入しています。商品の「買われ方」を想定すると、商品01と05は、似たような「買われ方」をしていると考えることができるでしょう。さて、このとき、商品01を会員002のユーザにお薦めしたら、買ってくれる可能性は高いのではないでしょうか？

商品の「買われ方」に注目してレコメンデーションを行うこのような考え方を「アイテムベースのレコメンデーション」と呼びます。

◇ユーザベースのレコメンデーション

図6.3は図6.2と似たような図ですが、類推の基準を商品ではなく会員に置いています。

会員004は、商品01、05、08を購入しています。類似の購買パターンをみせているのが会員007です。会員004と007は、購買傾向が似ているようです。

そのような状況において、商品08を、まだ未購入の会員007にお薦めしたら、買いたくなるのではないでしょうか？

このように、会員による商品の「買い方」に着目してレコメンデーションを行うこのような考え方を「ユーザベースのレコメンデーション」と呼びます。

図6.3　ユーザベースのレコメンデーション

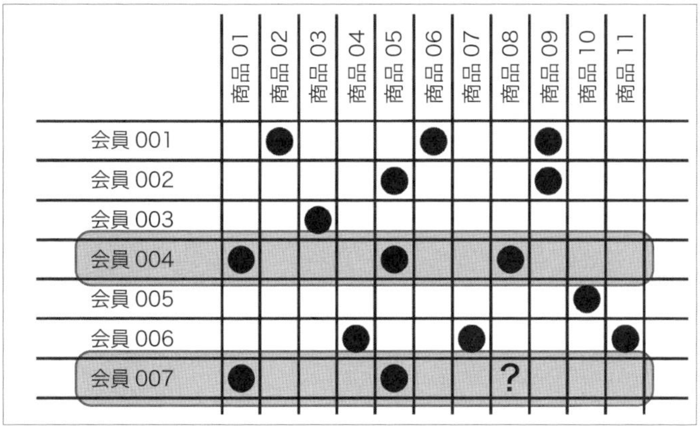

◇コールドスタート問題

アイテムベースにしてもユーザベースにしても、この商品をこのような特性の会員が購入しているという前提で、レコメンデーションを行う手法に特有の問題があります。それが「コールドスタート問題」と呼ばれる課題です。

新たにECサービスを開始した状況を考えてみましょう。まだ「誰も」「どの商品をも」購入していない、という状況です。図6.2や図6.3において、購買履歴の対応関係が全くない、まっさらな状況を想像してみてください。

そのような状況では、そもそも購買履歴の相関性を分析することすらできません。まっさらな状況は極端だとしても、データ数が少なければ特殊な状況に陥ってしまい、普遍的な分析をすることはできなさそうだということは、容易に想像がつくでしょう。

いずれにしても、新たな商品を投入した直後、あるいは、新しく会員になった直後は、会員や商品の購買履歴に基づくレコメンデーションはうまく働かないだろうということは、誰でも分かる問題です。

6.1.2 レコメンデーションの実装

それでは、さっそくレコメンデーションの処理を実装しましょう。セッションを対象としたアイテムベースのレコメンデーションを考えることにします。

ロジックは次の通りです。まず、セッションへ参加登録しているユーザをリストアップします。そして、類似の参加状況を持つセッションを抽出することで、推薦すべきセッションを判定します。

◇コントローラの追加

app/controllers/slots_controller.rbに、レコメンデーションを計算するロジックを追加します。

リスト6.1 app/controllers/slots_controller.rb

```
class SlotsController < ApplicationController
  def show
    @slot = Slot.find(params[:id])
    @user = current_user
    @participation = Participation.find_by(user: @user, slot: @slot)

    # @seealso を計算
    conf = @slot.track.day.conference
    @slots = Slot.joins(:participations)
        .where(participations: { conference: conf }) - [ @slot ]
    su = {}
    @slots&.each {|s|
      l = (s.users & @slot.users).length
      su[s] = l if l >= 3
    }
    @seealso = su.sort_by{|k,v| v}
        .reverse.first(3).map{|k,v| k} if su.length > 0
  end
end
```

Participationの情報を利用して、既に参加登録のあるセッション一覧を抽出します。その際、.where(participations: { conference: conf })という処理で、当該イベントのセッションだけを取り出していることに注意してください。また、いま対象としているセッションそのものを考えることには意味がないので、配列演算(差)を行って対象セッション自身は排除していることにも気を付けましょう。

連想配列の変数suは、セッションの情報をキーとして、セッション参加者数が重複しているユーザの数を値に保持します。@slots&.each { ... }の部分で、ユーザ参加登録の類似性を判定しています。すなわち、s.usersで各セッションに参加登録しているユーザの一覧が得られ、対象セッションのユーザ一覧は@slot.usersで得られます。それらの積集合（&演算）をとれば、両者に登録しているユーザの一覧が得られるということになるわけですね。

とりあえずの実装としては、3人以上の重複が見られたら候補に入れるようにしています。この値は、高くすればするほど類似性に関する信頼性を高めることができますが、最初からあまり大きな数値にするとコールドスタート問題が顕著になり、いくら登録してもレコメンデーションの情報が出てこないという状況に陥ります。

最終的に、配列@seealsoには、人数（連想配列の値）でソートした結果の上位3つを抽出し、mapメソッドで、その上位3つ以内のセッション情報を配列に変換して代入しています。ビューではこれを表示すればOKです。

◇ビューの追加

次はビューの追加です。

app/views/slots/show.html.erbに、レコメンデーションの情報を追記します。このファイルもだいぶ行数が増えてきているので、以下は、追記する部分を中心に示します。

リスト6.2 app/views/slots/show.html.erb

```
<nav aria-label="breadcrumbs">
  <ol class="breadcrumb mb-1 bg-white">
    <li class="breadcrumb-item"><%= link_to 'Top', root_path %></li>

    …(略)…

    <li class="breadcrumb-item active" aria-current="page">Session</li>
  </ol>
</nav>
<h1>セッション紹介</h1>
<div class="card border-primary">
  <div class="card-header text-white bg-primary"><%= @slot.title %></div>
  <div class="card-body">
    <table class="table table-sm table-borderless">
    <tbody>

    …(略)…

    <% if @slot.material %><tr><th scope="row">資料</th><td>
        <%= link_to @slot.material, @slot.mlinkurl %></td></tr><% end %>
    <% if @user != nil %>
      <tr><th scope="row">参加予定</th>
```

》次ページへ続く

```
      <td><%= @participation ? "登録済" : "未登録" %></td></tr>
    <% end %>

    <!-- ここから追加 -->
    <% if @seealso != nil && @seealso.length > 0 %>
      <tr><th scope="row">See also.</th><td>
        <p>このセッションに関心のある参加者は
           他に次のようなセッションにも興味があるようです。
        <ul>
          <% @seealso.each{|s| %>
            <li><%= link_to s.title, slot_path(s) %></li>
          <% } %>
        </ul>
        </p></td></tr>
    <% end %>
    <!-- 追加ここまで -->

    </tbody>
    </table>
  </div>

    …(略)…

</div>
```

追記したコードは、たいしたことを行っているわけではありません。コントローラで求めた配列@seealsoにデータが含まれていれば、その内容を列挙して表示するだけです。

図6.4は、実際に運用されたケースでレコメンデーションが行われていた例です。「ライトニングトーク」はほぼ全員が参加登録しており、多くのセッションでレコメンドされていたという問題が顕在化しました。今回実装したレコメンデーションのアルゴリズムはかなり単純化したものだったので、もう少し、チューニングしてより適切なセッションを提示するような改良が必要かもしれません。

図6.4　レコメンデーションの例

6.2 管理者機能の追加（前半）：イベントとデイの管理

本節と次節で、管理者向け機能を追加していきましょう。

これまで、本アプリが紹介するデータは、ユーザが登録する部分（UserやParticipationといったデータ）以外はWebインタフェースで登録する方法がありませんでした。したがって、必要に応じてRailsコンソールから投入する、あるいはdb/seeds.rbファイルに記入して登録するなどの方法しかありませんでした。しかし、これではこのアプリを運用できる管理者はRailsエキスパートに限られてしまいます。また、いちいちrubyのプログラムを書いてデータを投入しなければならないのでは、データ投入のミスも増える懸念があります。

「4.3.3 管理画面の作成」で、管理者向け機能の重要性について説明したことを覚えていますか？ DiaLogBookでは、gemを使って簡単な管理者機能を実装しました。今回は、もう少し本格的なデータ管理機能、管理者向け画面を作ります。なお、予想以上に作業ボリュームが増えてしまったので、節を2つに分けて、前半と後半でじっくりと作業を進めていくことにします。前半ではイベント（Conference）とデイ（Day）のデータを、後半ではトラック（Track）とセッション（Slot）のデータを扱う処理を作り込んでいきます。

6.2.1 イベントの追加と削除

それでは、データを追加・編集する機能を作り込んでいきます。一度に全てのデータを編集できるようにするのはなかなかやっかい注6.1なので、ひとつひとつ、ゆっくりと丁寧に説明しながら、作っていくことにします。

◇新規Conferenceの追加(フォームの用意)

まず、新規イベント（Conference）を追加できるようにしましょう。イベントの管理は、全てadmin以下で行うことにします。後でアクセス制限をかけますが、とりあえず、ホームとイベント追加用のコントローラを作成します。

最初に、以下のコマンドでコントローラとビューの雛形を作ります。

```
$ bin/rails g controller admin/home index ⏎
$ bin/rails g controller admin/conferences create destroy edit update ⏎
```

次に、ルーティング設定を調整します。config/routes.rbが次のようになっているので、これを修正します。

リスト6.3 config/routes.rb

```
Rails.application.routes.draw do
  namespace :admin do
    get 'conferences/create'
    get 'conferences/destroy'
    get 'conferences/edit'
    get 'conferences/update'
  end
  namespace :admin do
    get 'home/index'
  end
  …(略)…
```

注6.1 データ構造が複雑なせいか、データ管理用のgemもどれもうまく適用することができません。複雑なデータ構造を持つ場合は、自前で作り込んでいかねばならないようです。

上記の箇所が自動で追加されるので、修正して、resourcesで管理することにします。以下のように、変更してください。

リスト6.4 config/routes.rb

```
Rails.application.routes.draw do
  namespace :admin do
    root 'home#index'
    resources :conferences, only: [ :create, :destroy, :edit, :update ]
  end
  …(略)…
```

さて、ホーム画面では、新規イベントを登録できるようにしましょう。

app/views/admin/home/index.html.erbを以下のように記述します。

リスト6.5 app/views/admin/home/index.html.erb

```
<h1>データの管理</h1>
<h2>新規イベントの登録</h2>
<p>
  <%= form_with model: [:admin, Conference.new] do |f| %>
    <table>
      <tr><td><%= f.label '名前' %></td>
          <td><%= f.text_field :name, class: 'form-control' %></td></tr>
      <tr><td><%= f.label '説明' %></td>
          <td><%= f.text_area :description,
                               class: 'form-control' %></td></tr>
      <tr><td><%= f.label '開催日' %></td>
          <td><%= f.date_select :start_date %></td></tr>
      <tr><td><%= f.label '日数' %></td>
          <td><%= f.select :duration, [[1,1],[2,2],[3,3],[4,4],[5,5]] %>⇦
</td></tr>
    </table>
    <%= f.submit '登録', class: 'btn btn-primary' %>
  <% end %>
</p>
```

form_with model:で新規Conferenceを作るべく指定します。namespaceとしてadminを追加している件は、mypageを作ったときと同じやり方です。フォームはテキストフィールド(text_field)、テキストエリア(text_area)、日付のコントロール(date_select)と日数選択用のプルダウンメニュー(select)を用意しました。日数は、とりあえずは1日から5日まで選べるようにしておけばよいでしょう。

ところで、国際化対応で日本語化している場合、そのままではエラーが発生するので注意が必要です。具体的には、日付のコントロール（date_select）に対応した日本語の設定ファイルが足りていない問題が残されています。

config/locales/ja.ymlというファイルに下記の内容を書き込んでおけば、このエラーを回避することができます。日本語化して準備している人は要注意です。

リスト6.6　config/locales/ja.yml

```
ja:
  date:
    formats:
      default: "%Y/%m/%d"
      short: "%m/%d"
      long: "%Y年%m月%d日(%a)"

    day_names: [日曜日, 月曜日, 火曜日, 水曜日, 木曜日, 金曜日, 土曜日]
    abbr_day_names: [日, 月, 火, 水, 木, 金, 土]

    month_names: [~, 1月, 2月, 3月, 4月, 5月, 6月, 7月, 8月, 9月, 10月, 11月, 12月]
    abbr_month_names: [~, 1月, 2月, 3月, 4月, 5月, 6月, 7月, 8月, 9月, 10月, 11月, 12月]

    order:
      - :year
      - :month
      - :day

  time:
    formats:
      default: "%Y/%m/%d %H:%M:%S"
      short: "%y/%m/%d %H:%M"
      long: "%Y年%m月%d日(%a) %H時%M分%S秒 %Z"
    am: "午前"
    pm: "午後"
```

◇新規Conferenceの追加（登録処理の実装）

動作を確認してみます。サーバを起動して、ブラウザでhttp://localhost:3000/adminにアクセスしましょう。フォームが出てきましたか？ 登録ボタンを押すと、次のようにPOSTメソッドで/admin/conferencesへリクエストが投稿されます。

```
Started POST "/admin/conferences" for ::1 at 2020-12-19 18:06:47 +0900
   (1.2ms)  SELECT "schema_migrations"."version" FROM "schema_migrations"
ORDER BY "schema_migrations"."version" ASC
Processing by Admin::ConferencesController#create as JS
  Parameters: {"authenticity_token"=>"sZa0v9wtC64rFLWmC7XLuFdzw0U1swTjr
  YvoCp4VpxTXDAO0Wh5gObChyQa7iaFoB1cQaWirn7ggMCynsX87dA==",
"conference"=>{"name"=>"The 3rd Conference", "description"=>"3つめのイベント",
"start_date(1i)"=>"2020", "start_date(2i)"=>"9", "start_date(3i)"=>"1",
"duration"=>"1"}, "commit"=>"登録"}
```

app/controllers/admin/conferences_controller.rbにcreateメソッドを用意しましょう。

リスト6.7　app/controllers/admin/conferences_controller.rb

```
class Admin::ConferencesController < ApplicationController
  def create
    p = conference_params
    name = p[:name]
    desc = p[:description]
    sdat = sprintf "%4d-%02d-%02d", p['start_date(1i)'].to_i,
             p['start_date(2i)'].to_i, p['start_date(3i)'].to_i
    dura = p[:duration]
    if name == ''
      flash[:alert] = 'イベント名は必須です。'
    else
      Conference.create(name: name, description: desc,
                        start_date: sdat, duration: dura)
      flash[:notice] = '新規イベントを追加しました。'
    end
    redirect_to admin_root_path
  end

  def destroy
  end

  def edit
  end

  def update
  end

  private
  def conference_params
    params.require(:conference).permit(:name, :description,
                                       :start_date, :duration)
  end
end
```

ストロングパラメータを扱うように、conference_paramsメソッドも用意しておきます。日付のパラメータにアクセスする場合は、:start_dateの取扱いが少し煩雑ですので注意してください。また、イベント名は空欄を許さないようにしておきました。

◆確認

サーバを起動後、http://localhost:3000/adminにアクセスして、新規イベントのデータを入れてみましょう(図6.5)。登録ボタンを押して「追加されました」というメッセージが表示されたでしょうか。

図6.5　新規イベント(Conference)の追加画面

トップページ(http://localhost:3000/)にアクセスして、新たにイベントが追加されていることを確かめましょう。図6.6のように追加することができましたか?

図6.6　新規イベント(Conference)の追加結果

◇一覧の追加

次に考えるべきは、Conferenceの編集と削除です。ホームにインデクスを作りましょう。app/controllers/admin/home_controller.rbを次のように編集します。

リスト6.8　app/controllers/admin/home_controller.rb

```
class Admin::HomeController < ApplicationController
  def index
    @conferences = Confernce.all.order('start_date desc')
  end
end
```

ビューも次のように修正します。app/views/admin/home/index.html.erbの下のほうに追加します。

リスト6.9　app/views/admin/home/index.html.erb

```
…(略)…
    </table>
    <%= f.submit '登録', class: 'btn btn-primary' %>
  <% end %>
</p>

<% if @conferences != nil %>
<h2>イベントの編集と削除</h2>
<p>
  <table class='table table-sm table-striped'>
    <tr><th>イベント</th><th>編集</th><th>削除</th></tr>
    <% @conferences.each{|c| %>
    <tr>
      <td><%= c.name %></td>
      <td><%= link_to 'edit', edit_admin_conference_path(c) %></td>
      <td><%= link_to 'delete', admin_conference_path(c),
        method: :delete, data: { confirm: 'Are you sure?' } %></td>
    </tr>
    <% } %>
  </table>
</p>
<% end %>
```

app/controllers/admin/conferences_controller.rbのdestroyメソッドとして、イベントを消去するコードを用意します。

リスト6.10 app/controllers/admin/conferences_controller.rb

```
def destroy
  Conference.destroy(params[:id])
  flash[:notice] = 'イベントを削除しました。'
  redirect_to admin_root_path
end
```

◇確認

先ほど作ったイベントを消去してみましょう。サーバを起動して、admin権限のあるユーザでログイン後、ブラウザで一覧画面（図6.7）にアクセスします。その画面で、当該イベント[注6.2]の「delete」リンクをクリックしてみましょう。

図6.7 イベント(Conference)の一覧、編集・削除画面

とくに問題がなければ、「Are you sure?」といった確認ダイアログが出てOKを押すと、対象データが削除され、一覧から消えることを確認できるでしょう（図6.8）。

注6.2 ここでは「The 3rd Conference」を削除してみます。

図6.8　イベント（Conference）の一覧、編集・削除画面：イベント削除後の画面

6.2.2 イベントの編集

Conferenceの追加と削除ができるようになったので、次はその編集を考えます。Conferenceを編集できるようにして、さらに、それに付随するDayなども追加削除、編集をできるようにします。

図6.7で、「edit」のリンクをクリックするとどうなるでしょうか。

editには、edit_admin_conference_pathへのリンクが与えられています。rails routesすると、admin/conferences#editのアクションが対応するというルーティングが得られます。実は、既にルーティングの準備はできていました。コントローラも用意されているため、クリックすると、app/views/admin/conferences/edit.html.erbが表示されます。

◇ Conferenceの編集

まずはコントローラです。

app/controllers/admin/conferences_controller.rbのeditメソッドに1行、追加しましょう。編集対象とするイベントを指定してあげないといけません。

リスト6.11　pp/controllers/admin/conferences_controller.rb

```
  def edit
    @conference = Conference.find(params[:id])
  end
```

次はビューです。app/views/admin/conferences/edit.html.erbを編集します。既存のコードは削除してしまって構いません。以下のコードに置き換えましょう。

リスト6.12　app/views/admin/conferences/edit.html.erb

```
<h1>データの管理</h1>
<h2>イベントの編集</h2>
<p>
  <%= form_with model: [:admin, @conference] do |f| %>
    <table>
      <tr><td><%= f.label '名前' %></td>
          <td><%= f.text_field :name, class: 'form-control' %></td></tr>
      <tr><td><%= f.label '説明' %></td>
          <td><%= f.text_area :description, class: 'form-control' %></td></tr>
      <tr><td><%= f.label '開催日' %></td>
          <td><%= f.date_select :start_date %></td></tr>
      <tr><td><%= f.label '日数' %></td>
          <td><%= f.select :duration, [[1,1],[2,2],[3,3],[4,4],[5,5]] %>⇦
</td></tr>
    </table>
    <%= f.submit '更新', class: 'btn btn-primary' %>
  <% end %>
</p>
```

おや？ これはapp/views/admin/home/index.html.erbに記載した新規イベント作成のフォームとほぼ同じです。

リスト6.13　app/views/admin/home/index.html.erb

```
<%= form_with model: [:admin, Conference.new] do |f| %>
```

この部分が、次のように変わっただけです。

リスト6.14　app/views/admin/conferences/edit.html.erb

```
<%= form_with model: [:admin, @conference] do |f| %>
```

既に値を持つデータをform_withに与えてやると、内容を埋めたフォームを作ってくれます。

便利ですね。また、この部分は共通化して外に出すことができそうです。後で考えてみましょう。

再度サーバを起動して確認してみます。admin権限を持つユーザで編集画面にアクセスしてください。「edit」をクリックして、**図6.9**のような画面が出てきたでしょうか。既に記録されているデータはフォームに埋められています。これを修正して「更新」ボタンを押せばよいのですが、「更新」ボタンを押してもまだ何も起こりません。updateメソッドが実装されていないからです[注6.3]。

図6.9　イベント(Conference)の編集画面

◇ Conferenceの更新

app/controllers/admin/conferences_controller.rbのupdateメソッドを実装しましょう。ところで、開催日と日数の変更には注意が必要です。セッションにも日付の情報が入っていることと、Dayのデータがぶら下がっていることを考慮すると、安易に変更できてしまうとデータに齟齬が生じる可能性があります。

開催日と日程の変更には十分な注意が必要です。とりあえずは、変更できないことにしておきましょう[注6.4]。また、イベント名も空欄を許さないようにしておきます。新規作成時と同じです。データのアップデートは、モデルクラスのupdateメソッドにパラメータそのものを渡してあげればOKです。

注6.3　ログにはStarted PATCH ...というアクセスログが出ていることを確認してください。

注6.4　新規作成時に日程などを変更したいときは、一度、削除して作り直すという運用でカバーすることにします。

リスト6.15　app/controllers/admin/conferences_controller.rb

```
  def update
    c = Conference.find(params[:id])
    p = conference_params
    name = p[:name]
    desc = p[:description]
    sdat = sprintf "%4d-%02d-%02d", p['start_date(1i)'].to_i,
             p['start_date(2i)'].to_i, p['start_date(3i)'].to_i
    dura = p[:duration]
    if name == ''
      flash[:alert] = 'イベント名は必須です。'
      redirect_to edit_admin_conference_path(c)
    elsif sdat != c.start_date.to_s or dura.to_i != c.duration
      flash[:alert] = '開催日もしくは日数は変更できません。'
      redirect_to edit_admin_conference_path(c)
    else
      c.update(p)
      flash[:notice] = 'イベントを更新しました。'
      redirect_to admin_root_path
    end
  end
```

名前や説明の変更処理をしてみましょう。図6.10のように変更できればOKです。

図6.10　イベント（Conference）の編集画面：編集操作実施後

6.2.3 デイの追加と編集

イベント（Conference）の追加・削除と編集ができるようになったので、デイ（Day）の追加・編集もできるようにしましょう。ところで、日数はイベントの期間と一致していなければいけません。そして、イベントの日数は作成時に決定して（いまのところ）変更不可という条件を付けていました。

◇ Dayの追加

前述のロジックから、Dayの追加はConferenceを生成する際に、自動的にDayを生成して追加してしまうのがよさそうです。そのようなロジックを入れていきましょう。

app/controllers/admin/conferences_controller.rbを少し修正し、Dayも同時に作ってしまうことにします。createメソッドでConferenceを追加している部分、if文のelse節の中身を修正します。

リスト6.16　app/controllers/admin/conferences_controller.rb

```
class Admin::ConferencesController < ApplicationController
  def create
  …(略)…
    else
      c = Conference.create(name: name, description: desc,
                            start_date: sdat, duration: dura)
      dura.to_i.times{|i|
        d = Day.create(title: 'The day ' + (i+1).to_s, seq_no: i)
        c.days << d
      }
      flash[:notice] = '新規イベントを追加しました。'
    end
    redirect_to admin_root_path
  end
  …(略)…
end
```

◇ Day編集の準備

作成したDayには仮のタイトルと連番の情報しか入っていません。そこで、Dayを編集できるようにします。

コントローラとビューの雛形を作ります。

```
$ bin/rails g controller admin/days edit update
```

ルーティング設定（config/routes.rb）も適切に修正しておきましょう。余分に生成されたnamespace :admin do ... endの部分は削除し、既存のブロックにresources...の文を追加します。

リスト6.17　config/routes.rb

```
Rails.application.routes.draw do
  namespace :admin do
    root 'home#index'
    resources :conferences, only: [ :create, :destroy, :edit, :update ]
    resources :days, only: [ :edit, :update ]
  end

  …(略)…
```

app/views/admin/conferences/edit.html.erbの最後に、以下のコードを追加します。関連するDayの一覧を表示させ、編集画面へのリンクを張っておきます。

リスト6.18　app/views/admin/conferences/edit.html.erb

```
<h2>デイの編集</h2>
<p>
  <table class='table table-sm table-striped'>
    <tr><th>デイ</th><th>編集</th></tr>
    <% @conference&.days&.each{|d| %>
    <tr>
      <td><%= d.title %></td>
      <td><%= link_to 'edit', edit_admin_day_path(d) %></td>
    </tr>
    <% } %>
  </table>
</p>
```

確認してみましょう。The 2nd Conferenceの編集画面にアクセスしてみてください。イベント編集画面にデイの一覧が追加されました（図6.11）。

図6.11　イベント（Conference）の編集画面：デイ（Day）一覧の追加

◇ Day編集画面の作成

コントローラの修正を行いましょう。まずは、editからです。

app/controllers/admin/days_controller.rbのeditメソッドに1行追加します。

リスト6.19　app/controllers/admin/days_controller.rb

```
class Admin::DaysController < ApplicationController
  def edit
    @day = Day.find(params[:id])
  end

  def update
  end
end
```

ビューは、app/views/admin/days/edit.html.erbですね。既存のコードは削除し、新たに次のように記述します。先に用意したConferenceのときとほぼ同じです。連番は変更できないようにしておきましょう。

リスト6.20 app/views/admin/days/edit.html.erb

```
<h1>データの管理</h1>
<h2>デイの編集</h2>
<p>
  <%= form_with model: [:admin, @day] do |f| %>
    <table>
      <tr><td><%= f.label 'タイトル' %></td>
          <td><%= f.text_field :title, class: 'form-control' %></td></tr>
      <tr><td><%= f.label '説明' %></td>
          <td><%= f.text_area :description, class: 'form-control' %></td></tr>
      <tr><td>連番</td>
          <td><%= @day.seq_no %></td></tr>
    </table>
    <%= f.submit '更新', class: 'btn btn-primary' %>
  <% end %>
</p>
```

編集画面を表示[注6.5]させて、図6.12のようになればOKです。

図6.12 デイ（Day）の編集画面

◇ Dayの更新

デイの情報を編集できるようになりました。次は、「更新」ボタンを押したときにデータをアップデートする処理を実装しなければなりません。

app/controllers/admin/days_controller.rbのupdateメソッドを実装します。ロジックはイベントの更新とほぼ同じですね。

注6.5 もう詳しくは書きませんが、これまでと同様の手順でデイの編集画面までアクセスしてください。

リスト6.21 app/controllers/admin/days_controller.rb

```
class Admin::DaysController < ApplicationController
  def edit
    @day = Day.find(params[:id])
  end

  def update
    d = Day.find(params[:id])
    p = day_params
    title = p[:title]
    desc = p[:description]
    if title == ''
      flash[:alert] = 'タイトルは必須です。'
      redirect_to edit_admin_day_path(d)
    else
      d.update(p)
      flash[:notice] = 'デイを更新しました。'
      redirect_to edit_admin_conference_path(d.conference)
    end
  end

  private
  def day_params
    params.require(:day).permit(:title, :description)
  end
end
```

編集後はイベント編集画面に戻します。更新に成功したときは、「デイを更新しました」というメッセージを表示するようにしています。**図6.13**は更新後の画面です。正しくこのような画面になったでしょうか[注6.6]。

注6.6 タイトルを「第1日」から「The first day」に変更しました。

図6.13　デイ（Day）編集後の画面

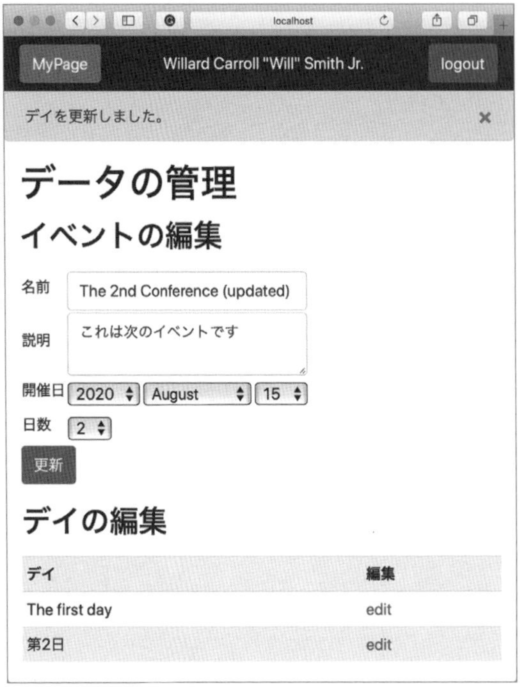

◇外部キー制約の挙動

ところで、データを削除するメソッドにはdestroyとdeleteがあります。

app/controllers/admin/conferences_controller.rbのdestroyメソッドでは、指定のイベントを削除するのにdestroyメソッドを使っていました。このコード、deleteメソッドではいけないのでしょうか？

リスト6.22　app/controllers/admin/conferences_controller.rb

```
  def destroy
    Conference.delete(params[:id])
#     Conference.destroy(params[:id])
    flash[:notice] = 'イベントを削除しました。'
    redirect_to admin_root_path
  end
```

destroyの代わりにdeleteとしてみます。これでもきちんと消してくれるような気がしますが、実行してみるとどうなるでしょうか。ここで、テストデータとして与えている「The 2nd

Conference」を削除しようとしてみてください。はたしてこのデータを消去することができるでしょうか？

操作を試してみると、図6.14のように、外部キー制約に違反している（InvalidForeignKey）というエラーが生じてしまいました。

図6.14　外部キー制約違反によるエラー

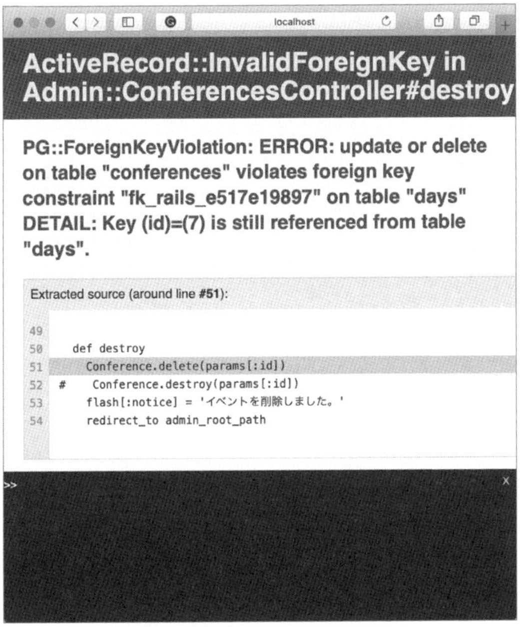

これは正しい動作です。「The 2nd Conference」イベントのデータは、関連するデイのデータを持っています。したがって、そのDayからConferenceの当該データは外部キーとして参照されています。Conference.deleteは対象とするデータだけ削除しようとします。しかし「他から参照しているデータがあるから消せないよ」という外部キー制約が、ここで効いてくるのです。

この制約に違反しないように、消去対象のデータを参照しているデータを含めてまるごと消してしまうメソッドがdestroyです。destroyメソッドでデータを削除したときにサーバから出力されるログを追いかけてみると、参照しているDayのデータを先に消してから、Conferenceのデータを削除していることが分かります。

6.3 管理者機能の追加（後半）：トラックとセッションの管理

データ管理機能追加の後半です。管理画面作成の後半は、トラックとセッションの管理を行うためのコードを書いていきます。

6.3.1 トラックの追加と編集

トラック（Track）を追加しましょう。操作を簡単にするために、トラックの削除や入れ替えはできないこととします。デイにトラックが設定されていないときのみ、追加できるようにします。修正すべきファイルは、先のビューとコントローラです。

◇新規Trackの追加

app/views/admin/days/edit.html.erbを少々、修正します。連番に続いて、追加のトラック数を指定できるようにします。if文の箇所を追加します。追加できるTrackの数は、7つもあれば十分でしょう。

リスト6.23　app/views/admin/days/edit.html.erb

```
<h1>データの管理</h1>
<h2>デイの編集</h2>
<p>
  <%= form_with model: [:admin, @day] do |f| %>
    <table>
      <tr><td><%= f.label 'タイトル' %></td>
          <td><%= f.text_field :title, class: 'form-control' %></td></tr>
      <tr><td><%= f.label '説明' %></td>
          <td><%= f.text_area :description, class: 'form-control' %></td></tr>
      <tr><td>連番</td>
          <td><%= @day.seq_no %></td></tr>
      <% if @day.tracks.size == 0 %>
       <tr><td><%= f.label '追加トラック数' %></td>
          <td><%= f.select :num_track,
                [[1,1],[2,2],[3,3],[4,4],[5,5],[6,6],[7,7]] %></td></tr>
      <% end %>
    </table>
    <%= f.submit '更新', class: 'btn btn-primary' %>
  <% end %>
</p>
```

コントローラも修正します。app/controllers/admin/days_controller.rbのupdateメソッドを更新します。day_paramsも更新して、num_trackを受け入れるようにしておきます。これも、if文部分の追加です。d.update(p)としていたところは、そのままではエラーになってしまうので、titleとdescriptionだけを更新するように書き換えます。

リスト6.24 app/controllers/admin/days_controller.rb

```
class Admin::DaysController < ApplicationController
  def edit
    @day = Day.find(params[:id])
  end

  def update
    d = Day.find(params[:id])
    p = day_params
    title = p[:title]
    desc = p[:description]
    num_track = p[:num_track]
    if title == ''
      flash[:alert] = 'タイトルは必須です。'
      redirect_to edit_admin_day_path(d)
    else
      d.title = title
      d.description = desc
      d.save

      if num_track != nil
        num_track.to_i.times{|i|
          d.tracks <<
            Track.create(title: 'The track ' + (i+1).to_s, seq_no: i)
        }
      end
      flash[:notice] = 'デイを更新しました。'
      redirect_to edit_admin_conference_path(d.conference)
    end
  end

  private
  def day_params
    params.require(:day).permit(:title, :description, :num_track)
  end
end
```

イベントの追加から、新しいデータを追加していきましょう。何もデータを追加していなければ、トラックのデータは作成されていません。したがって、そのようなデータに対しては、

図6.15のように、トラック追加用のドロップダウンリストが出てくるはずです[注6.7]。

図6.15　トラック（Track）追加用の画面

◇ Track一覧の表示

トラック（Track）を追加できるようになったので、一覧表示させましょう。これも、今までとほぼ同じです。

まずは、トラック編集用の、コントローラとビューの雛形の追加とルーティング設定です。

```
$ bin/rails g controller admin/tracks edit update ⏎
```

config/routes.rbに新たに作られたブロックを消去し、resources :tracks ...を追記します。

リスト6.25　config/routes.rb

```
Rails.application.routes.draw do
  namespace :admin do
    root 'home#index'
    resources :conferences, only: [ :create, :destroy, :edit, :update ]
    resources :days, only: [ :edit, :update ]
    resources :tracks, only: [ :edit, :update ]
  end
  …(略)…
```

app/views/admin/days/edit.html.erbの最後に、以下のコードを追加します。関連する

注6.7　更新してもTrackはまだ生成されないので、確認はドロップダウンリストが出てくるところまででOKです。

Trackの一覧を表示させ、編集画面へのリンクを張っておきます。

リスト6.26　app/views/admin/days/edit.html.erb

```
<h2>トラックの編集</h2>
<p>
  <table class='table table-sm table-striped'>
    <tr><th>トラック</th><th>編集</th></tr>
    <% @day&.tracks&.each{|t| %>
    <tr>
      <td><%= t.title %></td>
      <td><%= link_to 'edit', edit_admin_track_path(t) %></td>
    </tr>
    <% } %>
  </table>
</p>
```

app/controllers/admin/days_controller.rbのupdateメソッドも、少しだけ変更しておきましょう。Track.create...のあとにトラックを追加したメッセージの表示と、リダイレクトのコードを入れます。

トラックの一覧表示ができるようになったので、トラックを追加したときはイベントの編集ページに戻らず、デイの編集ページに留まるようにしています。redirect_to edit_admin_day_pathの後は、returnさせておかないと二重レンダリングのエラーになります。

リスト6.27　app/controllers/admin/days_controller.rb

```
  def update
    d = Day.find(params[:id])
    …(略)…

      if num_track != nil
        num_track.to_i.times{|i|
          d.tracks <<
            Track.create(title: 'The track ' + (i+1).to_s, seq_no: i)
        }
        flash[:notice] = 'トラックを追加しました。'
        redirect_to edit_admin_day_path(d)
        return
      end
      flash[:notice] = 'デイを更新しました。'
      redirect_to edit_admin_conference_path(d.conference)
    end
  end
```

これでTrackを追加できるようになりました。Trackの追加処理をした際、**図6.16**のように追加したTrackの一覧が出ればOKです。

図6.16　トラック(Track)の追加

◇ Trackの編集と更新

まず、コントローラです。app/controllers/admin/tracks_controller.rbの修正です。これまでと同様に、editメソッドには1行追加すればOKです。また、updateメソッドなども、もうこの段階で作ってしまうことにしましょう。

リスト6.28　app/controllers/admin/tracks_controller.rb

```
class Admin::TracksController < ApplicationController
  def edit
    @track = Track.find(params[:id])
  end

  def update
    t = Track.find(params[:id])
    p = track_params
    title = p[:title]
```

》次ページへ続く

```
    desc = p[:description]
    if title == ''
      flash[:alert] = 'タイトルは必須です。'
      redirect_to edit_admin_track_path(t)
    else
      t.title = title
      t.description = desc
      t.save
      flash[:notice] = 'トラックを更新しました。'
      redirect_to edit_admin_day_path(t.day)
    end
  end

  private
  def track_params
    params.require(:track).permit(:title, :description)
  end
end
```

ビューも、app/views/admin/tracks/edit.html.erbを次のようにしましょう。

リスト6.29　app/views/admin/tracks/edit.html.erb

```
<h1>データの管理</h1>
<h2>トラックの編集</h2>
<p>
  <%= form_with model: [:admin, @track] do |f| %>
    <table>
      <tr><td><%= f.label 'タイトル' %></td>
          <td><%= f.text_field :title, class: 'form-control' %></td></tr>
      <tr><td><%= f.label '説明' %></td>
          <td><%= f.text_area :description, class: 'form-control' %></td></tr>
      <tr><td>連番</td>
          <td><%= @track.seq_no %></td></tr>
    </table>
    <%= f.submit '更新', class: 'btn btn-primary' %>
  <% end %>
</p>
```

◇確認

デイ編集画面のトラック一覧に表示されている、トラック編集画面へのリンク「edit」をクリックすると、図6.17のような画面に遷移するでしょうか。

図6.17 トラック(Track)の編集画面

さらに、トラックを編集すると、編集結果が反映されたトラック一覧が表示されているデイ編集画面に戻るでしょうか(図6.18)。確認してください。

図6.18 トラック(Track)編集後のデイ(Day)

6.3.2 セッションの追加と削除

さて、イベント、デイ、トラックと、必要なデータを投入する手順がだいぶ揃ってきました。あとは、セッションとプレゼンテーションを投入できれば、一通りの使い方はできるはずです。プレゼンテーションは、まだそれを表示するためのコードも用意していないので、本節では、セッションの編集ができることをとりあえずの目標とします。

◇ Slot一覧の表示

Track編集画面にSlot一覧を表示させるようにしましょう。

まず、コントローラやビューの雛形を用意します。

```
$ bin/rails g controller admin/slots create destroy edit update
```

config/routes.rbを修正します。

リスト6.30　config/routes.rb

```
Rails.application.routes.draw do
  namespace :admin do
    root 'home#index'
    resources :conferences, only: [ :create, :destroy, :edit, :update ]
    resources :days, only: [ :edit, :update ]
    resources :tracks, only: [ :edit, :update ]
    resources :slots, only: [ :create, :destroy, :edit, :update ]
  end
  …(略)…
```

app/views/admin/tracks/edit.html.erbの末尾に以下を追加します。

リスト6.31　app/views/admin/tracks/edit.html.erb

```
<h2>セッションの編集</h2>
<p>
  <table class='table table-sm table-striped'>
    <tr><th>時間</th><th>セッション</th><th>編集</th><th>削除</th></tr>
    <% @track&.slots&.order('start_time asc').each{|s| %>
    <tr>
      <td><%= s.ptime %></td>
      <td><%= s.title %></td>
      <td><%= link_to 'edit', edit_admin_slot_path(s) %></td>
      <td><%= link_to 'delete', admin_slot_path(s),
              method: :delete, data: { confirm: 'Are you sure?' } %></td>
```

》次ページへ続く

```
    </tr>
    <% } %>
  </table>
</p>
<h3>新規セッション</h3>
<p>
  <%= form_with model: [:admin, Slot.new] do |f| %>
    <table>
      <tr><td><%= f.label 'タイトル' %></td>
          <td><%= f.text_field :title, class: 'form-control' %></td></tr>
      <tr><td><%= f.label '時間' %></td>
          <td><%= f.time_select :start_time, minute_step: 5 %> -
              <%= f.time_select :end_time, minute_step: 5 %></td></tr>
    </table>
    <%= f.hidden_field :tid, { value: @track.id } %>
    <%= f.submit '追加', class: 'btn btn-primary' %>
  <% end %>
</p>
```

丁寧に、確認しながら進めていきましょう。サーバを起動して編集画面にアクセスしてください。

前章で入れたテストデータが保持されていれば、**図6.19**のようなセッション（Slot）一覧が表示されるはずです。また、末尾には新規セッションを追加するフォームも用意しました（**図6.20**）。とりあえず、このトラックに追加するセッションのタイトルと時間だけでも登録しておこうという戦略です。

app/views/admin/slots/new.html.erbという新規登録画面を用意する方法も考えられますが、トラックの情報を渡す方法を別途、考えないといけません。そこで、本画面でタイトルと時間だけでも追加しようとしたのです。TrackのIDはhidden_fieldを使えば簡単に渡すことができます。

図6.19 トラック（Track）編集画面のセッション（Slot）一覧表示

図6.20 トラック（Track）編集画面の新規セッション追加フォーム

◇新規Slotの登録

例によって、追加ボタンを押しても何も起こりません。createメソッドが用意されていないからです。

app/controllers/admin/slots_controller.rbを編集します。

リスト6.32 app/controllers/admin/slots_controller.rb

```
class Admin::SlotsController < ApplicationController
  def create
    p = slot_params
    title = p[:title]
    t = Track.find(p[:tid])
    d = t.day
    date = (d.conference.start_date + d.seq_no).strftime("%Y-%m-%d ")
    stime = date + sprintf("%02d:%02d:00",
                           p['start_time(4i)'].to_i, p['start_time(5i)'].to_i)
    etime = date + sprintf("%02d:%02d:00",
                           p['end_time(4i)'].to_i, p['end_time(5i)'].to_i)

    if title == ''
```

》次ページへ続く

```
      flash[:alert] = 'タイトルは必須です。'
    elsif etime < stime
      flash[:alert] = '時刻を正しく入れてください。'
    else
      s = Slot.create(title: title, start_time: stime, end_time: etime)
      t.slots << s
      flash[:notice] = 'セッションを追加しました。'
    end
    redirect_to edit_admin_track_path(t)
  end

  def destroy
  end

  def edit
  end

  def update
  end

  private
  def slot_params
    params.require(:slot).permit(:title, :start_time, :end_time, :tid)
  end
end
```

これで、とりあえずセッションのタイトルと説明、開始時間、終了時間を追加することができるようになりました。

図6.21は、図6.19の状態から9時開始の「キーノート・スピーチ」を追加した様子です。セッション一覧に新しく追加されている様子が分かります。

図6.21　新規セッション（「キーノート・スピーチ」）の追加

◇ Slotの削除

セッションの削除を考えましょう。参照関係としてはParticipationモデルとの関連性を考慮しなければならないのですが、とりあえずは、問答無用で削除してしまうことにしましょう[注6.8]。

app/controllers/admin/slots_controller.rbを編集します。イベントの削除と同様、destroyメソッドでデータをまるごと削除してしまいましょう。ただし、処理終了後はトラックの編集画面に戻らないといけないので、少し工夫が必要です。

リスト6.33　app/controllers/admin/slots_controller.rb

```
  def destroy
    s = Slot.find(params[:id])
    t = s.track
    s.destroy
    flash[:notice] = 'セッションを削除しました。'
    redirect_to edit_admin_track_path(t)
  end
```

注6.8　ログを注意深く観察すると、Slotを削除する前に参照しているParticipationがないかどうかを探しています。

6.3.3 セッションの編集と更新

そろそろゴールが見えてきました。あとはSlot個別の編集画面をeditのビューで作成し、それを受けて実際にデータを更新するupdateの処理をコントローラに実装すれば完成です。これまでと同様、editメソッドの修正、ビューの修正、updateメソッドの修正という手順で実施します。

app/controllers/admin/slots_controller.rbのeditメソッドは次の1行を追加するだけです。簡単ですね。

リスト6.34 app/controllers/admin/slots_controller.rb

```
def edit
  @slot = Slot.find(params[:id])
end
```

◇ビューの修正

app/views/admin/slots/edit.html.erbは、フィールドの数が多いというだけで、なんら怯える必要はありません。Bootstrapのtable-smクラスを使い、少しコンパクトに表現してみました。

リスト6.35 app/views/admin/slots/edit.html.erb

```
<h1>データの管理</h1>
<h2>セッションの編集</h2>
<p>
  <%= form_with model: [:admin, @slot] do |f| %>
    <table class='table table-sm'>
      <tr><td><%= f.label 'タイトル' %></td>
          <td><%= f.text_field :title, class: 'form-control' %>
          </td></tr>
      <tr><td><%= f.label '説明' %></td>
          <td><%= f.text_area :description, class: 'form-control' %>
          </td></tr>
      <tr><td><%= f.label '担当者' %></td>
          <td><%= f.text_field :organizer, class: 'form-control' %>
          </td></tr>
      <tr><td><%= f.label '座長' %></td>
          <td><%= f.text_field :chair, class: 'form-control' %>
          </td></tr>
      <tr><td><%= f.label '発表者' %></td>
          <td><%= f.text_field :lecturer, class: 'form-control' %>
          </td></tr>
```

》次ページへ続く

```
      <tr><td><%= f.label '会場' %></td>
          <td><%= f.text_field :room, class: 'form-control' %>
          </td></tr>
      <tr><td><%= f.label 'URL' %></td>
          <td><%= f.text_field :url, class: 'form-control' %>
          </td></tr>
      <tr><td><%= f.label '対象者' %></td>
          <td><%= f.text_field :audience, class: 'form-control' %>
          </td></tr>
      <tr><td><%= f.label 'レベル' %></td>
          <td><%= f.text_field :level, class: 'form-control' %>
          </td></tr>
      <tr><td><%= f.label '前提知識' %></td>
          <td><%= f.text_field :background, class: 'form-control' %>
          </td></tr>
      <tr><td><%= f.label 'カテゴリ' %></td>
          <td><%= f.text_field :category, class: 'form-control' %>
          </td></tr>
      <tr><td><%= f.label '資料' %></td>
          <td><%= f.text_field :material, class: 'form-control' %>
          </td></tr>
      <tr><td><%= f.label '資料URL' %></td>
          <td><%= f.text_field :mlinkurl, class: 'form-control' %>
          </td></tr>
      <tr><td><%= f.label '時間' %></td>
          <td><%= f.time_select :start_time, minute_step: 5 %> -
              <%= f.time_select :end_time, minute_step: 5 %>
              </td></tr>
    </table>
    <%= f.submit '更新', class: 'btn btn-primary' %>
  <% end %>
</p>
```

◇コントローラの修正

最後なので、app/controllers/admin/slots_controller.rbを全て掲載しておきます。updateメソッドの他に、slot_paramsにも手が加わっていることに注意してください。

リスト6.36 app/controllers/admin/slots_controller.rb

```
class Admin::SlotsController < ApplicationController
  def create
    p = slot_params
    title = p[:title]
    t = Track.find(p[:tid])
    d = t.day
```

》次ページへ続く

```
  date = (d.conference.start_date + d.seq_no).strftime("%Y-%m-%d ")
  stime = date + sprintf("%02d:%02d:00",
                 p['start_time(4i)'].to_i, p['start_time(5i)'].to_i)
  etime = date + sprintf("%02d:%02d:00",
                 p['end_time(4i)'].to_i, p['end_time(5i)'].to_i)

  if title == ''
    flash[:alert] = 'タイトルは必須です。'
  elsif etime < stime
    flash[:alert] = '時刻を正しく入れてください。'
  else
    s = Slot.create(title: title, start_time: stime, end_time: etime)
    t.slots << s
    flash[:notice] = 'セッションを追加しました。'
  end
  redirect_to edit_admin_track_path(t)
end

def destroy
  s = Slot.find(params[:id])
  t = s.track
  s.destroy
  flash[:notice] = 'セッションを削除しました。'
  redirect_to edit_admin_track_path(t)
end

def edit
  @slot = Slot.find(params[:id])
end

def update
  p = slot_params
  title = p[:title]
  s = Slot.find(params[:id])
  t = s.track
  d = t.day
  date = (d.conference.start_date + d.seq_no).strftime("%Y-%m-%d ")
  stime = date + sprintf("%02d:%02d:00",
                 p['start_time(4i)'].to_i, p['start_time(5i)'].to_i)
  etime = date + sprintf("%02d:%02d:00",
                 p['end_time(4i)'].to_i, p['end_time(5i)'].to_i)

  if title == ''
    flash[:alert] = 'タイトルは必須です。'
  elsif etime < stime
    flash[:alert] = '時刻を正しく入れてください。'
  else
    s.update(p)
    flash[:notice] = 'セッションを更新しました。'
```

》次ページへ続く

```
    end
    redirect_to edit_admin_track_path(t)
  end

  private
  def slot_params
    params[:slot].each{|k,v| params[:slot][k] = nil if v == ""}
    params.require(:slot).permit(:title, :description, :organizer,
        :chair, :lecturer, :room, :url, :audience, :level, :background,
      :category, :material, :mlinkurl, :start_time, :end_time, :tid)
  end
end
```

なお、slot_paramsメソッドの中でparams[:slot]に対してやや複雑な操作を行っているのは、空文字列のデータをnilとして登録することで無用な登録を防ぐための処置です。params[:slot]には連想配列が格納されていますが、eachメソッドを使って全ての要素に対してチェックし、値が空文字（""）であればその値をnilで置き換えるという処理を加えています。

◇最終確認

データの登録と編集をWebインタフェース経由で行うことができるようになりました。管理画面で投入したデータが、実際のアプリに反映されていることを確かめておきましょう。

図6.22は、管理画面でセッションを登録している状況です。先ほど追加した「キーノート・スピーチ」の詳細データを編集（edit）画面から追加しているところです。

図6.22　新規セッション（「キーノート・スピーチ」）の編集画面

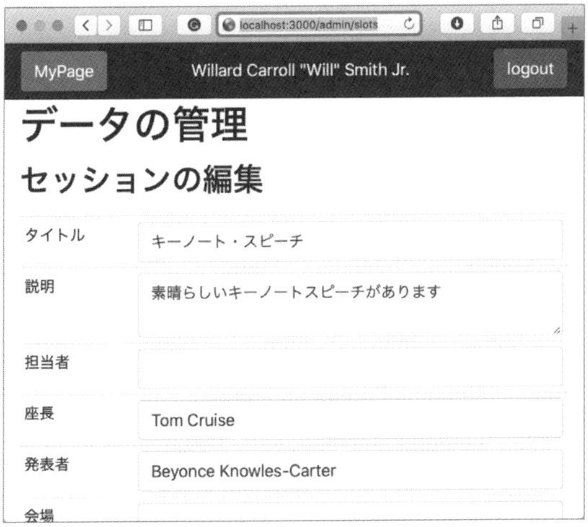

タイムテーブルも、管理画面で編集操作を行った通りのデータが並んでいます（図6.23）。

図6.23　新規セッションが追加されているタイムテーブル

詳細案内画面にも、適切に反映されました（図6.24）。

図6.24　追加された新規セッションの詳細案内画面

6.3.4 管理者権限の設定

管理者用のデータ編集操作画面が完成しました。ところで、このデータ編集画面は一般ユーザがアクセスしてはいけない画面です。アクセス制限をかけ、一般ユーザは触れないようにしておかねばなりませんね。

基本的なアイデアは、第3章、第4章で作成したDiaLogBookで実施したユーザ管理の方法や、第5章でマイページにアクセス制限をかけたときの考え方と、ほぼ同じです。DiaLogBookでは、ユーザにロール（role）を与え、'student'と'teacher'で画面の表示を変えるようにしていました。

今回も同様に、一般ユーザ（'member'）と管理者ユーザ（'admin'）を与え、管理者ユーザでログインした状態でなければ、データ管理用画面にはアクセスできないようにします[注6.9]。

◇ユーザにロールを追加

まずは、モデルの追加です。マイグレーションファイルを作ります。

```
$ bin/rails g migration add_role_to_users role:string ⏎
```

db/migrateディレクトリ以下に、マイグレーションファイルがこの操作で作成されます。できたマイグレーションファイルをちょっとだけ修正し、デフォルトで'member'となるようにしておきます。

リスト6.37　db/migrate/XXXXXXXXXXXXXX_add_role_to_users.rb

```
class AddRoleToUsers < ActiveRecord::Migration[6.0]
  def change
    add_column :users, :role, :string, default: 'member'
  end
end
```

準備が整ったら、マイグレーションしておきましょう。

```
$ bin/rails db:migrate ⏎
```

ところで、今まで作ってきたユーザにはロールが定義されていません。コンソールからちょ

注6.9　権限管理にはcancancanという有名なgemを使う方法もあります。今回はそこまで大規模ではないので自前で対応します。

いちょいといじり、'member'ロールを付与しておきましょう。また、自分だけは'admin'のロールとしておかないと、せっかく作ったデータ管理画面にアクセスすることができません。

次に示す手続きでは、「User.all.map{x x.role = 'member'; x.save }」という処理によってUserの全てをいったん'member'にし、自分（ユーザIDが1番のもの）のロールだけを'admin'にしています。

```
$ bin/rails c ⏎
Running via Spring preloader in process 27156
Loading development environment (Rails 6.0.3.1)
irb(main):001:0> User.all.map{|x| x.role = 'member'; x.save } ⏎
  User Load (0.7ms)  SELECT "users".* FROM "users"
=> [true, true, true, …(略)…]
irb(main):002:0> User.last.role ⏎
  User Load (0.4ms)  SELECT "users".* FROM "users" ORDER BY "users"."id"
DESC LIMIT $1  [["LIMIT", 1]]
=> "member"
irb(main):003:0> u = User.find(1) ⏎
  User Load (0.3ms)  SELECT "users".* FROM "users" WHERE "users"."id" = $1
LIMIT $2  [["id", 1], ["LIMIT", 1]]
irb(main):004:0> u.role = 'admin' ⏎
irb(main):005:0> u.save ⏎
   (0.2ms)  BEGIN
  User Update (0.7ms)  UPDATE "users" SET "role" = $1, "updated_at" = $2
WHERE "users"."id" = $3  [["role", "admin"], ["updated_at", "2020-12-20
08:45:59.212383"], ["id", 1]]
   (0.9ms)  COMMIT
=> true
irb(main):006:0> exit ⏎
$
```

◇アクセス制限の方法

'admin'ロールを持つユーザだけがadmin/以下にアクセスできるようにするには、編集操作を行う画面のコントローラにbefore_actionでチェックするルーチンを組み込んでやればよいわけです。しかし、これまで作り込んできたように、データ編集操作に関するコントローラ、すなわち、admin/以下に配置されたコントローラはかなりの数に分かれています。全部のコードを漏れなく書き直すには、少し気をつかってしまいます。

そこで、まず、app/controllers/admin/application_controller.rbを以下の通りに作ります。これは、新しく作成するファイルです。

リスト6.38 app/controllers/admin/application_controller.rb

```
class Admin::ApplicationController < ApplicationController
  before_action :authenticate_admin

  def authenticate_admin
    redirect_to '/', alert: 'Not authorized.' \
        unless current_user && current_user.role == 'admin'
  end
end
```

このクラスでは、before_actionにより、いかなるアクションの前にもチェックが走ります。

ログインしていなければ、変数current_userは定義されません。さらに、ログインしていたとしても'admin'のロールを持たないと許可されません。このコードによって、'admin'ユーザだけがアクセスできるという状況を作り出しています[注6.10]。

そして、app/controllers/admin/以下に定義されているXXX_controller.rbというファイルに書かれたコントローラのクラスは、全てAdmin::ApplicationControllerを継承させるようにします。

たとえば、app/controllers/admin/home_controller.rbは、もともと次のようなものでした。

リスト6.39 app/controllers/admin/home_controller.rb

```
class Admin::HomeController < ApplicationController
  def index
    @conferences = Conference.all.order('start_date desc')
  end
end
```

これを、次のように書き換えます。

リスト6.40 app/controllers/admin/home_controller.rb

```
class Admin::HomeController < Admin::ApplicationController
  def index
    @conferences = Conference.all.order('start_date desc')
  end
end
```

app/controllers/admin/以下にある、次の5つのファイルについて、全て書き換えます。

注6.10 unless節の条件式部分は、ぼっち演算子（&.）を用いてcurrent_user&.role == 'admin'としてもOKですね。

・app/controllers/admin/home_controller.rb
・app/controllers/admin/conferences_controller.rb
・app/controllers/admin/days_controller.rb
・app/controllers/admin/tracks_controller.rb
・app/controllers/admin/slots_controller.rb

app/controllers/admin/以下のファイルで定義されている全てのコントローラがAdmin::ApplicationControllerを継承することによって、先ほど定義したbefore_actionがどのコントローラでも適用されるという仕組みですね。オブジェクト指向でいう「実装の継承」をうまく活用した方法です。

様々なユーザでログインしてアクセスしてみる、あるいはログアウトした状態でアクセスしてみることにより、'admin'のロールを付与したユーザだけがアクセスでき、それ以外のユーザではアクセスできないこと（**図6.25**）や、そもそもログインしていない状況ではアクセスできないこと（**図6.26**）を確かめてみましょう[注6.11]。

図6.25　'admin'権限を持たないユーザはアクセス拒否

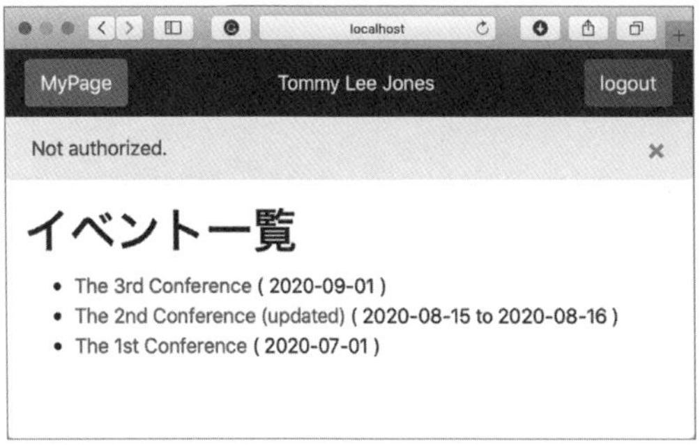

図6.26　そもそもログインしていなければアクセス拒否

6.3.5 さらなる改良

管理機能もほぼ完成しましたが、もう少し、使いやすいようにしたいところです。また、コードの整理が残っていました。少しだけ手を入れておきましょう。

注6.11　図6.25および図6.26ともに、ナビバーの真ん中をみればログイン状況が分かります。図6.25ではTommy Lee Jonesがログインしており、図6.26はログインしていないので「OLiVES」という文字列が表示されています。

◇ナビゲーションバーの追加

編集画面では、順序立ててデータを登録していくことができますが、上位の階層に戻るためにはURLを直打ちするか、トップから辿り直すくらいしか手段がありません。そこで、管理画面にもパンくずリストを追加しておきましょう。

それぞれのビューに、必要な記述を追記します。いずれも、ビューのファイルの先頭に追加するようにすればよいでしょう。

app/views/admin/home/index.html.erbの先頭には、以下を追記します。

リスト6.41 app/views/admin/home/index.html.erb

```
<nav aria-label="breadcrumbs">
  <ol class="breadcrumb mb-1 bg-white">
    <li class="breadcrumb-item"><%= link_to 'Top', root_path %></li>
    <li class="breadcrumb-item">Admin</li>
  </ol>
</nav>
```

app/views/admin/conferences/edit.html.erbの先頭には、以下を追記します。

リスト6.42 app/views/admin/conferences/edit.html.erb

```
<nav aria-label="breadcrumbs">
  <ol class="breadcrumb mb-1 bg-white">
    <li class="breadcrumb-item"><%= link_to 'Top', root_path %></li>
    <li class="breadcrumb-item">
                <%= link_to 'Admin', admin_root_path %></li>
    <li class="breadcrumb-item">Conference</li>
  </ol>
</nav>
```

app/views/admin/days/edit.html.erbの先頭には、以下を追記します。

リスト6.43 app/views/admin/days/edit.html.erb

```
<nav aria-label="breadcrumbs">
  <ol class="breadcrumb mb-1 bg-white">
    <li class="breadcrumb-item"><%= link_to 'Top', root_path %></li>
    <li class="breadcrumb-item">
                <%= link_to 'Admin', admin_root_path %></li>
    <li class="breadcrumb-item"><%= link_to 'Conference',
                edit_admin_conference_path(@day.conference) %></li>
    <li class="breadcrumb-item">Day</li>
  </ol>
</nav>
```

app/views/admin/tracks/edit.html.erbの先頭には、以下を追記します。

リスト6.44　app/views/admin/tracks/edit.html.erb

```
<nav aria-label="breadcrumbs">
  <ol class="breadcrumb mb-1 bg-white">
    <li class="breadcrumb-item"><%= link_to 'Top', root_path %></li>
    <li class="breadcrumb-item">
                <%= link_to 'Admin', admin_root_path %></li>
    <li class="breadcrumb-item"><%= link_to 'Conference',
                edit_admin_conference_path(@track.day.conference) %></li>
    <li class="breadcrumb-item">
        <%= link_to 'Day', edit_admin_day_path(@track.day) %></li>
    <li class="breadcrumb-item">Track</li>
  </ol>
</nav>
```

app/views/admin/slots/edit.html.erbの先頭には、以下を追記します。

リスト6.45　app/views/admin/slots/edit.html.erb

```
<nav aria-label="breadcrumbs">
  <ol class="breadcrumb mb-1 bg-white">
    <li class="breadcrumb-item"><%= link_to 'Top', root_path %></li>
    <li class="breadcrumb-item">
            <%= link_to 'Admin', admin_root_path %></li>
    <li class="breadcrumb-item"><%= link_to 'Conference',
            edit_admin_conference_path(@slot.track.day.conference) %></li>
    <li class="breadcrumb-item">
        <%= link_to 'Day', edit_admin_day_path(@slot.track.day) %></li>
    <li class="breadcrumb-item">
        <%= link_to 'Track', edit_admin_track_path(@slot.track) %></li>
    <li class="breadcrumb-item">Slot</li>
  </ol>
</nav>
```

ナビゲーションバーが管理画面に追加されました（図6.27）。

図6.27 管理画面に追加したナビゲーションバー

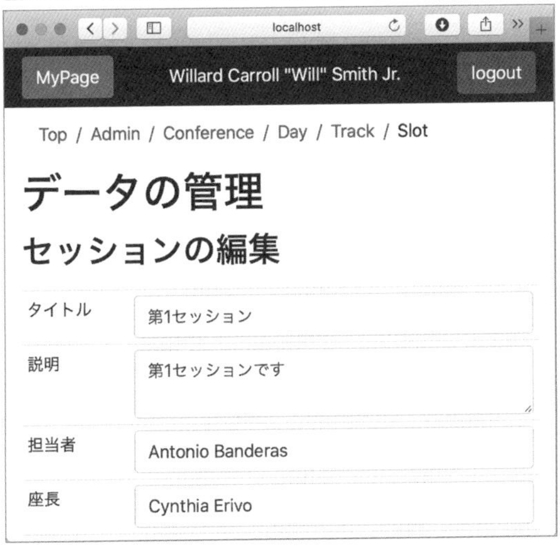

◇リファクタリング

実装した機能はそのままにして、コードを修正して見通しをよくすることをリファクタリングといいます。コードの保守性を高めてバグを少なくするためにも、定期的にリファクタリングを行いコードをきれいに保つ習慣を付けておくとよいでしょう。

app/views/admin/home/index.html.erbに記載したフォームと、app/views/admin/conferences/edit.html.erbに記載したフォームがほぼ同じだったということを覚えていますか？ 新規にイベントを作成するためのフォームと、イベントの内容を編集するためのフォームなので、同じコードになるのは必然です。

実際に、diffコマンドでコードの差分をチェックしてみましょう。「データの管理」セクションの部分に注目です。

```
$ diff -u app/views/admin/home/index.html.erb app/views/admin/conferences/⇦
edit.html.erb ⮐
--- app/views/admin/home/index.html.erb 2020-12-19 13:31:24.000000000 +0900
+++ app/views/admin/conferences/edit.html.erb   2020-12-19 12:36:35.000000000
+0900
@@ -1,13 +1,14 @@
 <nav aria-label="breadcrumbs">
   <ol class="breadcrumb mb-1 bg-white">
     <li class="breadcrumb-item"><%= link_to 'Top', root_path %></li>
-    <li class="breadcrumb-item">Admin</li>
+    <li class="breadcrumb-item"><%= link_to 'Admin', admin_root_path %></li>
```

》次ページへ続く

```
+     <li class="breadcrumb-item">Conference</li>
    </ol>
  </nav>
  <h1>データの管理</h1>
-<h2>新規イベントの登録</h2>
+<h2>イベントの編集</h2>
  <p>
-   <%= form_with model: [:admin, Conference.new] do |f| %>
+   <%= form_with model: [:admin, @conference] do |f| %>
      <table>
        <tr><td><%= f.label '名前' %></td>
            <td><%= f.text_field :name, class: 'form-control' %></td></tr>
@@ -18,23 +19,19 @@
        <tr><td><%= f.label '日数' %></td>
            <td><%= f.select :duration,
             [[1,1],[2,2],[3,3],[4,4],[5,5]] %></td></tr>
      </table>
-     <%= f.submit '登録', class: 'btn btn-primary' %>
+     <%= f.submit '更新', class: 'btn btn-primary' %>
    <% end %>
  </p>
  …(略)…
```

フォームの部分を_form.html.erbに切り出します。なお、この切り出し方は、第2章で説明したscaffoldを利用したアプリの構成に準じています。

まず、app/views/admin/home/_form.html.erbを以下の通り記述しましょう。

リスト6.46　app/views/admin/home/_form.html.erb

```
<%= form_with model: model do |f| %>
<table>
  <tr><td><%= f.label '名前' %></td>
      <td><%= f.text_field :name, class: 'form-control' %></td></tr>
  <tr><td><%= f.label '説明' %></td>
      <td><%= f.text_area :description, class: 'form-control' %></td></tr>
  <tr><td><%= f.label '開催日' %></td>
      <td><%= f.date_select :start_date %></td></tr>
  <tr><td><%= f.label '日数' %></td>
      <td><%= f.select :duration,
            [[1,1],[2,2],[3,3],[4,4],[5,5]] %></td></tr>
</table>
  <%= f.submit label, class: 'btn btn-primary' %>
<% end %>
```

1行目のmodelと最後のボタンに表示する文字（label）が異なるので、その部分を変数にして渡していることに注意してください。

app/views/admin/home/index.html.erbの該当部分を、render文で置き換えます。

リスト6.47　app/views/admin/home/index.html.erb

```
<nav aria-label="breadcrumbs">
  <ol class="breadcrumb mb-1 bg-white">
    <li class="breadcrumb-item"><%= link_to 'Top', root_path %></li>
    <li class="breadcrumb-item">Admin</li>
  </ol>
</nav>
<h1>データの管理</h1>
<h2>新規イベントの登録</h2>
<p>
  <%= render 'form', model: [:admin, Conference.new], label: '登録' %>
</p>
 …(略)…
```

app/views/admin/conferences/edit.html.erbの該当部分も、render文で置き換えましょう。

リスト6.48　app/views/admin/conferences/edit.html.erb

```
<nav aria-label="breadcrumbs">
  <ol class="breadcrumb mb-1 bg-white">
    <li class="breadcrumb-item"><%= link_to 'Top', root_path %></li>
    <li class="breadcrumb-item"><%= link_to 'Admin', admin_root_path %></li>
    <li class="breadcrumb-item">Conference</li>
  </ol>
</nav>
<h1>データの管理</h1>
<h2>イベントの編集</h2>
<p>
  <%= render 'admin/home/form',
                model: [:admin, @conference], label: '更新' %>
</p>
 …(略)…
```

新規イベントの登録では、renderで部分的にレンダリングするテンプレート（_form.html.erb）が同じディレクトリに置かれていました。したがって、「<%=render 'form' ... 」という書き方で大丈夫でした。

ところがapp/views/admin/conferences/edit.html.erbでは、異なるディレクトリから参照しています。そのため、テンプレートの指定方法に若干の工夫を入れていることに注意してください。参照先をapp/viewsからの相対パスで記述することができるので、その仕様に基づいて記述[注6.12]しています。

◇確認

リファクタリングしたら、正しく動作するかをきちんと確認しておきましょう。本来は、リグレッションテスト[注6.13]などの方法を用いて、リファクタリングによってバグが入り込むことを防ぐ手立てを講じておくべきです。

6.3.6 データ構造の可視化

アプリケーションは完成しましたが、最後に、データ構造を可視化しておくことにしましょう。このアプリケーションを第三者に引き継ぐことがあるかもしれません。また、これからさらなる開発を続けていくかもしれません。そのときに、新しいメンバが開発に参加してくることも想定し、ドキュメントを十分に残しておく必要があります[注6.14]。

データ構造はER図として表しておくのがよいでしょう。図を手動で書き起こすのはたいへんですし、誤りが入り込む余地があります。そこで、データの可視化を自動で行うことを考えます。

◇rails-erdの利用

幸いにして、モデルを精査して自動でER図を描いてくれるgemが存在します。それを利用してみましょう。Gemfileに以下を追加します。

リスト6.49　Gemfile

```
gem 'rails-erd'
```

編集したら、bundle installを忘れずに行いましょう。

```
$ bundle install ⏎
```

なお、このままだとうまく図を描いてくれません。全てのモデルを読み込んでくれないとい

注6.12　ファイル名の先頭に付けたアンダーバーは無視されるようです。

注6.13　回帰テストともいいます。テスト手順を自動化しておいて、コードの追加や修正によって、これまで動作していた機能が動作しなくなる不具合などを発生させないようにするための仕組みです。

注6.14　そもそも「1週間後の自分は他人」という言葉もあります。1週間前に書いたコードがどのような意味だったのか、きちんと文書にして残しておくべきです。少なくとも、コードのコメントとしてプログラムに埋め込んでおくなどの工夫が必要でしょう。

う問題が生じます。そこで、config/environments/development.rbファイルを、一部修正します。次に示すのは同ファイルの先頭部分です。

リスト6.50　config/environments/development.rb

```
Rails.application.configure do
  # Settings specified here will take precedence over those in config/
application.rb.

  # In the development environment your application's code is reloaded on
  # every request. This slows down response time but is perfect for
development
  # since you don't have to restart the web server when you make code
changes.
  config.cache_classes = false

  # Do not eager load code on boot.
  config.eager_load = false
  …(略)…
```

この、最後に示されている「config.eager_load = false」の部分を次のように修正します。

リスト6.51　config/environments/development.rb

```
Rails.application.configure do
  # Settings specified here will take precedence over those in config/
application.rb.

  # In the development environment your application's code is reloaded on
  # every request. This slows down response time but is perfect for
development
  # since you don't have to restart the web server when you make code
changes.
  config.cache_classes = false

  # Do not eager load code on boot.
  config.eager_load = true
  …(略)…
```

この修正を行ってから、bundle exec erdとすると、erd.pdfというPDFファイルが生成されます。そこに、求めていたER図が書き込まれています。

bundle exec erd -hとするといくつかのオプションが出てくるので、それに従って必要な調整をしてみましょう。次の例では向きを垂直方向（vertical）にし、線の接続は直交するように(ortho)、出力ファイル名を「olive-erd」と指定しています。

```
$ bundle exec erd --orientation=vertical --splines=ortho --filename=olive-erd
```

上記のコマンドを投入すると、olive-erd.pdfというファイル名のPDFファイルが生成されます。そこには図6.28に示すようなER図が描画されているはずです。確かめてみてください。

図6.28　rails-erdで自動生成したER図

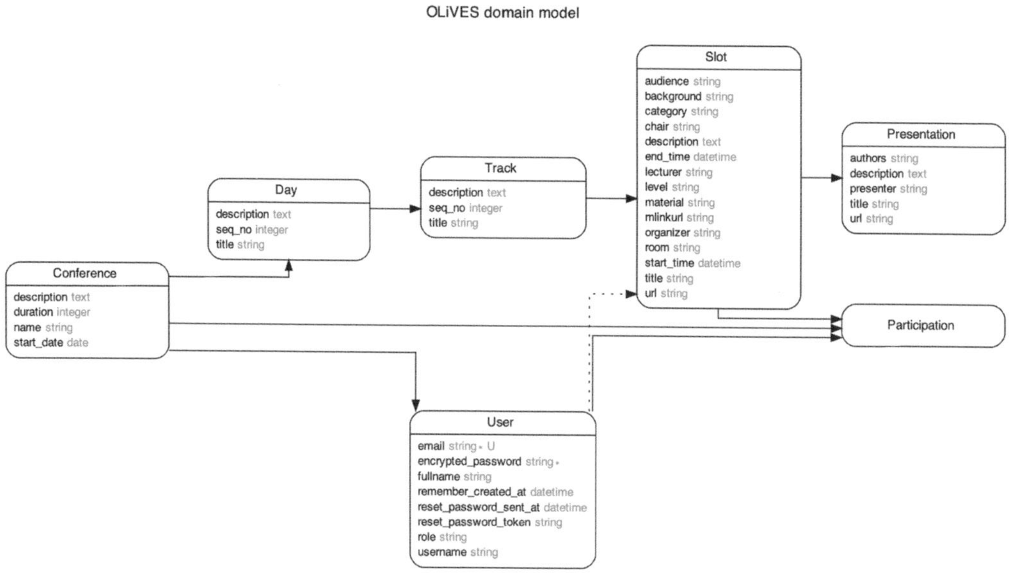

6.4 第6章のまとめ

第6章では、第5章で開発したオンラインイベント支援システムOLiVESを、現実に運用してサービスを提供できるレベルまでにブラッシュアップする作業を行いました。レコメンデーションの機能を追加し、管理者向けにデータをWeb上の管理画面から登録・編集できるようにしました。

このシステムは実際に運用されています。2020年4月末に実施したOpen Source

Conference (OSC) 2020 Online、5月に実施したOSC2020 Online/Nagoya、そして6月と11月に実施したHCD-Net2020年度春季・冬季研究発表会（オンライン）で、それぞれのオンラインイベントを支援するツールとして使用されました。登録したユーザも100名を越え、それなりに安定した運用実績があります。そもそも、オンラインでこんなツールがあるといいねと話が出たのが2020年4月になってからです。実質1週間ほどで開発し、公開、運用にまで漕ぎ着けました。Railsで開発してHerokuでネットに公開するという手順がいかに効率的か、分かろうというものです。

本章で紹介した管理画面は、まだ不十分な点も残っています。たとえば、いまの実装では、管理画面からデイやトラックの削除・追加ができません。これらのデータには連番が設定されていたり、日付の情報がセッションが持つそれと重複していたりと、追加や削除の操作を実現するには少々ややこしいデータ編集を加えないといけないのです。実はデータ設計の段階で、もう少し正規化をする余地が残されていました。本文の説明では、その点に踏み込まぬよう、それとなく開発を避けてきていたのです。

第5章、第6章と開発を続けてきて、ほぼ完成したと思われるOLiVESですが、まだ、改良の余地はいくつも残されています。管理画面ではイベント情報といった静的なデータの編集操作を作り込んできましたが、ユーザの参加情報（Participation）の操作については未着手です。ユーザ情報それ自体の編集操作画面も、deviseが用意するもの以外は作っていません。万が一、問題のあるデータが投入されたとき、現時点ではRailsコンソールから直接データを操作するしか対処方法はありません。

大事なことを忘れていました！ データモデルとしてPresentationというモデルを作っていたのに、現時点では全く使われていません。ひとつのセッションで複数の発表者が順番に発表するというスタイルは、とくに学会では標準的なものです。今の実装ではセッションの詳細までしか表示することができません[注6.15]。Presentationを表示させ、編集できるようにする改良は、喫緊の作業として残されています。特定のアカウントには編集権限を与える[注6.16]というような工夫も入れてみるとよいかもしれません。

その他にも、長期間運用していると、データを編集・管理するだけでなく、運用で得られたデータを分析するためのダッシュボード機能なども欲しくなってくるでしょう。ユーザのアクセス状況や登録状況、どのセッションが人気があるかなど、分析すると面白いデータが得られるはずです。レコメンデーションに用いた関連性の情報をうまく使うと、各発表に対する関連性など何らかの知見も得られるかもしれません。

注6.15　詳細説明（description）に記述してしまうというような運用でカバーする方法は考えられますが……。

注6.16　ただし、管理画面に関するコントローラは全てAdmin::ApplicationControllerを継承させるという現状の実装は、少し修正する必要があるかもしれません。

第5・6章で開発したOLiVESも、その前の第3・4章で開発したDiaLogBookも、いずれも「これで完成」というわけではありません。本書では、実際に手を動かして作業しながら確認していくことで、「Webアプリの作り方」を噛んで含めるように解説してきました。しかし、この説明はWebアプリ開発のほんの入口にすぎません。大事なのは皆さんのアイデアです。皆さんが発想するアイデアをWebアプリとして形にしていく、こんな楽しいことはありません。その楽しさを少しでも理解していただければ幸いです。

本章で学んだこと

- ▶レコメンデーションの考え方と実装方法
- ▶データ管理機能の作り込み
- ▶Webアプリを完成させて運用に至るまでの一通りの道筋

索引

記号
数字

英字

あ行

か行

さ行

た行

な行

■ 装丁
トップスタジオデザイン室（轟木 亜紀子）
■ 本文デザイン
石田 昌治（株式会社マップス）
■ 本文編集・校閲・DTP
株式会社ツークンフト・ワークス
■ 担当
鷹見 成一郎（株式会社技術評論社）

■お問い合わせについて
本書に関するご質問については、本書に記載されている内容に関するもののみとさせていただきます。本書の内容と関係のないご質問につきましては、一切お答えできませんので、あらかじめご了承ください。また、電話でのご質問は受け付けておりませんので、FAXか書面にて下記までお送りください。

＜問い合わせ先＞
〒162-0846　東京都新宿区市谷左内町21-13
株式会社技術評論社　雑誌編集部
「最短距離でしっかり身に付く！ Webアプリケーション開発の教科書～Ruby on Railsで作る本格Webアプリ～」係
FAX：03-3513-6173

なお、ご質問の際には、書名と該当ページ、返信先を明記してくださいますよう、お願いいたします。
お送りいただいたご質問には、できる限り迅速にお答えできるよう努力いたしておりますが、場合によってはお答えするまでに時間がかかることがあります。また、回答の期日をご指定なさっても、ご希望にお応えできるとは限りません。あらかじめご了承くださいますよう、お願いいたします。

●本書サポートページ
https://gihyo.jp/book/2021/978-4-297-11987-4
本書記載の情報の修正・訂正・補足については、当該Webページで行います。

最短距離《さいたんきょり》でしっかり身《み》に付《つ》く！
Web《ウェブ》アプリケーション開発《かいはつ》の教科書《きょうかしょ》
～Ruby《ルビー》 on《オン》 Rails《レイルズ》で作《つく》る本格《ほんかく》Web《ウェブ》アプリ～

2021年4月28日　初版　第1刷発行

著　　者　飯尾《いいお》　淳《じゅん》
発 行 者　片岡　巌
発 行 所　株式会社技術評論社
東京都新宿区市谷左内町21-13
電話 03-3513-6150（販売促進部）
03-3513-6177（雑誌編集部）
印刷／製本　港北出版印刷株式会社

定価はカバーに表示してあります。

ISBN978-4-297-11987-4　C3055
Printed in Japan